全国农业高职院校“十二五”规划教材

乳与乳制品检测技术

Ru Yu Ruzhipin Jiance Jishu

杨　静　主　编
唐立新　王　菲　副主编
冯永谦　主　审

中国轻工业出版社

图书在版编目（CIP）数据

乳与乳制品检测技术/杨静主编．—北京：中国轻工业出版社，2018.11

全国农业高职院校“十二五”规划教材

ISBN 978-7-5019-9304-8

Ⅰ.①乳…　Ⅱ.①杨…　Ⅲ.①鲜乳－食品检验－高等职业教育－教材②乳制品－食品检验－高等职业教育－教材　Ⅳ.①TS252.7

中国版本图书馆 CIP 数据核字（2013）第 118307 号

责任编辑：张　靓　　责任终审：滕炎福　　封面设计：锋尚设计
版式设计：锋尚设计　　责任校对：吴大鹏　　责任监印：张　可

出版发行：中国轻工业出版社（北京东长安街 6 号，邮编：100740）
印　　刷：北京君升印刷有限公司
经　　销：各地新华书店
版　　次：2018 年 11月第 1 版第 3 次印刷
开　　本：720 × 1000　　1/16　　印张：21
字　　数：433 千字
书　　号：ISBN 978-7-5019-9304-8　定价：42.00 元
邮购电话：010－65241695
发行电话：010－85119835　传真：85113293
网　　址：http://www.chlip.com.cn
Email：club@chlip.com.cn

181256J2C103ZBW

前言

FOREWORD

本教材以基础知识为主体，着重提高学生的综合素质能力；将培养技能型、应用型人才；将理论与技能相结合，以突出高职高专职业教育的特色。

本教材在编写过程中，以实际岗位“需要”和“够用”为基础，突出实践应用，强化能力培养。全书共分为七个模块，每个模块下列若干项目，每个项目均编有知识目标和技能目标。正文分别详尽介绍乳品检验应掌握的基础知识和检验技能，在内容的范围和深度上与乳品检验的职业岗位群的要求紧密联系，力求与实际结合，注重实际应用，并且与现行的国家标准和行业标准相统一。每个项目后均设有一定量的知识考核，与该项目内容同步，供读者进行自测，以加强分析问题和解决问题的能力。为了突出职业教育的特点，强化学生实践能力的培养，本书针对乳制品检测的应用，每个项目都配套编设实验。

本教材由黑龙江农业经济职业学院杨静主编并统稿。绪论、模块二、模块三由杨静编写；模块五、模块六中的项目一由黑龙江职业学院唐立新编写；模块四中项目一由黑龙江农业经济职业学院王菲菲编写；模块七中项目一、项目二和项目三由黑龙江职业学院杨光宇编写；模块四中项目二和模块七中项目四、项目五由黑龙江农业工程职业学院张扬编写；湖北生物科技职业学院钱彩红编写模块一；模块六中项目二由黑龙江生物科技职业学院黄巧丽编写，本书由黑龙江农业经济职业学院冯永谦主审。

本教材适用于高职高专食品加工技术、食品营养与检测等专业，也可供食品企业检验人员、质量管理和质量监督人员参考。

本教材编写过程中得到各方面的大力支持和帮助，同时参考了同行专家的相关资料，在此表示衷心感谢。

由于编者水平有限，书中难免有疏漏和不当之处，敬请读者提出宝贵意见。

编者

目录
CONTENTS

模块二　乳与乳制品的感官检验

模块三　乳与乳制品的理化检测

模块七 现代乳品分析技术

绪 论

››››

【知识目标】

1. 了解乳品检测技术的任务和主要内容。
2. 掌握乳与乳制品检测的基本程序和主要方法。
3. 了解乳品检测技术的发展趋势。

一、乳品分析与检测的任务和作用

乳品分析与检测是依据食品的物理、化学和物理化学的基本理论及国家乳品安全标准和乳品卫生标准，运用现代科学技术和分析手段，同时运用分析化学基础理论、基础知识和基础操作技能对乳与乳制品的原辅料、半成品、成品进行感官、理化和微生物指标检测，以保证生产出合格的产品。

乳与乳制品的检测贯穿于原料的供应、生产和销售、新产品研制的全过程，是乳与乳制品质量管理的重要环节。主要检验和监督乳品原料的品质、生产工艺和最终产品的品质。

乳与乳制品检测技术是一门理论和实践相结合的课程，可以使学生熟练地掌握乳品分析与检验的基本操作技能及检测方法，提高实际操作能力，培养分析问题和解决问题的能力。

二、乳与乳制品的检测内容

1. 乳品中营养成分的检测

乳品中的成分非常复杂，但主要成分是水、脂肪、碳水化合物、蛋白质、维生素和矿物质等。对这些成分进行检测是乳品分析与检验的主要内容。

2. 乳品中污染物质的检测

乳品污染是指乳品中原有的或加工、贮藏时由于污染物的混入、对人身体有急性或慢性危害的物质。就其性质而言，这些污染物质可分为两类：一类是生物性污染，另一类是化学性污染，如：霉菌内毒素污染、环境污染等。

3. 乳品中添加剂的检测

食品企业在生产中为了改善食品的感官特征、食品的品质，增加营养、提高质量，延长食品的贮存时间，或因工艺要求，需加入一些辅助材料——食品添加剂。食品添加剂本身通常不作为食品来食用，也不一定具有营养价值，但加入后能起到防止食品腐败变质，增加食品色、香、味的作用，因而在乳品加工中应用十分广泛。

三、乳与乳制品检测技术的分析手段及学习方法

在乳品的检验工作中，不同的乳品含有的成分不同，检测的项目不同，而且要求的各项指标也不一样，所以，必须针对不同的乳品选择正确的检测方法，这样才能得到准确的检测数据。乳与乳制品检测技术主要包括感官检验、理化检测、微生物检测三个方面。

1. 感官检验

感官检验是在生理学、心理学和统计学的基础上发展起来的一种分析检验方法。食品的感官检验是依靠人的感官感觉，即味觉、视觉、嗅觉、触觉和听觉，对食品的色泽、风味、气味、组织状态、硬度等外部特征进行评价的方法。

2. 理化检测

乳品理化检测主要利用物理、化学以及仪器等分析方法对乳品的各种营养成分、食品添加剂、微量元素、有毒有害物质等进行分析检测。根据测定的原理、操作方法等的不同，理化检测可分为物理分析法、化学分析法、仪器分析法三类。

(1) 物理分析法　物理分析法是通过被检测的某些物理性质如温度、折射率、旋光度、沸点、透明度等的测定，可直接求出样品中某种成分的含量，进而判断被检样品的纯度和品质。

(2) 化学分析法　化学分析法是以物质的化学反应为基础的分析方法，主要包括质量分析法和滴定分析法两大类。化学分析法适用于食品中常量组分的测定，所用仪器设备简单，测定结果较为准确，是乳品分析中应用最为广泛的方法。同时化学分析法也是其它分析法的基础，虽然目前有许多高灵敏度、高分辨率的大型仪器应用于乳品分析，但现代仪器分析也经常需要用化学分析处理样品，而且仪器分析测定的结果必须与已知标准进行对照，所用标准往往要用化学分析法进行测定，因此经典的化学分析法仍是乳与乳制品分析中最重要的方法之一。

(3) 仪器分析法　以物质的物理或物理化学性质为基础，利用光电仪器来测定物质含量的方法称为仪器分析法。它包括电化学分析法、光学分析法、色谱分析法、质谱分析法和光电化学分析法等，食品分析中常用前三种方法。

①电化学分析法：根据物质的电化学所建立的分析方法，主要包括电位分析法、电导分析法、电解分析法、库仑分析法、伏安法和极谱法等。

②光学分析法：根据物质的光学性质所建立的分析方法，主要包括吸光光度法、发射光谱法、原子吸收分光光度法和荧光分析法等。

③色谱分析法：是一种质量的分离方法，可用于多组分混合物的分离与分析，主要包括气相色谱法、液相色谱法和离子色谱法等。

3. 微生物检测

微生物检测主要是对乳与乳制品在生产过程中污染微生物的情况进行检测与监测，以保证乳与乳制品的可食用性和安全性。微生物检测方法测定条件温和，克服了化学分析法和仪器分析法中某些被测成分易分解的弱点，方法的选择性也较高，已广泛用于微生物、抗生素残留量和激素等成分的分析。

四、乳与乳制品检测技术的发展前景

随着科学技术的发展、分析仪器的快速更新，目前已实现了仪器向多功能、智能化发展，乳与乳制品检测越来越多地依靠现代分析仪器技术，在乳品分析中仪器的应用所占的比例越来越大。

1. 乳与乳制品检测的仪器分析化

在乳品分析与检测中，一些手工操作的老方法已被仪器分析代替，如高效液相色谱法、气相色谱法、原子吸收分光光度法、紫外分光光度法以及电化学方法等均已在乳品分析与检测中得到普遍应用，在我国乳品卫生标准检测方法中，仪器分析方法所占的比例越来越大。

2. 乳与乳制品检测向自动化、微量化、专用型发展

为了节省时间及测量方便，测定乳品的营养成分时，可用乳品自动分析仪，样品不需要进行预处理，直接进样通过计算机系统即可迅速得到乳品中的成分，从自动进样到结果分析、数据处理，实现了全过程的自动化，免除了繁重的手工操作，且准确度高，分析迅速快捷。

总之，这些现代仪器应用于乳与乳制品检测中会大大提高检测的速度和结果的精确度，并节约大量的人力，使乳品工业发展更快、更好。

模块一
乳与乳制品检测的基础知识

乳与乳制品作为一种营养丰富而全面的理想食品，在许多国家人民的膳食结构中占有十分重要的地位，国际上也往往把乳与乳制品的消耗量作为衡量一个国家人民生活水平高低的指标。随着我国国民经济的快速发展以及人们生活水平和健康意识的提高，乳制品逐渐成为人民生活的必需品。乳制品的消耗主要是液态乳、酸乳和乳粉，此外还有干酪、奶油、冰淇淋、雪糕等。为了保证生鲜牛乳、乳制品的质量，必须掌握乳与乳制品的质量标准及检测方法。在进行乳与乳制品检测前，首先要掌握乳与乳制品检测的基础知识，为乳与乳制品的感官检验、理化检测和微生物检测打下理论知识基础。

项目一 实验室管理及常用玻璃仪器的使用

【知识目标】

1. 掌握实验室的管理及安全守则。
2. 学会实验室常用玻璃仪器的使用及洗涤。
3. 掌握常用玻璃分析仪器保存与使用的注意事项。

【技能目标】

掌握实验室常用玻璃仪器的使用操作技能。

【知识必备】

实验室是进行教学和科研的重要基地，实验工作人员必须树立严格的科学态度和认真负责的工作作风，自觉地遵守规章制度，做到科学、安全、文明、整洁、有序，做好实验室的各项工作。

实验室贮存有贵重的仪器和化学危险药品，为防止损失和产生事故，必须做好科学的管理等工作，切实保障师生员工的安全和国家财产不受损失。

本项目同时对实验室常用的玻璃仪器进行介绍，主要介绍一般通用的玻璃仪器及相关的知识。

一、实验室管理及安全守则

实验人员在实验室工作时，要接触各种化学试剂及取样和检验过程中各种化学反应所产生的气体、蒸汽、烟雾等。这些物质中有些对人体有毒害作用，有些还具有易燃易爆性质；同时，各种仪器、电器、机械等设备，在使用中也存在危险。因此，作为分析检验工作人员，必须遵守实验室安全守则。

1. 实验室的安全技术操作

（1）实验前应熟悉仪器及设备的原理和注意事项，仔细检查其安装是否良好。

（2）严格遵守各实验标准操作规程及仪器和设备标准操作规程。

（3）凡带有活菌的物品，必须经121℃、15min高压蒸汽灭菌后，方可清洗。

（4）对一些沸点低、易燃、易爆的有机溶剂，如苯、甲苯、乙醚、石油醚、甲醇、丙酮等，在蒸馏时，必须远离火源，以免爆炸和着火。加热易燃试剂时，必须用水浴、油浴、砂浴或电热套，绝对不能使用明火；若加热温度可能达到被加热物质的沸点，必须加入沸石或瓷片以防暴沸。

（5）在配制及反应过程中能产生毒气、毒物或操作挥发性毒气药品、有机溶剂，应在毒气柜内进行，并尽可能地使用橡胶手套，加强个人保护，禁用裸手直接拿取上述物品，柜内保持清洁。

（6）在装配玻璃仪器、往玻璃管上套橡皮管（塞）时，管端应烧圆滑，并用水或甘油浸湿橡皮管（塞）内部，用布裹手，以防玻璃管破碎割伤或扎伤，尽量不要使用薄玻璃管。

（7）严格遵守安全用电规程，实验室内的所有电器设备均应绝缘良好，不使用绝缘损坏或接地不良的电器设备，最好安装触电保护器，不准擅自拆修电器。

（8）进行水、电、火源的操作时，不得离开工作岗位，如有事离开必须委托他人照管。

（9）实验室的固体废弃物及有毒、有腐蚀性的废液应按照相关实验室废弃物规定处理。

2. 实验室的安全管理制度

（1）实验室是实验教学专用教室，应杜绝作为办公和开展其它活动的场所。

（2）实验室的设施布局不得随意变动。

（3）实验室各室设有安全员，定期进行安全检查，发现问题及时汇报。

（4）实验室应配备消防器材，实验人员应熟悉各种防火器材的使用方法并掌握有关灭火知识。

（5）实验完毕，检验人员必须洗手后方可进食，实验室内严禁吸烟及饮食。

（6）实验结束，人员离开实验室前，检查水、电、燃气和门窗，确保安全。

（7）实验室应备有各种有毒物质中毒后的解毒剂及烫伤急救药品，并要求化验员掌握各种意外、受伤的急救措施。

（8）毒品必须锁在专用毒品柜内，双人、双锁管理。

（9）无菌操作前，用消毒液擦拭桌面及工作台面，开紫外灯消毒，同时开启超净工作台风门，保持 30 ~ 45min，关闭紫外灯，待 30min 后进入无菌室。进入无菌室操作前要洗手，操作过程严格执行无菌操作。定期对无菌实验室进行彻底消毒及清洗。工作结束，灭掉酒精灯，关风门、电源，处理污物，将台面、超净台内物品排放整齐。

（10）各类玻璃仪器（例如容量瓶、刻度吸管、微量进样器等）应校正后使用。

二、常用玻璃仪器的使用及保存

在分析检验工作中，洗净玻璃仪器不仅是一个必须做的实验前的准备工作，而且也是一个技术性工作。仪器洗涤是否符合要求对化验工作的准确度和精密度均有影响，所以保证所使用的玻璃仪器干净是十分重要的。

（一）常用玻璃仪器的清洗

洗涤玻璃仪器的方法很多，应根据实验的要求、污物性质和污染的程度来选用。通常黏附在仪器上的污物，有可溶性物质，也有不溶性物质和尘土，还有油污和有机物质。针对各种情况，可以分别采用下列洗涤方法。

1. 用水洗刷

根据要洗涤的玻璃仪器的形状选择合适的毛刷，如试管刷、烧杯刷、瓶刷等。用毛刷蘸水洗刷，可使可溶性物质溶去，也可使黏附在仪器上的尘土和不溶物脱落下来，但往往洗不去油污和有机物质。

2. 用合成洗涤剂或肥皂液洗

用毛刷蘸取洗涤剂少许，先反复刷洗，然后边刷边用水冲洗，直到倾去水后器壁不再挂水珠时，再用少量蒸馏水或去离子水多次洗涤，洗去所沾自来水，即可使用。为了提高洗涤效率，可将洗涤剂配成体积分数为 1% ~5% 的水溶液，加温浸泡玻璃仪器片刻后，再用毛刷刷洗。洗净的玻璃仪器倒置时，器壁应不挂水珠，洁净透明。

3. 用铬酸洗液洗

铬酸洗液是用研细的工业重铬酸钾 20g，溶于加热搅拌的 40g 水中，然后慢慢地加入到 360g 工业浓硫酸中配制而成，并贮存于具塞玻璃瓶中备用。这种溶液具有很强的氧化性，对有机物油污的去除能力特别强。在进行精确的定量实验时，往往遇到一些口小、管细的仪器很难用其它方法洗涤，就可用铬酸洗液来洗。向要洗的仪器内加入少量铬酸洗液，倾斜并慢慢转动仪器，让仪器内壁全部被洗液湿润，转动几圈后，把铬酸洗液倒回原瓶内，然后用蒸馏水冲洗几遍，晾干备用。

如果要洗的玻璃仪器太脏，须先用自来水进行初洗。若采用温热铬酸洗液浸泡仪器一段时间，则洗涤效率可提高。铬酸洗液腐蚀性极强，易灼伤皮肤及损坏衣物，使用时应注意安全；同时其吸水性很强，应该随时注意把装洗液的瓶子盖严，以防吸水而降低去污能力。当铬酸洗液用到出现绿色时（重铬酸钾还原成硫酸铬的颜色），就失去了去污能力，不能继续使用。

若能用别的洗涤方法洗净的仪器，就不要用铬酸洗液，一是铬有一定的毒性，二是成本高。

4. 其它洗涤液

（1）碱性乙醇洗液　用 6g NaOH 溶于 6mL 的水中，再加入 50mL 95% 的乙醇配成，贮于胶塞玻璃瓶中备用（久贮易失效）。可用于洗涤油脂、焦油、树脂沾污的仪器。

（2）碱性高锰酸钾洗液　4g 高锰酸钾溶于水中，加入 10g KOH，用水稀释至 100mL 而成。此液用于清洗油污或其它有机物质，洗后容器沾污处有褐色二氧化锰析出，可用工业盐酸（1 +1）或草酸洗液、硫酸亚铁、亚硫酸钠等还原剂去除。

（3）草酸洗液　5 ~ 10g 草酸溶于 100mL 水中，加入少量浓盐酸。此溶液用于洗涤高锰酸钾洗后产生的二氧化锰。

（4）碘 - 碘化钾洗液　1g 碘和 2g 碘化钾溶于水中，用水稀释至 100mL 而成。用于洗涤硝酸银黑褐色残留污物。

（5）有机溶剂　苯、乙醚、丙酮、二氯乙烷、氯仿、乙醇等可洗去油污或溶于该溶剂的有机物质。使用时注意安全，注意溶剂的毒性与可燃性。

（6）工业盐酸或硝酸　用于洗去碱性物质及大多数无机物残渣。采用浸泡与浸煮器具的方法。

（二）玻璃仪器的干燥

玻璃仪器应在每次实验结束后洗净干燥备用。不同实验对玻璃仪器的干燥程度有不同的要求。一般定量分析用的烧杯、锥形瓶等仪器洗净后即可使用；而用于有机分析或合成的玻璃仪器常常是要求干燥的，有的要求无水，有的可容许微量水分，应根据不同要求来干燥仪器。常用的干燥玻璃仪器方法如下。

1. 晾干

不急用的、要求一般干燥的仪器，可在用蒸馏水刷洗后，倒去水分，置于无尘处让其自然干燥。可用安装有斜木钉的架子或有透气孔的柜子放置玻璃仪器。

2. 烘干

洗净的玻璃仪器倒去水分，放在105～120℃电烘箱内烘干，也可放在红外灯干燥箱中烘干。称量用的称量瓶等在烘干后要放在干燥器中冷却和保存。厚壁玻璃仪器烘干时，要注意使烘箱温度慢慢上升，不能直接置于温度高的烘箱，以免烘裂。玻璃量器不可放在烘箱中烘干。

3. 热（冷）风吹干

对于急于干燥的或不适于放入烘箱的玻璃仪器可采用吹干的办法。通常是用少量乙醇或丙酮、乙醚将玻璃仪器荡洗，荡洗剂回收，然后用电吹风机吹，开始用冷风吹，当大部分溶剂挥发后再用热风吹至完全干燥，再用冷风吹去残余的蒸气，使其不再冷凝在容器内。此法要求通风好，防止中毒，不可有明火，以防有机溶剂蒸气燃烧爆炸。

（三）玻璃仪器的保存

对于实验室中常用玻璃仪器应本着方便、实用、安全、整洁的原则进行管理。

（1）建立购进、借出、破损登记制度。

（2）仪器应按种类、规格顺序存放，并尽可能倒置放，既可自然控干，又能防尘。如烧杯等可直接倒扣于实验柜内，锥形瓶、烧瓶、量筒等可在柜子的隔板上钻孔，将仪器倒插于孔中，或插在木钉上。

（3）实验用完的玻璃仪器要及时洗净干燥，放回原处。

（4）移液管洗净后置于防尘的盒中或移液管架上，垫以清洁滤纸。

（5）滴定管用毕，倒去内装溶液，用蒸馏水冲洗之后，注满蒸馏水，上盖玻璃短试管或塑料套管，也可倒置夹于滴定管架的夹上。

（6）比色皿用毕洗净，倒放在铺有滤纸的小瓷盘中，晾干后放在比色皿盒中。

（7）带磨口塞的仪器，如容量瓶、比色管等最好在清洗前用小线或橡皮筋把瓶塞拴好，以免磨口混错而漏水。需要长期保存的磨口玻璃仪器要在塞间垫一片纸，以免日久粘住。若磨口活塞（瓶塞）打不开时，如用力拧就会拧碎。凡士林等油状物质粘住活塞，可以用电吹风吹或微火慢慢加热使油类黏度降低，熔化后用木器轻敲塞子来打开；因仪器长期不用或尘土等将活塞粘住，可将其泡在水中，或在磨口缝隙处滴加几滴渗透力强的液体，如石油醚等溶剂或表面活性剂溶液等，过一段时间可能打开；碱性物质粘住的活塞，可将器皿放于水中加热至沸，再用木棒轻敲塞子来打开；内有试剂的瓶塞打不开时，若瓶内是腐蚀性试剂如浓硫酸等，要在瓶外放好塑料桶以防瓶子破裂，操作者应注意安全，佩戴必要的防护用具，脸部不应与瓶口靠近；打开有毒蒸气的瓶口（如液溴）要在通风柜中操作；对于因结晶或碱金属盐沉积、碱粘住的瓶塞，把瓶口泡在水中或稀盐酸中，经过一段时间可能打开。

(8) 成套仪器如索氏提取器、蒸馏水装置、凯氏定氮仪等，用完后应立即洗净，成套放在专用的包装盒中保存。

三、容量玻璃仪器的校正

容量玻璃仪器的容积并不经常与它所标出的大小完全符合，因此在工作开始时，尤其对于准确度要求较高的分析，必须对量器进行校正。

容量仪器的校正方法是：称量一定体积的水，然后根据该温度时水的密度，将水的质量换算为体积。这种方法是基于在不同温度下水的密度都已经很准确地测定过。玻璃容器是以20℃为标准而校准的，但使用时不一定都在20℃，因此，器皿的容量以及溶液的体积将发生变化，要进行换算。

(一) 滴定管的校正

将待校正的滴定管充分洗净，并在活塞上涂以凡士林后，加水调至滴定管“零”处（加入水的温度应当与室温相同）。记录水的温度，将滴定管尖外面水珠除去，然后以滴定速度放出10mL水（不必恰等于10mL，但相差也不应大于0.1mL），置于预先准确称过质量（准确至0.01g）的50mL具有玻塞的锥形瓶中（锥形瓶外壁必须干燥，内壁不必干燥），将滴定管尖与锥形瓶内壁接触，收集管尖余滴。1min后读数（准确到0.01mL），并记录，盖上锥形瓶玻璃塞后再称其质量，并记录。两次质量之差即为放出的水的质量。

表1-1所示为在不同温度下，用水充满20℃时容积为1L的玻璃仪器在空气中用黄铜砝码称取的水重。校正后的容积是指20℃时该容器的真实容积。

表1-1　不同温度下用水充满1L玻璃容器，于空气中称量的水的质量

温度/℃	质量/g	温度/℃	质量/g	温度/℃	质量/g	温度/℃	质量/g
0	998.24	10	998.40	20	996.38	30	994.90
1	998.32	11	997.94	21	997.00	31	994.60
2	998.44	12	997.81	22	996.80	32	994.31
3	998.39	13	998.15	23	996.59	33	994.01
4	998.48	14	998.55	24	996.38	34	993.71
5	998.55	15	997.94	25	996.16	35	993.40
6	998.40	16	997.81	26	995.93	36	993.07
7	998.33	17	997.67	27	995.68	37	992.80
8	998.25	18	998.55	28	995.43	38	992.46
9	998.45	19	996.59	29	995.17	39	992.12
						40	991.77

表1-2所示为不同温度下每1000mL水（或稀溶液）换算到20℃时的校正值。

表1－2　不同温度下每1000mL水（或稀溶液）换算到20℃时的校正值

温度/℃	水，0.1mol/L HCl 0.01mol/L 溶液（ΔV/mL）	0.1mol/L 溶液（ΔV/mL）
5	+1.5	+1.7
10	+1.3	+1.45
15	+0.8	+0.9
20	0.0	0.0
25	−1.0	−1.1
30	−2.3	−2.5

由滴定管中再放出10mL水（即放至约20mL处）于原锥形瓶中，用上述同样方法称量、读数并记录。同样，每次再放出10mL水，直至总量为50mL为止。用实验温度时1mL水的质量（查表1－1）除以每次得到的水的质量，即可得相当于滴定管各部分容积的实际容积（即20℃时的真实容积）。

例：在21℃时由滴定管中放出10.03mL水，其质量为10.04g。查表1－1知道在21℃时每1mL水的质量为0.99700g。由此，可算出20℃时其实际容积为：

$$V_{20℃}=\frac{10.04}{0.99700}=10.07\ (\text{mL})$$

故此管容积之误差为：$\Delta V=10.07-10.03=0.04$（mL）

碱式滴定管的校正方法与酸式滴定管相同。

现将25℃时校正滴定管的一组实验数据列于表1－3中。

表1－3　滴定管校正（水温25℃，1mL水的质量为0.9962g）

滴定管读数	读数的容积/mL	瓶与水的质量/g	水/g	实际容积/mL	校正值/mL	总校正值/mL
0.03		29.20空瓶				
10.13	10.10	39.28	10.08	10.12	+0.02	+0.02
20.10	9.97	49.19	9.91	9.95	−0.02	0.00
30.17	10.07	59.27	10.08	10.12	+0.05	+0.05
40.20	10.03	69.24	9.97	10.01	−0.02	+0.03
49.99	9.97	79.07	9.83	9.86	+0.07	+0.10

（二）移液管和吸量管的校正

移液管和吸量管的校正方法与上述滴定管的校正方法相同。

（三）容量瓶的校正

1. 绝对校正法

将洗净、干燥、带塞的容量瓶准确称量（空瓶质量）。注入蒸馏水至标线，记录水温，用滤纸条吸干瓶颈内壁水滴，盖上瓶塞称量（称量准确度应与容量瓶大小相对应，一般称量值有效数字位数为四位。如校正250mL容量瓶应精确至0.1g)，两次称量之差即为容量瓶容纳的水的质量。根据上述方法算出该容量瓶20℃时的真实容积数值，求出校正值。

2. 相对校正法

在很多情况下，容量瓶与移液管是配合使用的，因此，重要的不是要知道所用容量瓶的绝对容积，而是容量瓶与移液管的容积比是否正确，例如，250mL容量瓶的容积是否为25mL移液管所放出的液体体积的10倍。一般只需要做容量瓶与移液管的相对校正即可。其校正方法如下：

预先将容量瓶洗净控干，用洁净的移液管吸取蒸馏水注入该容量瓶中。假如容量瓶容积为250mL，移液管为25mL，则共吸10次，观察容量瓶中水的弯月面是否与标线相切；若不相切，表示有误差，一般应将容量瓶控干后再重复校正一次；如果仍不相切，可在容量瓶颈上做一新标记，以后配合该支移液管使用时，可以新标记为准。

四、化验室常用仪器的使用及注意事项

（一）电子天平

1. 电子天平操作的主要步骤

（1）电子天平使用前的准备

①根据称取物质的量和称量精度的要求，选择适宜级别的电子天平。

②在使用天平前，检查电子天平的使用登记记录，了解电子天平前一次的使用情况以及是否处于正常可用状态，并检查水准器内的气泡是否于水准器圆的中心位置，否则应予以调节使天平处于水平状态。

③如果电子天平处于正常可用状态，应使用软毛刷将天平盘上的灰尘轻刷干净。

④称量时使用的器皿，应根据称量需要选用大小适宜的称量瓶或称量皿。

（2）电子天平的使用

①调节水平旋钮使天平位置水平。

②接通电源，打开电源开关，并预热至少30min，使天平处于备用状态。

③打开天平开关［按操作杆或开关键（ON/OFF）］，使天平处于零位，否则按去皮键。

④在器皿内加入样品至显示所需质量时为止，记录读数。

⑤将器皿连同样品一起拿出，按天平去皮键清零，以备再用。

⑥使用完毕，应在天平使用登记本上登记。

2. 电子天平的维护与保养

（1）天平应经常保持清洁，如有灰尘，可用软毛刷清理。

（2）天平内放置的干燥剂应经常更换。

（3）不应长时间连续使用天平。

（4）天平出现故障后应请有关人员进行检修。

（5）使用完毕后，拔下电源插头，做好记录。

3. 电子天平使用注意事项

（1）电子天平在安装或移动位置后必须进行校正。

（2）称量质量不可超过天平的最大载荷。

（3）用镊子拿取物品或戴手套拿取物品。

（4）使用前需要预热。

（5）选择接触面较小的容器。

（6）使用清洁干燥的容器并保持称盘的清洁。

（7）不要直接称量从干燥箱或冷藏箱内拿出的物品，使样品的温度接近实验室或称量室内的温度。

（8）在较长时间不使用的电子天平应每隔一段时间通电一次，以保证电子元器件干燥，特别是湿度大时更应经常通电。

（二）灰化炉

灰化炉也称高温炉，常用于质量分析中灼烧沉淀、测定灰分等工作。具体操作如下：

（1）将预加热物用坩埚钳放入炉膛，关好炉门。

（2）先调节定温指针于所需的工作温度刻度处，再接通电源。

（3）电阻炉开始加热，信号灯亮。

（4）待温度升到指示温度时，信号灯熄灭，开始计时。

（5）保温时间达到后，断开电源。

（6）待温度降到200℃左右后，方可用坩埚钳取出被加热物，放入干燥器中，放冷至室温，称量。

（7）注意事项

①该电阻炉不得放在有强烈磁场，强烈腐蚀性气体，大量灰尘及有振动或爆炸性气体的环境中。

②电炉外壳必须可靠接地。

③温度控制不能超过1000℃。

④禁止向炉内注入液体或溶解的金属。

⑤如不能控制或调节温度时，必须停炉修理。

⑥停止加热后，不能立刻开炉，以免炉膛骤然受冷碎裂，一般可开一小缝，待其降温后才能开炉，用长柄坩埚钳取出被烧物，以免高温出现事故。

（三）折光计

1. 概述

折射率是物质的物理常数之一，在食品检验中常用于测定液体食品的纯度或浓度。比如测定糖液的浓度、牛乳的含量等。

光线自空气中通过待测介质时入射角的正弦值与折射角的正弦值之比等于光线在空气中的速度与待测介质中的速度之比，比值恒定，该值称为待测物质的折射率。

每一种均一的物质都有固有的折射率，对于同一物质的溶液来说，其折射率的大小与溶液的浓度成正比，因此，测定物质的折射率就可以判断物质的浓度和纯度。

折光计是测定液体食品折射率的仪器，折光计的种类和形式很多，常用的折光计包括：手提式折光计和阿贝折光计。阿贝折光计的光学系统由两部分组成，即观察系统和读数系统组成。

阿贝折光计的折射率刻度范围为1.3000～1.7000，测量精确度可达0.0003，可测糖溶液浓度或固形物含量范围为0～95%。

2. 折光计的使用

（1）仪器的安装　将折光计置于靠窗的桌子或白炽灯前。但勿使仪器置于直照的日光中，以避免液体试样迅速蒸发。用橡皮管将测量棱镜和辅助棱镜上保温夹套的进水口与超级恒温槽串联起来，恒温温度以折光计上的温度计读数为准。

（2）校正　使用前首先要对折光计刻度进行校正，通常折光计对于低刻度值部分可用蒸馏水校准，蒸馏水的折射率在20℃为1.33299。对于高刻度值部分通常是用特制的具有一定折射率的玻璃块校准。

每次测定工作之前及进行示值校准时必须将光棱镜的毛面，折射棱镜的抛光面及标准试样的抛光面，用脱脂棉蘸取乙醇［或用无水乙醚与酒精（4∶1）的混合液］轻擦净两棱镜表面，以免留有其它物质，挥干乙醇。

（3）仪器操作

①将被测液体用干净滴管加在下面棱镜表面的中央，迅速旋转棱镜盖上并锁紧扳手，要求液层均匀，充满视场，无气泡。调节小反光镜和反光镜至光线射入棱镜，使镜筒内视野明亮。

②打开遮光板，合上反光镜，调节视度，由目镜观察，转动棱镜旋钮，使视野呈现明暗两部分。

③旋转色散补偿器旋钮，使视野中只有黑白两色。

④旋转棱镜旋钮，使明暗分界线在十字线交叉点。

⑤在读数镜筒读出折射率或质量分数。

⑥同时记录测定时的温度。

⑦测定结束，打开棱镜，若所测定的是水溶性样液，棱镜用脱脂棉吸水擦拭干净；若是油类样液，则用乙醇或乙醚、二甲苯等擦拭。

折光仪上的刻度是在标准温度20℃下刻制的，折射率测定最好在20℃下进行。若测定温度不是20℃，应查表对测定结果进行温度校正。因为温度升高溶液的折射率减小，温度降低折射率增大，因此，当测定温度高于20℃时，应加上校正数；低于20℃则减去校正数。例如在25℃下测得果汁的可溶性固形物含量为15%，查"糖液折光温度改正表"得校正值0.37，则该果汁可溶性固形物的准确含量为15% +0.37% =15.37%。

（4）说明及注意事项

①仪器应放在干燥、空气流通的室内，防止受潮后光学零件发霉。

②仪器使用完毕须进行清洁并挥干后放入贮有干燥剂的箱内，防止湿气和灰尘侵入。

③严禁油手或汗手触及光学零件，如光学零件不清洁，用乙醇或无水乙醇-乙醚混合液擦拭干净。切勿用硬质物料触及棱镜，以防损伤。

④仪器应避免强烈振动或撞击，以免光学零件损伤而影响精度。

任务　盐酸标准溶液（0.1mol/L）的配制及标定

【学习目标】

1. 学会使用电子天平进行固定质量称量法的称量方法和技巧，并正确记录数据。

2. 学会常用滴定分析仪器的操作方法。

3. 学会配制和标定标准溶液，并能正确进行数据处理。

4. 学会用无水碳酸钠做基准物质标定盐酸溶液的原理和方法。

【技能目标】

1. 标准、规范地使用分析天平。

2. 掌握滴定分析仪器的使用操作技能。

3. 掌握标准溶液的配制和标定技术。

【任务实施】

盐酸标准溶液（0.1mol/L）的配制与标定。

【原理】

市售盐酸（分析纯）的密度为1.19g/mL，含HCl 37%，物质的量浓度约为12mol/L。因浓盐酸易挥发，所以应先将浓盐酸稀释为所需近似浓度，再用基准物质进行标定。

盐酸标准溶液可用硼砂（$Na_2B_4O_7 \cdot 10H_2O$）或无水碳酸钠（Na_2CO_3）标定。

本实验选用无水碳酸钠做基准物质标定盐酸，以甲基红－溴甲酚绿混合指示液指示终点，终点褪色由绿色变为暗紫色。其标定反应为：

$$2HCl + Na_2CO_3 \longrightarrow 2NaCl + H_2O + CO_2\uparrow$$

【操作内容】

本任务可在化验室或实验室中进行。

（1）仪器　量筒、烧杯、分析天平（0.1mg）、酸式滴定管、锥形瓶、电炉和称量瓶。

（2）试剂　浓盐酸、基准无水碳酸钠和甲基红－溴甲酚绿混合指示液。

【操作过程】

1. 盐酸标准溶液（0.1mol/L）的配制

用量筒取浓盐酸 9.0mL，加水稀释至 1000mL 混匀即得。

2. 盐酸标准溶液（0.1mol/L）的标定

取在 270～300℃干燥至恒重的基准无水碳酸钠约 0.15g（如选用 25mL 的滴定管，称取量可在 0.1000～0.1200g），加 50mL 蒸馏水溶解后，加甲基红－溴甲酚绿混合指示液 10 滴，用盐酸标准溶液（0.1mol/L）滴定至溶液由绿色转变为紫红色，煮沸约 2min，冷却至室温继续滴定至溶液由绿色转变为暗紫色，记下所消耗的标准溶液的体积。操作过程如图 1－1 所示。

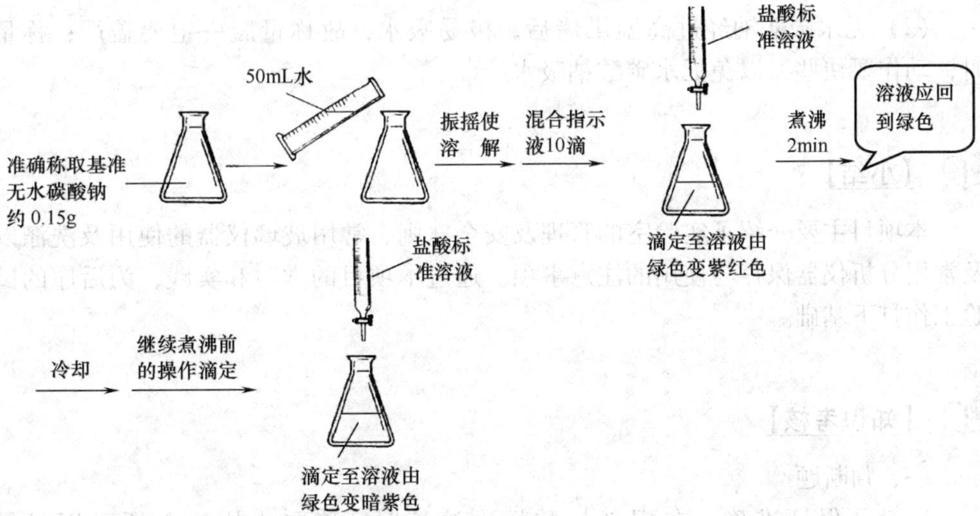

图 1－1　盐酸标准溶液（0.1mol/L）的标定操作过程

【结果处理】

（1）数据处理　数据记录表见表 1－4。

表1-4　　　　数据记录

项目＼测定次数	1	2	3
$m_{Na_2CO_3}$/g V_{HCl}/mL c_{HCl}/（mol/L）			
c_{HCl}平均值/（mol/L） 相对平均偏差/%			

（2）结果计算

$$c = \frac{2m}{M \times V \times 10^{-3}}$$

式中　c——盐酸标准溶液的浓度，mol/L；

m——称取无水碳酸钠的质量，g；

M——无水碳酸钠的摩尔质量，g/mol；

V——滴定消耗盐酸标准溶液的体积，mL。

【注意事项】

（1）接近滴定终点时，应剧烈摇动锥形瓶以加速 H_2CO_3 分解；或将溶液加热至沸以赶出 CO_2，冷却后再滴定至终点。

（2）无水碳酸钠经过高温烘烤后，极易吸水，故称量瓶一定要盖严；称量时，动作要快些，以免无水碳酸钠吸水。

【小结】

本项目主要介绍了实验室的管理及安全守则、常用玻璃仪器的使用及洗涤以及常用分析仪器保存与使用的注意事项。通过本项目的学习和实践，为后序的试验工作打下基础。

【知识考核】

一、判断题

1. 为了保证准确，在配制盐酸标准溶液时，移取浓盐酸必须采用吸量管。(　　)

2. 标定盐酸标准溶液时，第一次滴定终点是暗紫色，第二次滴定终点是紫红色。(　　)

3. 标定盐酸标准溶液时，消耗无水碳酸钠最终体积是两次连续滴定的终点之和。(　　)

4. 配制完盐酸标准溶液后，可以把该溶液直接放在容量瓶中贴标签保存。（　　）

5. 滴定管在装溶液前应先用标准溶液荡洗 2 ~ 3 次。（　　）

二、选择题

1. 一般玻璃器皿可以放在（　　）烘箱内干燥，但带有刻度的玻璃器皿应当自然干燥或在 60℃以下的烘箱内烘干。

A. 50 ~ 60℃　　B. 70 ~ 80℃　　C. 80 ~ 100℃　　D. 90 ~ 105℃

2. 电子天平在使用前应预热（　　）。

A. 10min　　B. 30min　　C. 20min　　D. 60min

三、简答题

1. 简述滴定管的使用方法。

2. 简述玻璃仪器的洗涤方法及注意事项。

项目二 样品的采集与处理

乳与乳制品检测必须按照一定的检测程序进行。根据检测要求，首先进行感官检验，然后进行理化检测和微生物检测；而实际检测过程中，往往是由不同的职能检测部门分别进行。每一类检测过程，由于检测目的、检测要求、检测方法的不同，都有其相应的检测程序，必须严格按照一定的程序进行：第一步，样品的准备过程；第二步，样品的预处理，第三步，选择适当的检测方法；第四步，数据处理，并将结果以检测报告的形式表达出来。本项目主要介绍样品的采集及处理。

【知识目标】

1. 学会食品样品的采集、制备、保存等方面的知识。

2. 掌握食品中检测样品预处理的方法和原理。

3. 掌握食品分析检测结果与数据处理的相关知识。

【技能目标】

1. 熟练进行食品样品的采集、制备和保存，能根据不同的食品类型选择合适的采样方法。

2. 掌握有机物破坏法、溶剂萃取法、蒸馏法等各种样品预处理技能。

3. 掌握数据分析处理的能力，能够应用分析检验数据对分析结果进行评价。

【知识必备】

一、样品的采集

产品的质量情况是通过检测来获得的，检测时所消耗的产品称为样品。显然，不可能每件产品都通过检测，只可能从受检的产品中按规定抽取一定数量、具有代表性的部分，这部分产品（仅占整批产品中一个极少比例）要能代表整批产品的真实情况，即所取样品应该是具有高度代表性的平均样品，否则分析结果毫无意义。

样品的采集简称采样，是指从大量的物料中抽取一定量具有代表性的样品。

（一）样品的分类

样品一般分为检样、原始样品和平均样品三类。检样是从组批或货批中所抽取的样品；原始样品是从一批物料中抽取的样品；平均样品是将原始样品按照规定混合均匀，按照一定的方法和程序从原始样品中平均地分出一部分样品，供化验室分析用。试验样品是将平均样品混合均匀，再从平均样品中分出一小部分样品，供检测某组分用；复检样品是指对检验结果有争议或分歧时，可根据具体情况进行复检，故必须有复检样品。

（二）采样的原则

（1）采集的样品要均匀，有代表性，能反映全部被检食品的组成、质量和卫生状况。

（2）采样过程要设法保持食品原有的理化指标，避免成分逸散（如水分、气味、挥发性酸）带入杂质或污染。

采样是食品分析工作中非常重要的环节。同一种类的食品成品或原料，由于品种、产地、成熟期、加工或保藏条件不同，其成分及其含量也会有相当大的差异；同一分析对象，不同部位的成分和含量也可能有较大差异。

（三）采样的数量

不同形态的样品采样的数量有所不同，按样品形态不同一般可分为固体样品、半固体样品、液体样品。

1. 均匀固体样品

在乳制品中，均匀固体样品一般包括乳粉、干酪等。

（1）乳粉　乳粉是均匀固体物料，应按不同批号分别进行采样，对同一批号的产品，采样点数可由下式计算：

$$S=\sqrt{\frac{N}{2}} \tag{1-1}$$

式中　N——检测对象的数目（件、袋、桶等）；

　　S——采样点数。

乳粉如是小包装，应该根据批号连同包装一起随机采样。如小包装外还有大包装，可按式（1-1）抽取一定的大包装，再从中抽取小包装，混匀后，分取缩减到所需的数量。同一批号取样件数，250g 以上的包装不得少于 6 个，250g 以下的包装不得少于 10 个。

乳粉如是大包装，可分为罐装和袋装，规格为 12.5kg 和 25kg 两种，可用灭菌后的无菌刀或勺从有代表性的各部位每件取出不少于 200g 的样品。

袋装或罐装乳粉，按照炼乳处理方法将容器外部消毒后，以无菌操作开封取样，塑料袋装乳粉用 75% 酒精棉球将袋口两面擦拭一遍，然后用灭菌剪刀切开，以无菌操作取样 25g，放入装有 225mL 灭菌无菌生理盐水的三角瓶内（瓶内含有适量的灭菌的玻璃珠），振摇使其溶解并混合均匀。

（2）干酪　按批取样检测，每批产品拆箱取样数量由生产量而定，每批 100 件以上者，按 1/50 拆箱；100 件以下者，取样 2 件。

按拆箱数，每箱取样一个。取做细菌检测的样品，应采用无菌采样刀在无菌室或无菌箱中取样。蜡皮用灭菌刀削掉，然后用点燃的酒精棉球消毒或用灭菌刀切开，再以灭菌刀切取表面和深层检样各少许，每个干酪取样不少于 100g，切成小块，置于无菌瓶中备用。

取做理化检测的样品，可直接用干酪取样刀取样，不必灭菌，取出后去其 2cm 表层，同一批样品可放入同一个容器中，平均样品总量不应少于 200g，置于灭菌乳钵内切碎，加入少许灭菌盐水研成糊状。

2. 液体及半流体样品

在乳制品中，液体和半流体样品一般包括生鲜牛乳、灭菌乳、酸奶等。

（1）包装体积不太大的　先按式（1-1）确定采取的桶数，再开启包装。先混合均匀，用虹吸法分上、中、下 3 层各取 500mL 检样，然后混匀，分取缩减到所需数量的平均样品。

（2）大桶装的或散（池）装的　可在桶（或池）的四角及中点分上、中、下 3 层进行采样，充分混匀后，分取缩减到所需要的量。

（3）做无菌检验的样品　按无菌条件进行，去掉采样瓶口的纸罩，混匀，瓶口经火焰灭菌后，按照无菌操作取 25g（mL）检样，放入装有 225mL 灭菌生理盐水的三角瓶内，振摇混匀。

各类食品采样的数量、采样的方法均有具体现定，可参照有关标准执行。

（四）采样的注意事项

（1）采样应注意抽检样品的生产日期、批号、现场卫生状况、包装和包装容器状况。采集的数量应能反映该食品的卫生质量和满足检测项目对样品量的需要，一式三份，供检测、复检、备查或仲裁使用。一般散装样品每份不少于 0.5kg。

（2）小包装食品，应保持原包装的完整，并附上原包装上的一切商标及说明。

（3）一切采样工具，如采样器、容器、包装纸等都应清洁、干燥、无异味，不应将任何有害物质带入样品中。所用样品应及时检验，如果在1h以内不能进行检验者，应贮存于2～6℃的冷库内。

（4）掺伪食品和食物中毒的样品采集要具有典型性。

（5）供微生物检验用的样品，应严格遵守无菌操作规程。

（6）盛装样品的器具上要贴牢标签，注明样品名称、采样地点、采样日期、样品批号、采样方法、采样数量、分析项目及采样人。

（7）要认真填写采样记录，包括采样单位、地址、日期、样品批号、采样条件、包装情况、采样数量、现场卫生状况、运输、贮存条件、外观、检验项目及采样人等。

二、样品的预处理

（一）样品的制备

（1）液体、浆体或悬浮液体，一般是将样品充分混匀搅拌。常用的搅拌工具有搅拌器、玻璃棒等。

（2）固体样品采用切细、捣碎、研磨等方法，将样品制成均匀可检状态。常用的工具有磨粉机、研钵等。

在样品制备过程中，还应注意防止易挥发性成分的逸散和避免样品组成成分及理化性质发生变化，尤其是做微生物检验样品，必须根据微生物学的要求，严格按照无菌操作规程制备。

（二）样品的预处理

乳品的成分复杂，既含有大分子的有机化合物，如蛋白质、糖、脂肪、维生素等，也含有许多无机元素，它们以复杂的形式结合在一起，当以选定的方法对其中某种成分进行分析时，其它组分的存在常会产生干扰而影响被测组分的正确检出。为此在分析检测之前，必须采取相应的措施排除干扰。样品的预处理可以解决上述问题。样品的预处理是指为排除干扰因素，需要对样品进行不同程度的分解、分离、浓缩、提纯处理的操作过程。根据食品的种类、性质的不同，以及不同分析方法的要求，预处理的原则及预处理常用方法如下。

1. 预处理的原则

（1）消除干扰因素。

（2）完整保留被测组分。

（3）使被测组分浓缩，以获得可靠的分析结果。

2. 样品的预处理方法

（1）有机物破坏法　乳与乳制品中的许多微量元素与蛋白质等有机物质结合成为难溶、难离解的化合物，从而失去其原来的特性。因此在测定前，要先破坏有机结合体，释放出被测组分。通常采用高温，或高温及强氧化条件使有机物质分解，呈气态逸散，而被测的组分残留下来。根据具体操作条件的不同，有机物破坏法又可分为干法、湿法消化和微波消解法。

①干法（又称灰化法）：这是一种用高温灼烧的方式破坏样品中有机物的方法，因而又称为灼烧法。除汞外大多数金属元素和部分非金属元素的测定都可用此法处理样品。

此法是将样品置于坩埚中，先在电炉上小火炭化，除去水分后，再置500～600℃高温炉中灼烧灰化，至残灰为白色或浅灰色为止，使有机物彻底氧化破坏，生成二氧化碳和水逸散出。取出残灰，冷却后用稀盐酸或稀硝酸溶解过滤，滤液定容后供分析测定用。

干法灰化的优点是试剂用量少，有机物分解彻底，操作简单；缺点是所需时间长，易造成某些易挥发元素的损失，坩埚对被测组分有吸留作用，使测定结果和回收率降低。

②湿法消化：又称消化法，是指向样品中加入强氧化剂，并加热消煮，使样品中的有机物质完全分解、氧化，呈气态逸出，待测组分转化为无机物状态存在于消化液中，供测试用。常用的强氧化剂有浓硝酸、浓硫酸、高氯酸、高锰酸钾、过氧化氢等。

湿法消化的优点是有机物分解速度快，所需时间短；由于加热温度较干法低，故可减少金属挥发逸散的损失，容器吸留也少。但在消化过程中，常产生大量有害气体，因此操作过程需在通风橱内进行；消化初期，易产生大量泡沫外溢，故需操作人员随时照管；此外，试剂用量较大，空白值偏高。

③微波消解法：该法是通过电磁波的能量来加热反应液，从内到外加热，样品与酸的混合物通过吸收微波能，即使深层加热；同时，微波产生的交换磁场使介质分子极化，产生高速振动，获得高能量，促使化学键快速断裂。比起直接加热，它更有利于有机物质的消解。

（2）溶剂萃取法　利用混合物中某组分在两种互不相溶的溶剂中分配系数的不同，使其从一种溶剂转移到另一种溶剂中，而与其它组分分离的方法，称为溶剂萃取法。

溶剂萃取法的优点是操作迅速，分离效果好，应用广泛。但萃取试剂通常易燃、易挥发，且有毒性，操作时应注意。

（3）蒸馏法　蒸馏法是利用液体混合物中各组分挥发度不同所进行分离的方法。此法可用于除去干扰组分，也可用于将待测组分蒸馏逸出，收集馏出液进行分析。例如乳与乳制品中蛋白质含量的测定。此法具有分离和净化双重效果，其缺点是仪器装置和操作较为复杂。

根据样品中待测定成分性质的不同，可采取常压蒸馏、减压蒸馏和水蒸气蒸馏等蒸馏方式。

①常压蒸馏：当被蒸馏的物质受热后不发生分解或沸点不太高时，可在常压

下进行蒸馏。加热方式可根据被蒸馏物质的沸点和特性选择水浴、油浴或直接加热。如果被蒸馏物质的沸点不高于90℃，可用水浴；如果沸点高于90℃，可用油浴，但要注意防火；如果被蒸馏物质不易爆炸或燃烧，可用电炉或酒精灯等直接加热，最好垫以石棉网。当被蒸馏物质的沸点高于150℃时，可用空气冷凝管代替冷水冷凝器。

一般热浴的温度不能比蒸馏物沸点高出30℃。

②减压蒸馏：当常压蒸馏容易使蒸馏物质分解或其沸点太高时，可以采用减压蒸馏。

③水蒸气蒸馏：水蒸气蒸馏是用水蒸气来加热混合液体，使具有一定挥发度的被测组分与水蒸气分压成比例地自溶液中一起蒸馏出来。

蒸馏操作时应注意：①蒸馏瓶中装入的液体体积最大不得超过蒸馏瓶的2/3，同时加瓷片、毛细管等防止暴沸，蒸汽发生器也要装入瓷片或毛细管；②温度计插入高度应适当，以通入冷凝管的支管在一个水平上或略低一点为宜，温度计的需查温度应在瓶外；③有机溶剂的液体应用水浴，并注意安全；④冷凝管的冷凝水应由低向高逆流。

（4）浓缩法　样品经提取、净化后，有时净化液的体积较大，在测定前需进行浓缩，以提高被测成分的浓度。常用的浓缩方法有常压浓缩法和减压浓缩法。

①常压浓缩法：此法主要用于待测组分为非挥发性的样品净化液的浓缩，通常采用蒸发皿直接挥发；若要回收溶剂，则可用一般蒸馏装置或旋转蒸发器。该法简便、快速，是常用的方法。

②减压浓缩法：此法主要用于待测组分为热不稳定性或易挥发的样品净化液的浓缩，通常采用K－D浓缩器。浓缩时，水浴加热并抽气减压。

③自然挥发法：此法将待浓缩的溶液置于室温下，使溶剂自然蒸发。此法浓缩速度慢，但简单。

（5）化学分离法　化学分离法是通过化学反应处理样品，以改变其中某些组分的亲水、亲脂及挥发性质，并利用改变的性质进行分离。

①磺化法和皂化法：磺化法和皂化法是去除油脂或含油脂样品经常使用的分离方法。例如，残留农药分析和脂溶性维生素测定中，油脂被浓硫酸磺化，或被碱皂化，由疏水性变成亲水性，使油脂中需检测的非极性物质能较容易地被非极性或弱极性溶剂提取出来。

②沉淀分离法：此法利用沉淀反应进行分离。在试样中加入适当的沉淀剂，使被测组分沉淀下来或将干扰组分沉淀下来，再经过滤或离心把沉淀和母液分开。如测定还原糖含量时，常用醋酸铅来沉淀蛋白质，来消除其对糖测定的干扰。

三、样品的保存

采取的样品，为了防止其水分或挥发性成分散失以及其它待测成分含量的变化，应在短时间内进行分析。如果不能立即分析，则应妥善保存，保存的原则是：干燥、低温、避光、密封。

制备好的样品应放在密封洁净的容器内，置于阴暗处保存；易腐败变质的样品应保存在0～5℃的冰箱内，保存的时间也不易太长；有些成分，容易发生光解，以这些成分作为分析项目的样品必须在避光条件下保存。

四、检测结果的分析与数据处理

乳与乳制品分析的重要任务是准确测定试样中各组分的含量。然而，在分析过程中许多因素都会影响到分析结果，如仪器的性能、玻璃量器的准确性、试剂的质量、分析测定的环境和条件、分析人员的素质和技术熟练程度、采样的代表性及选用的分析方法的灵敏度等。即使是同一样品，用同样的方法、同一操作人员，在不改变任何的条件下，进行平行实验，也难以获得相同的数据。因此说误差的存在是客观的。因此，分析检测后必须对所测得的大量的实验数据进行归纳、取舍等一系列科学的处理，去伪存真，最后得到符合客观实际的正确结论。

不同的分析任务，对准确度的要求不同，对分析结果的可靠性与精密度要做出合理的判断和正确的表述，为此分析检测人员应该掌握分析过程产生误差的原因及误差出现的规律，并采取相应措施减少误差，使分析结果尽量接近客观的真实值。

（一）分析结果的表示方法

检验结果的表示应采用法定计量单位并尽量与食品卫生标准或食品安全标准一致，一般用以下单位表示。

（1）百分含量（%） g/100g 或 g/100mL。

（2）千分含量（‰） g/kg 或 g/L。

（3）百万分含量 mg/kg 或 mg/L。

（4）十亿分含量 μg/kg 或 μg/L。

（5）万亿分含量 ng/kg 或 ng/L。

（二）实验结果的数据处理

1. 有效数字运算及修约规则

（1）有效数字 在分析工作中实际测量到的数字称为有效数字，在记录有效数字时，规定中允许数的末位可有一个单位的误差。

（2）运算规则

①除有特殊规定外，一般可疑数字为最后一位有 ±1 个单位的误差。

②复杂运算时，其中间过程可多保留一位有效数，最后结果按有效数字的运

算法则留取应有的位数。

③加减法计算的结果，其小数点以后保留的位数应与参加运算各数中小数点后位数最少的相同。

④乘除法计算的结果，其有效数字保留的位数应与参加运算各数中有效数字位数最少的相同。

⑤方法测定中按其仪器准确度确定了有效数字的位数后，先进行运算，运算后的数值再修约。

（3）修约规则　用“四舍六入五成双”规则舍去过多的数字，即当尾数小于4时，则舍；当尾数大于等于6时，则入；当尾数等于5时，若前面为偶数则舍，为奇数则入；当5后面还有不是零的任何数时，无论5前面是偶还是奇数皆入。

2. 数据的舍弃

在检测得到的一组数据中，往往有个别的数据离群较远，这一数据称为异常值，也称为可疑值。对可疑值应做如下处理：

（1）在分析过程中已经知道某个数据是操作中的过失造成的，应将此数据立即弃去。

（2）在复查分析结果时，已经找出可疑值的原因，也应该将此数据立即弃去。

（3）如找不出可疑值出现的原因，不应随便保留或弃去，而应该根据数据统计原则来处理。

（三）检测分析报告单的填写

1. 原始记录

原始记录是分析检测工作需要保存的重要原始资料之一，是质检机构或企业的质量保证体系运行的重要客观证据。认真做好原始记录，是保证检验数据确切可靠的重要条件。

（1）原始记录要用钢笔或碳素笔填写在原始记录本上，不能事后抄在记录本上，不得任意涂改、撕页、散失，有效数字的位数应按分析方法的规定填写。

（2）根据不同的检测要求，可设计成一些简单适用的记录格式，供检测时填写。

（3）原始记录必须真实、齐全、清楚记录测定条件、仪器、试剂、数据及操作人员。

（4）修改错误数字时不得涂改，而应在原数字上画一条横线表示消除，并由修改人签注。

（5）确知在操作过程中存在错误的检测数据，无论结果好坏，都必须舍去，并在备注栏中说明原因。

（6）原始记录应与相应的检测报告统一编号，一并归档，并按顺序排列，以便查阅。

2. 检测报告

检测报告是向有关部门报告检测结果的公开文件，是证实所检产品质量状况的客观证据。

（1）检测报告要求格式统一，编写规范，内容完整，数据、判断准确，字迹工整，不得涂改，必须使用法定的计量单位。

（2）检测报告的内容根据出具报告的性质不同而要求有所不同。

（3）检测报告必须由考核合格的检测技术人员填写，必须有指导人员或化验室负责人的同意和签字，否则检测结果无效。

（4）检测结果必须经第二者复核无误后，才可以填写检测报告单。检测报告单上应有检测人员和复核人员的签字及检测负责人的签字。

（5）检测报告单一式两份，其中正本提供给服务的对象，副本留存备查，同时原始记录和抽样记录一并存档，存档时间视需要而定。检测报告单经签字和盖章后即可报出。

任务 原料乳样品的采集

【学习目标】

1. 学会样品采集的基础知识。
2. 学会样品采集的操作技能及相关注意事项。

【技能目标】

掌握原料乳样品采集的操作技能。

【任务实施】

原料乳样品的采集。

【操作内容】

用清洁的打耙器将奶罐或大桶里的生鲜牛乳搅拌均匀（上下搅拌 50 频次），再用专门的取样勺采取适量样品，预洗取样瓶 2 ~ 3 次，然后再分别取 500mL 样品倒入三个取样瓶，取样瓶上贴上标签，标明产品的名称、采样日期、产品数量、采样人。及时送化验室检测。同时要认真填写采样记录。写明采样单位、地址、日期、样品批号、采样数量、检验项目及采样人。

【注意事项】

（1）样品瓶应清洁干燥，不得含有待测物质及干扰物。

（2）无采样记录的样品，不得接受检验。

【小结】

本项目介绍了样品的采集方法、采样细则；样品预处理和样品的保存的原则，重点介绍了样品的预处理原理、方法及注意事项。通过本项目的学习，学生可以掌握样品采集、制备、保存及检测结果的分析与数据处理技能。

【知识考核】

一、填空

1. 蒸馏法包括__________、__________和水蒸气蒸馏等蒸馏方式。
2. 样品的预处理方法包括：__________、溶剂萃取法、蒸馏法、浓缩等。
3. 样品一般分为原始样品、__________和试验样品。
4. 样品预处理法方法中干法灰化的温度是__________。

二、简答题

1. 样品的保存原则是什么？
2. 简述采样的注意事项。
3. 简述样品预处理的原则。

模块二
乳与乳制品的感官检验

食品感官检验就是凭借人体自身的感觉器官，具体地讲就是凭借眼、耳、鼻、口（包括唇和舌头）和手，对食品的质量状况做出客观的评价。感官检验是与仪器分析并行的重要的检测手段，是为了评价食品的可接受性和鉴别食品的质量。感官检验法具有简便、迅速、不需要复杂和特殊的仪器设备的优点，是实际业务工作中特别是基层普遍采用的方法。乳与乳制品都有一定的感官特性，我国对乳与乳制品的感官检验指标有明确规定，凡是“感官检验不合格的产品不必进行理化检验，直接判为不合格产品，”这表明感官指标是乳与乳制品的重要指标之一。

项目一 食品感官检验概述

食品是一类特殊商品，长期以来，人们习惯根据自身感觉器官的感觉来判断、评价及选择食品，食品消费过程在一定程度上就是感官的享受过程，因此，食品留给人的第一印象是感官印象，在食品工艺生产中，这种感官印象也是最基本的品质控制、品质评价的方法。

【知识目标】

1. 了解感官检验的概念、种类及常用的检验方法。
2. 掌握感官评定中的注意事项和感官鉴别应遵循的原则。

【技能目标】

1. 掌握乳品感官检验方法选择及检验操作技能。
2. 能够根据相关的知识处理牛乳的感官检验中出现的问题并提出解决方案。

【知识必备】

一、感官检验的概念和意义

感官检验就是凭借人体自身的感觉器官对食品的各种质量特征的“感觉”，如味觉、嗅觉、视觉、触觉等，并用语言、文字、符号作为分析数据，对食品的色泽、风味、气味、组织状态、硬度等外部特征进行记录的方法，再运用概率统计原理进行统计分析，从而得出结论，对食品的色、香、味、型、质地、口感等各项指标做出评价的方法。

各种食品都具有一定的外部特征，消费者习惯上都凭借感官来决定食品的取舍，所以，作为食品不仅要符合营养与卫生的要求，还必须能为消费者所接受，其可接受性通常不能由化学分析和仪器分析的结果来下结论。各类食品的质量标准中都定有感官指标，这些感官指标往往都反映出食品的质量的好坏，当食品的质量发生变化时，常引起某些感官指标也发生变化，因此通过感官检验可判断食品的质量及其变化状况。总之，感官检验在食品生产中的原材料和成品质量控制、食品的贮藏、新产品开发、市场调查及家庭饮食等方面都具有重要的意义和作用。

二、感官检验的类型及种类

（一）感官检验的类型

食品感官检验，根据作用的不同一般分为两大类型：分析型感官检验和偏爱型感官检验。通常根据试验目的，明确选定其中一种类型，防止混用。

分析型感官检验是把人的感觉器官作为一种检验测量的工具，来评价样品的质量特性或鉴别多个样品之间的差异等。例如质量检查、产品评优等都属于这种类型。分析型感官检验是评价员对物品的客观评价，其分析结果不受人的主观意志干扰。

偏爱型感官检验与分析型感官检验恰好相反，它是以样品为工具，来了解人的感官反应及倾向，即以人的感觉程度和主观判断来评价是否喜爱或接受所试验的产品及喜爱和接受的程度。偏爱型感官检验的结果受生活环境、生活习惯、审美观点等多方面因素的影响，因此其结果往往因时、因地、因人而异。

在新产品开发的过程中，对试制品的评价；在市场调查中使用的感官检验都属于此类型的感官检验。例如，研制一种新型食品时，其口味的调配必须进行偏爱型感官评价试验，以确定其在市场上受欢迎的程度。

（二）感官检验的种类

按检验时所利用的感觉器官不同，感官检验可分为视觉检验、嗅觉检验、味觉检验和触觉检验。

1. 视觉检验

通过被检验物作用于视觉器官所引起的反应对食品进行评价的方法称为视觉检验。

乳制品的视觉检验是通过观察乳制品的外观形态、颜色光泽、组织状态等，来评价产品的品质（如乳品的新鲜程度、有无沉淀物和夹杂物等）。

2. 嗅觉检验

通过被检验物作用于嗅觉器官所引起的反应来评价食品的方法称为嗅觉检验。

3. 味觉检验

通过被检验物作用于味觉器官所引起的反应来评价食品的方法称为味觉检验。

味觉的灵敏度与食品的温度有密切关系，味觉检验的最佳温度为20～40℃，温度过高会使味蕾麻木，温度过低亦会降低味蕾的灵敏度。

4. 触觉检验

通过被检验物作用于触觉器官所引起的反应来评价食品的方法称为触觉检验。

触觉检验主要是借助手、皮肤等器官的触觉神经来检验某些食品的弹性、韧性、紧密程度、稠度等，以鉴别其质量。

感官检验方法简单、实用，且多数情况下不受时间、地点的限制，判断的准确性与检验者的感觉器官的灵敏度和实际经验密切相关。在进行感官检验时，通常先进行视觉检验，再进行嗅觉检验，然后进行味觉检验及触觉检验和听觉检验。

三、感官评定基本要求

对于实施感官鉴别的人员，最基本的要求就是具有健康的体质、健全的精神素质，无不良嗜好、偏食和变态性反应。鉴定人员自身感觉器官必须机能良好，对色、香、味、形具有较强的分辨能力和较高的灵敏度。食品的感官评定，其结果不仅受客观条件（外部环境、样品制备等）的影响，还受检验者主观条件的影响。

1. 感官检验实验室要求

感官检验实验室应远离其它实验室，要求安静、隔音和整洁，不受外界干扰，无异味，具有令人心情愉快的自然的色调，给检验人员以舒适感，使其注意力集中。感官检验室应分布置成 3 个独立的区域：办公室、样品准备室和检验室。

（1）办公室　用于工作人员管理事物。

（2）样品准备室　用于准备和提供样品。样品准备室应与检验室完全分开，目的是不让检验人员见到样品的准备过程。准备室的大小与设备取决于感官检验的项目内容，室内应设有排风系统。

（3）检验室　用于进行感官检验，检验室的大小可按现有条件和检验样品次数而定，一般为 20～25m^2。室内墙壁宜用白色涂料，颜色太深会影响人的情绪。室内分隔成几个间隔，每个间隔内设有检验台和传递窗，以及简易的通讯装置。检验台上装有漱洗盘和水龙头。集体工作区有集体工作台，也可单独建立集体工作区。

2. 实验室环境条件

（1）温度和湿度　人的味觉和对食品的喜好性等通常会受到环境温度和湿度的影响。在感官试验时，试验区的温度应恒定在 20～22℃，湿度保持在 50%～55%。

（2）光线和照明　大多数感官评定试验都采用自然光线和人工照明相结合的方式。选择人工照明时，以光线垂直照射到样品面上不产生阴影为宜，避免在逆光、灯光晃动或闪烁的条件下工作。

（3）评定室的位置　远离噪声源，并且要环境安静、舒适。

（4）空气纯净度及换气速度　为了避免不良气味对感官评定人员嗅觉的影响，通常避免使用有气味的材料；保证试验区的空气始终清新，必须考虑有足够的换气速度。

四、感官检验中的注意事项

（1）视觉感官检验的注意事项　在鉴别液体食品时，要将样品注入无色的玻璃器皿中，透过光线进行观察，也可将瓶子慢慢倒转过来，观察其中有无夹杂物向下沉或絮状物悬浮。鉴别固体样品时，应注意整体外观，形态大小，块状的完整程度、清洁程度、光泽、色泽等。

（2）嗅觉鉴别方法的注意事项　嗅觉鉴别是利用食品的气味，气味是一种具有挥发性的物质形成的，受温度的影响较大，温度低时挥发慢、气味轻，反之则气味浓。因此在进行嗅觉检验时，可把样品稍加热，或取少量样品放在洁净的手掌中摩擦，再嗅检。

嗅觉器官长时间受气味浓的物质刺激会疲劳，灵敏度降低，因此，检验时应由轻气味到浓气味的顺序进行，检验一段时间后，休息一会儿，以免影响嗅觉的灵敏度。

（3）味觉鉴别方法的注意事项　味蕾的灵敏度与食品的温度有着密切的关系，味觉检验的最佳温度为20～40℃，温度过高会使味蕾麻木，温度过低亦会降低味蕾的灵敏度。几种不同味道的样品在进行感官评价时，应当按照刺激性由弱到强的顺序，最后鉴别味道强烈的食品。

（4）触觉鉴别方法的注意事项　触觉检验主要是借助手、皮肤等器官的触觉神经来检验某些食品的弹性、韧性、紧密程度、稠度等，以鉴别其质量。鉴别时，要求温度应在15～20℃，因温度的升降会影响到食品状态的改变。

（5）检验人员身体状况的影响

①疾病的影响：身体患某些疾病或发生异常时，会导致失味、味觉迟钝或变味。因此不得参加评定，否则会出现不准确的评定结果。

②饥饿和睡眠的影响：人处于饥饿状态下会提高味觉的敏感性，缺乏睡眠会明显提高酸味的阈值。

（6）感官检验的时间宜在饭后2～3h内进行，避免过饱或者饥饿状态。要求检验者在检验前0.5h不得吸烟，不得吃强刺激性食物。

（7）在样品准备过程中，应为检验人员准备一杯漱口水。一般可用25℃水漱口，以除去口中的余味，然后再接着品尝下一个样品。如果食品的余味很浓、很油腻，则可用茶水漱口。

（8）感官评定场所应安静、清洁，光线良好，无任何干扰气味，所使用的器皿应清洁。

五、感官鉴别应遵循的原则

通过感官鉴别方法挑选食品时，要对具体情况做具体分析，充分做好调查研究工作。感官鉴别食品的品质时，要着眼于食品各方面的指标进行综合性考评，尤其要注意感官鉴别的结果，必要时参考检验数据，做全面分析，以期得出合理、客观、公正的结论。这里应遵循的原则是：

（1）《中华人民共和国产品质量法》、《中华人民共和国食品安全法》、国务院有关部委和省、市行政部门颁布的食品质量法规和卫生法规是鉴别各类食品能否食用的主要依据。

（2）食品已明显腐败变质或含有过量的有毒有害物质（如重金属含量过高或霉变）时，不得供食用。达不到该种食品的营养和风味要求，明显系假冒伪劣食品的，不得供食用。

（3）食品由于某种原因不能直接食用，必须加工复制或在其它条件下处理的，可提出限定加工条件和限定食用及销售等方面的具体要求。

（4）食品某些指标的综合评价结果略低于卫生标准，而新鲜度、病原体、有毒有害物质含量均符合卫生时，可提出要求在某种条件下供人食用。

（5）在鉴别指标的掌握上，婴幼儿、病人食用的食品要严于成年人、健康人食用的食品。

（6）鉴别结论必须明确，不得含糊不清，对附条件可食的食品，应将条件写清楚。对于没有鉴别参考标准的食品，可参照有关同类食品恰当地鉴别。

（7）在进行食品综合性鉴别前，应向有关单位或个人收集该食品的有关资料，如食品的来源、保管方法、贮存时间、原料组成、包装情况以及加工、运输、贮藏、经营过程中的卫生情况，寻找可疑环节，为上述鉴别结论提供必要的正确判断基础。

对食品进行感官鉴别时，除遵循上述原则外，应注意：非食品专业人员在检查和鉴别感官性状时，除具有正常的感觉器官外，还应对所鉴别的食品有一般性的了解，对该食品正常的色、香、味、形具有常识性的知识和经验。

六、感官鉴别的适用范围

凡是作为食品原料、辅料、半成品或成品的食物，其质量与真伪评价，都适用于感官鉴别。而且食品的感官鉴别，既适用于专业技术人员在室内进行技术鉴定，也适用于广大消费者在市场选购食品时应用。可见，感官检验方法具有广泛的适用范围。

任务 食品基本味觉训练

【学习目标】

1. 学会食品基本味觉评价的基本知识和方法。
2. 学会味觉评价的基本方法。

【技能目标】

1. 掌握食品基本味觉检验的基本方法。
2. 掌握味觉评价的基本技能。

【任务实施】

食品基本味觉训练。

【操作内容】

本任务可在化验室或实验室中进行。

1. 仪器

（1）4个250mL、12个500mL容量瓶。

（2）12个50mL、1个100mL、1个500mL烧杯。

（3）5、10、20、25和50mL移液管各2支。

（4）1个25mL、1个50mL量筒。

（5）电子天平、洗瓶、滴管、吸球、漏斗、样品匙。

2. 试剂

（1）蔗糖贮备液（20g/100mL）：称取50g蔗糖，溶解并定容250mL。

（2）蔗糖使用液：分别取20、30mL贮备液，稀释、定容500mL，配成浓度为0.4和0.6g/100mL的溶液。

（3）NaCl贮备液（10g/100mL）：称取25gNaCl，溶解并定容250mL。

（4）NaCl使用液：分别取8、15mL贮备液，稀释、定容500mL，配成浓度为0.08和0.15g/100mL的溶液。

（5）柠檬酸贮备液（lg/100mL）：称取2.5g柠檬酸，溶解并定容250mL。

（6）柠檬酸使用液：分别取20、30、40mL贮备液，稀释、定容500mL，配成浓度为0.02、0.03和0.04g/100mL的溶液。

（7）硫酸奎宁贮备液（0.02g/100mL）：称取0.05g硫酸奎宁，溶解（水浴70～80℃）并定容250mL。

（8）硫酸奎宁使用液　分别取2.5、10、20和40mL贮备液，稀释、定容500mL，配成浓度为0.00005、0.0002、0.0004和0.0008g/100mL的溶液。

【操作过程】

（1）对于每个试液杯（50mL烧杯），先取一个三位数随机样品顺序。

（2）在白瓷盘中，放有12个有编号的小烧杯，各盛有30mL不同浓度的基本味觉试液，试液以随机顺序从左到右排列。先用清水洗漱口腔（水温约40℃），然后取第一个小烧杯，喝一小口试液含于口中（注意请勿咽下），活动口腔，使试液充分接触整个舌头。

（3）仔细辨别味道，然后吐出试液，用清水洗漱口腔。记下烧杯号码及味觉判别。当试液的味道浓度低于分辨能力时，以“0”表示；当试液的味道不能明确判别时，以“?”表示；对于能肯定的味觉，分别以“甜、酸、咸、苦”表示。

（4）更换一批试液，重复以上操作，从左到右按顺序判别各试液，记录结果。

【结果处理】

数据处理记录表见表2-1。

表2-1　数据处理记录

第一次		第二次	
试液号	味觉	试液号	味觉

【注意事项】

（1）每个试液应只品尝一次。若判别不能肯定时，可再重复，但品尝次数过多会引起感官疲劳，敏感度降低。

（2）溶液配制时，水质非常重要，需用“无味中性”水。

（3）加热应在水浴中进行。

（4）每份被品尝的试液体积为20～30mL较为适宜。

（5）所用的玻璃器皿都需无灰尘、无油脂，应用清水洗涤。

（6）品尝试液应有一定顺序（从左至右）。在品尝每个试液前都一定要漱口（20～30mL清水），水温约40℃。

（7）从容量瓶倒出试液于试液杯时应十分小心，二者号码必须一致，这对于判断很重要，否则会引起结果误差。

（8）吐液杯应选择400～600mL棕色玻璃烧杯，或采取一些措施使实验人员避免看见吐液颜色和状态，引起不愉快感觉。吐液后应用纸巾擦干口角。

【小结】

本项目主要介绍了食品的感官检验的概念和意义、感官检验的类型及种类、感官检验中的注意事项及感官鉴别应遵循的原则。通过本项目的学习和实践，使学生能够掌握感官检验的操作技能。

【知识考核】

一、填空题

1. 食品感官分析是借助________对食品质量进行评价的方法，是人类和动物择食的基本手段。

2. 进行感官分析的法律依据有________、________、________等。

3. 感官检验的时间宜在饭后________内进行，避免过饱或者饥饿状态。要求检验者在检验前0.5h不得吸烟，不得吃强刺激性食物。

4. 食品触觉鉴别时，温度应在__________之间，因温度的升降会影响到食品状态的改变。

5. 感官检验可分为视觉检验、__________、味觉检验和触觉检验。

二、简答题

1. 什么是食品的感官分析？

2. 简述食品感官评定的基本要求。

项目二 乳与乳制品的感官检验

乳与乳制品的感官鉴别，主要是指对其色泽、组织状态、气味和滋味的鉴别。对于乳与乳制品而言，应注意其色泽是否正常、质地是否均匀细腻，滋味是否纯正以及乳香味如何，有无沉淀异味等，以便做出综合评价。

【知识目标】

1. 掌握乳与乳制品感官特性及质量标准。
2. 掌握乳与乳制品感官检验方法及注意事项。

【技能目标】

1. 掌握乳与乳制品的感官检验操作技能。
2. 掌握对乳与乳制品感官检验结果的分析处理能力。

【知识必备】

一、乳与乳制品的感官鉴别要点

感官检验乳与乳制品主要是指通过人的感觉器官，来鉴别被检样品的外观、颜色、气味和滋味等。乳类原料一般包括牛乳、羊乳、马乳等，其中又以牛乳原料生产量最大、消费人群最广。

乳制品是指以乳为主要原料，经加热干燥、冷冻或发酵等工艺加工制成的液体或固体产品。最常见且销售量较大、生产管理比较正规的乳制品主要包括液体乳类（巴氏杀菌乳、灭菌乳、酸牛乳）、乳粉类（全脂乳粉、脱脂乳粉、调味乳粉、全脂加糖乳粉）和其它乳制品类（炼乳、奶油、硬质干酪）。

（一）生鲜牛乳的感官特性与感官检验

1. 生鲜牛乳的感官标准及检验方法

生鲜牛乳的感官检验应依据GB 19301—2010进行。感官检验的方法和要求应符合表2-2的规定。

表2-2　生鲜牛乳的感官要求

项　目	要　求	检验方法
色泽	呈乳白色或微黄色	取适量试样置于50mL烧杯中，在自然光下观察色泽和组织状态。闻其气味，用温开水漱口，品尝滋味
滋味、气味	具有乳固有的香味，无异味	
组织状态	呈均匀一致液体，无凝块、无沉淀、无正常视力可见异物	

2. 生鲜牛乳的感官鉴别

生鲜牛乳的感官鉴别如表2-3所示。

表2-3　生鲜牛乳感官鉴别

项　目	感官要求		
	良质鲜乳	次质鲜乳	劣质鲜乳
色泽鉴别	为乳白色或稍带微黄色	色泽较良质鲜乳为差，白色中稍带青色	呈浅粉色或显著的黄绿色，或是色泽灰暗
气味鉴别	具有乳特有的乳香味，无其他任何异味	乳中固有的香味平淡或有异味	有明显的异味，如酸臭味、牛粪味、金属味、鱼腥味、汽油味等
滋味鉴别	具有鲜乳独具的纯香味，滋味可口而稍甜，无其它任何异常滋味	有微酸味（表明乳已开始酸败），或有其他轻微的异味	有酸味、咸味、苦味等
组织状态鉴别	呈均匀一致液体，无凝块、无沉淀、无正常视力可见异物	呈均匀的流体，无凝块，但可见少量微小的颗粒，脂肪聚粘表层呈液化状态	呈稠而不匀的溶液状，有乳凝结成的致密凝块或絮状物

（二）常见乳类制品的感官特性及感官检验

1. 液体乳类

液态乳一般是泛指以生鲜牛乳或乳粉为原料，经合理的调配、有效的加热杀菌方式处理后，制成分装出售的饮用液态牛乳。

液态乳按成品组成成分可分为纯牛乳、再制乳与复原乳、营养强化乳和含乳饮料；按杀菌方式不同可分为：巴氏杀菌乳和灭菌乳［包括超高温（UHT）灭菌乳和保持灭菌乳］；按包装形式不同可分为：塑料瓶装液态乳、玻璃瓶装液态乳、塑料薄膜包装的液态乳、塑料涂层的纸盒装液态乳和多层复合纸包装的液态乳。

(1) 酸牛乳

①搅拌型酸乳成品检验的项目、检验方法和质量标准应符合 GB 19302—2010 要求。感官检验的方法和要求应符合表 2－4 的规定。

表 2－4 酸牛乳的感官要求

项目	要求		检验方法
	发酵乳	风味发酵乳	
色泽	色泽均匀一致，呈乳白色或微黄色	具有与添加成分相符的色泽	取适量试样置于 50mL 烧杯中，在自然光下观察色泽和组织状态。闻其气味，用温开水漱口，品尝滋味
滋味、气味	具有发酵乳特有的滋味、气味	具有与添加成分相符的滋味和气味	
组织状态	组织细腻、均匀，允许有少量乳清析出；风味发酵乳具有添加成分特有的组织状态		

②酸牛乳的感官鉴别如表 2－5 所示。

表 2－5 酸牛乳感官鉴别

项目	感官要求		
	良质酸牛乳	次质酸牛乳	劣质酸牛乳
色泽鉴别	色泽均匀一致，呈乳白色或稍带微黄色	色泽不匀，呈微黄色或浅灰色	色泽灰暗或出现其它异常颜色
气味鉴别	有清香、纯正的酸乳味	酸牛乳香气平淡或有轻微异味	有腐败味，霉变味、酒精发酵及其它不良气味
滋味鉴别	有纯正的酸牛乳味，酸甜适口	酸味过度或有其它不良滋味	有苦味、涩味或其它不良滋味
组织状态鉴别	凝乳均匀细腻，无气泡，允许有少量黄色脂膜和少量乳清	凝乳不均匀也不结实，有乳清析出	凝乳不良，有气泡，乳清析出严重或乳清分离。瓶口及酸乳表面均有霉斑

(2) 巴氏杀菌乳　又称巴氏消毒乳或市售乳，它是以新鲜牛乳为原料，经过净化、标准化、均质、杀菌、冷却、灌装，直接供给消费者饮用的液体产品。

①巴氏消毒乳的检验项目、检验方法和成品质量标准应符合 GB 19645—2010。感官检验的具体操作过程和指标要求应符合表 2－6。

表2－6　巴氏杀菌乳的感官要求

项　目	要　求	检验方法
色泽	呈乳白色或微黄色	取适量的试样置于50mL烧杯中，在自然光下观察色泽和组织状态。闻气味，用温开水漱口，品尝滋味
滋味、气味	具有乳固有的香味，无异味	
组织状态	呈均匀一致液体，无凝块、无沉淀、无正常视力可见异物	

②巴氏灭菌乳的感官鉴别如表2－7所示。

表2－7　巴氏灭菌乳感官鉴别

项　目	感官要求		
	良质鲜乳	次质鲜乳	劣质鲜乳
色泽鉴别	呈均匀一致的乳白色或稍带微黄色	均匀一色，但显黄褐色	色泽不正常
气味鉴别	具有全脂巴氏杀菌乳的纯香味，无其它异味	具有全脂巴氏杀菌乳的纯香味，稍淡，无其它异味	具有的全脂巴氏杀菌乳固有的香味，且此香味延展
滋味鉴别	至口腔的其它部位，或舌部可以感觉到牛乳的纯香	至口腔的其它部位，或舌部可以感觉到牛乳的纯香，或具有蒸煮味	无乳香味，有不清洁或不新鲜滋味和气味，有其它异味
组织状态鉴别	呈均匀的流体。无沉淀，无凝块，无机械杂质，无黏稠和浓厚现象，无脂肪上浮现象	有少量脂肪上浮现象外基本呈均匀的流体。无沉淀，无凝块，无机械杂质，无黏稠和浓厚现象	有少量沉淀或严重脂肪分离，有黏稠和浓厚现象，有凝块或分层现象

2. 乳粉类

（1）全脂加糖乳粉成品的具体检验项目、检验方法和质量标准应符合GB 19644—2010的要求。感官检验的要求和方法应符合表2－8中的规定。

表2－8　全脂加糖乳粉的感官要求

项　目	要　求		检验方法
	乳粉	调味乳	
色泽	呈均匀一致的乳黄色	具有应有的色泽	取适量试样置于50mL烧杯中，在自然光下观察色泽和组织状态。闻其气味，用温开水漱口，品尝滋味
滋味、气味	具有纯正的乳香味	具有与添加成分相符的滋味和气味	

续表

项 目	要求		检验方法
	乳粉	调味乳	
组织状态	干燥均匀的粉末		将 11.2g（全脂乳粉、全脂加糖乳粉）或 8.3g（脱脂乳粉、调味乳粉）试样放入盛有 100mL40℃水的 200mL 烧杯中，用搅拌棒搅拌均匀
冲调性	经搅拌可迅速溶解于水中，不结块		

（2）婴儿配方乳粉的成品质量标准应符合 GB 10765—2010 的要求。感官检验要求见表 2－9。

表 2－9　婴儿配方乳粉的感官要求

项 目	要 求	检验方法
色泽	符合相应产品的特性	将适量的样品散放在白色平盘中，在自然光下观察色泽和组织状态、闻其气味，然后用温开水漱口再品尝样品滋味
滋味、气味	符合相应产品的特性	
组织状态	符合相应产品的特性，产品不应有正常视力可见的外来异物	
冲调性	冲调性好，经搅拌迅速溶解于水中，不结块	将 8.3g（脱脂乳粉、调味乳粉）试样放入盛有 100mL 40℃水的 200mL 烧杯中，用搅拌棒搅拌均匀后观察样品溶解状态

（3）乳粉的感官鉴别。

乳粉的感官鉴别如表 2－10 所示。

表 2－10　乳粉的感官鉴别

项 目	感官要求			检验方法
	良质乳粉	次质乳粉	劣质乳粉	
色泽鉴别	色泽均匀一致，呈淡黄色，脱脂乳粉为白色，有光泽	色泽呈浅白或灰暗，无光泽	色泽灰暗或呈褐色	将适量的样品散放在白色平盘中，在自然光下观察色泽和组织状态，闻其气味，然后用温开水漱口再品尝样品滋味
气味鉴别	有纯正的乳香味，无其它异味	乳香味平淡或有轻微异味	有陈腐味、发霉味、脂肪哈喇味等	
滋味鉴别	有纯正的乳香滋味，加糖乳粉有适口的甜味，无任何其它异味	滋味平淡或有轻度异味，加糖乳粉甜度过大	有苦涩或其它较重异味	
组织状态鉴别	粉粒大小均匀，手感疏松，无结块，无杂质	有松散的结块或少量硬颗粒、焦粉粒、小黑点等	有焦硬的、不易散开的结块，有肉眼可见的杂质或异物	

若经初步感官鉴别仍不能断定乳粉质量好坏时，可加水冲调，检查其冲调还原乳的质量。

冲调方法：取乳粉4汤匙（每平匙约7.5g），倒入玻璃杯中，加温开水2汤匙（约25mL），先调成稀糊状，再加200mL开水，边加水边搅拌，逐渐加入，即成为还原乳。冲调后的还原乳，在光线明亮处进行感官鉴别见表2-11。

表2-11　冲调后的还原乳的感官鉴别

项　目	感官要求			检验方法
	良质乳粉	次质乳粉	劣质乳粉	
色泽鉴别	乳白色	乳白色	白色凝块，乳清呈淡黄绿色	将适量的样品置于50mL烧杯中，在自然光下观察色泽和组织状态、闻其气味，然后用温开水漱口再品尝样品滋味
气味鉴别	有消毒牛乳纯正的乳香味，无其它异味	乳香味平淡或有轻微异味	有陈腐味、发霉味、脂肪哈喇味等	
滋味鉴别	有纯正的乳香滋味，加糖乳粉有适口的甜味，无任何其它异味	滋味平淡或有轻度异味，加糖乳粉甜度过大	有苦涩或其它重异味	
组织状态鉴别	呈均匀的胶状液	带有小颗粒或有少量脂肪析出	胶态液不均匀，有大的颗粒或凝块，甚至水乳分离，表层有游离脂肪上浮	

（4）真假乳粉的鉴别如表2-12所示。

表2-12　真假乳粉的鉴别

项　目	感官要求		检验方法
	真乳粉	假乳粉	
手捏鉴别	用手捏住袋装乳粉包装来回摩搓，真乳粉质地细腻，发出“吱、吱”声	用手捏住袋装乳粉包装来回摩搓，假乳粉由于掺有白糖、葡萄糖而颗粒较粗，发出“沙、沙”的声响	将适量的样品散放在白色平盘中，在自然光下观察色泽和组织状态、闻其气味，然后用温开水漱口再品尝样品滋味
色泽鉴别	呈天然乳黄色	颜色较白，细看呈结晶状，并有光泽，或呈漂白色	
气味鉴别	嗅之有牛乳特有的奶花香味	没有乳香味	
滋味鉴别	细腻发黏，溶解速度慢，无糖的甜味	入口后溶解快，不粘牙，有甜味	
溶解速度鉴别	用冷开水冲时，需经搅拌才能溶解成乳白色混悬液，用热水冲时，有悬漂物上浮现象，搅拌时粘住调羹	用冷开水冲时，不经搅拌就会自动溶解或发生沉淀，用热开水冲时，其溶解迅速，没有天然乳汁的香味和颜色	

（5）全脂乳粉与脱脂乳粉的区别：全脂乳粉用水冲调复原为鲜乳时，表面上会出现一层泡沫状浮垢，这是脂肪和蛋白质的络合物。脱脂乳粉比全脂乳粉乳糖含量多，故吸潮能力强，一旦乳粉潮湿大，会改变蛋白质的胶体状态，使在水中的溶解度降低。

3. 炼乳

（1）甜炼乳的质量标准应符合 GB 13102—2010 的要求。甜炼乳的感官检验应符合表 2－13 中的规定。

表 2－13 甜炼乳的感官要求

项目	甜炼乳	检验方法
色泽	呈均匀一致的乳白色或乳黄色，有光泽	取适量试样置于 50mL 烧杯中，在自然光下观察色泽和组织状态。闻其气味，用温开水漱口，品尝滋味
滋味和气味	具有牛乳的香味，甜味纯正	
组织状态	组织细腻，质地均匀，黏度适中	

（2）炼乳的感官鉴别方法见表 2－14。

表 2－14 炼乳的感官鉴别

项目	感官要求		
	良质炼乳	次质炼乳	劣质炼乳
色泽鉴别	呈均匀一致的乳白色或稍带微黄色，有光泽	色泽有轻度变化，呈米色或淡肉桂色	色泽有明显变化，呈肉桂色或淡褐色
气味鉴别	具有明显的牛乳乳香味，无任何异味	乳香味淡或稍有异味	有酸臭味及较浓重的其它异味
滋味鉴别	淡炼乳具有明显的牛乳滋味，甜炼乳具有纯正的甜味，均无任何异物	滋味平淡或稍差，有轻度异味	有不纯正的滋味和较重的异味
组织状态鉴别	组织细腻，质地均匀，黏度适中，无脂肪上浮，无乳糖沉淀，无杂质	黏度过高，稍有一些脂肪上浮，有沙粒状沉淀物	凝结成软膏状，冲调后脂肪分离较明显，有结块和机械杂质

4. 奶油

（1）奶油成品的质量标准应符合 GB 19646—2010 的要求。感官检验要求见表 2－15。

表 2－15 奶油的感官要求

项目	要求	检验方法
滋味及气味	具有稀奶油、奶油、无水奶油或相应辅料应有的滋味和气味，无异味	

续表

项 目	要 求	检验方法
组织状态	均匀一致，允许有相应辅料的沉淀物，无正常视力可见异物	取适量试样置于 50mL 烧杯中，在自然光下观察色泽和组织状态。闻其气味，用温开水漱口，品尝滋味
色泽	呈均匀一致的乳白色、乳黄色或相应辅料应有的色泽	

（2）奶油感官质量鉴别见表 2 -16。

表 2 -16　奶油的感官鉴别

项 目	感官要求		
	良质奶油	次质奶油	劣质奶油
色泽鉴别	呈均匀一致的淡黄色，有光泽	色泽较差且不均匀，呈白色或着色过度，无光泽	色泽不匀，表面有霉斑，甚至深部发生霉变，外表面浸水
气味鉴别	具有奶油固有的纯正香味，无其它异味	香气平淡、无味或微有异味	有明显的异味，如鱼腥味、酸败味、霉变味、椰子味等
滋味鉴别	具有奶油独具的纯正滋味，无任何其它异味，加盐奶油有咸味，酸奶油有纯正的乳酸味	奶油滋味不纯正或平淡，有轻微的异味	有明显的不愉快味道，如苦味、肥皂味，金属味等
外包装鉴别	包装完整、清洁、美观	外包装可见油污迹，内包装纸有油渗出	不整齐、不完整或有破损现象
组织状态鉴别	组织均匀紧密，稠度、弹性和延展性适宜，切面无水珠，边缘与中心部位均匀一致	组织状态不均匀，有少量乳隙，切面有水珠渗出，水珠呈白浊而略粘。有食盐结晶（加盐奶油）	组织不均匀，黏软、发腻，粘刀或脆硬疏松且无延展性，切面有大水珠，呈白浊色，有较大的孔隙及风干现象

5. 硬质干酪

（1）干酪的质量标准应符合 GB 5420—2010 的要求，感官指标的检验方法和要求见表 2 -17。

表 2 -17　干酪的感官要求

项 目	要 求	检验方法
色泽	具有该类产品正常的色泽	取适量试样置于 50mL 烧杯中，在自然光下观察色泽和组织状态。闻其气味，用温开水漱口，品尝滋味
滋味、气味	具有该类产品特有的滋味和气味	
组织状态	组织细腻，质地均匀，具有该类产品应有的硬度	

（2）干酪的感官鉴别见表2－18。

表2－18 干酪的方法鉴别

项　目	感官要求		
	良质硬质干酪	次质硬质干酪	劣质硬质干酪
色泽鉴别	呈白色或淡黄色，有光泽	色泽变黄或灰暗，无光泽	呈暗灰色或褐色，表面有霉点或霉斑
气味鉴别	除具有各种干酪特有的气味外，一般都香味浓郁	干酪味平淡或有轻微异味	具有明显的异味，如霉味，脂肪酸败味，腐败变质味等
滋味鉴别	具有干酪固有的滋味	干酪滋味平淡或有轻微异味	具有异常的酸味或苦涩味
组织状态鉴别	外皮质地均匀，无裂缝、无损伤，无霉点及霉斑。切面组织细腻，湿润，软硬适度，有可塑性	表面不均，切面较干燥，有大气孔，组织状态呈疏松	外表皮出现裂缝，切面干燥，有大气孔，组织状态呈碎粒状

二、乳与乳制品的食用原则

乳与乳制品的营养价值较高，又极易因微生物的生长繁殖而受到污染，导致乳品质量发生不良变化，因此对于乳品质量的要求较高。经感官质量鉴别后，已经确认了品级的乳与乳制品，即可按以下原则食用或处理：

（1）凡经感官鉴别后认为是良质的乳与乳制品，可以销售或直接供人食用。但未经有效灭菌的新鲜乳不得市售和直接供人食用。

（2）凡经感官鉴别后认为是次质的乳与乳制品均不得销售和直接供人食用，可根据具体情况限制作为食品加工原料用。

（3）凡经感官鉴别后认为是劣质、假冒、掺杂的乳与乳制品，均不得供人食用，也不得作为食品工业原料，只可限制作为非食品加工用原料或予以销毁。

（4）经感官鉴别认为除了色泽稍差外，其它几项指标均为良质的乳品，可供人食用。但这种情况较少，因为乳与乳制品一旦发生质量不良改变，其感官指标中的色泽、组织状态、气味和滋味等四项内容均会有不同程度的变化。在乳与乳制品的这四项感官指标中，若有一项表现为劣质品级即应按第（3）条所述方法若有一项指标为次质品级，而其它三项均为良质者，即应按第（2）条所述的方法处理。

任务 生鲜牛乳及液态乳的感官检验

【学习目标】

1. 通过本次任务的实施进一步巩固感官检验方法及理论知识。
2. 进一掌握生鲜牛乳及液态乳实验室感官检验的操作要点。
3. 学习食品感官检验的准备工作。

【技能目标】

1. 能够掌握牛乳的感官检验操作技能。
2. 能够根据检验结果进行牛乳的感官品质的判断。
3. 能够根据相关的知识处理牛乳感官检验中出现的问题并提出解决方案。

【任务实施】

生鲜牛乳及液态乳的感官检验。

【操作内容】

本任务可在化验室或实验室中进行。

所用仪器包括：量筒、烧杯、纸杯。

【操作过程】

取适量试样于50mL 烧杯中，在自然光下观察色泽和组织状态，闻其气味，然后用温开水漱口，再品尝样品的滋味。

【结果处理】

感官检验结果记录于表2－19中。

表2－19 感官检验记录

项目		检验结果	结论
样品1	色泽		
	滋味、气味		
	组织状态		
样品2	色泽		
	滋味、气味		
	组织状态		

【注意事项】

(1) 实验室应安静，无异味。

(2) 盛放样品的器皿应洁净无异味，色泽、大小应一致。

(3) 检验时间的选择应在饭后 2～3h 内进行。要求在检验前不得吸烟，不得吃强刺激性的食物。

【小结】

通过本项目的学习，学生们了解了乳与乳制品感官鉴别的要点、适用范围和使用原则，重点介绍了乳与乳制品的感官要求及检验方法，以及不同乳制品的感官鉴别要点。

【知识考核】

一、填空

1. 乳制品是指以乳为主要原料，经加热__________、冷冻或发酵等工艺加工制成的液体或固体产品。

2. 乳制品主要包括液体乳类、__________及其它乳制品类。

3. 生鲜牛乳的感官检验包括__________、组织状态、滋味和气味的检验。

二、简述

1. 乳与乳制品鉴别后的处理原则?

2. 简述乳粉的感官检验方法。

三、判断题

1. 乳粉溶解速度鉴别中，用冷开水冲时，需经搅拌才能溶解成乳白色混悬液，用热水冲时，有悬漂物上浮现象，搅拌时粘住调羹是假乳粉。(　　)

2. 全乳加糖乳粉冲调性的检验方法为取 11.2g 试样放入盛有 100mL60℃水的 200mL 烧杯中，用搅拌棒搅拌均匀。(　　)

模块三
乳与乳制品的理化检测

乳与乳制品理化检测是乳品加工、贮存及流通过程中质量保证体系的一个重要组成部分，它是依据物理、化学性质，运用现代科学技术和手段，对乳与乳制品的主要成分、含量和各项物理指标进行检测，以保证生产出质量合格的产品。乳与乳制品理化检测技术可以分为物理分析和化学分析。物理分析是根据乳与乳制品的一些物理常数进行测定的方法，如相对密度、折射率等与乳与乳制品中各组分含量之间的关系；化学分析是根据乳与乳制品中各组分的化学性质进行的测定，如蛋白质测定、酸度测定、脂肪测定等，其特点是设备简单，测定结果较为准确，是生产过程中最常见的方法，同时化学分析方法也是其它分析方法的基础。目前许多高灵敏度、高分辨率的精密仪器应用于乳与乳制品的检测，但样品的预处理也经常需要用化学的方法进行。

项目一 生鲜牛乳的检测

【知识目标】

1. 掌握生鲜牛乳检测的操作步骤。
2. 掌握生鲜牛乳成分检测的操作要点。

【技能目标】

1. 熟练掌握生鲜牛乳检测指标的基本操作技能。

2. 掌握相关仪器设备的使用方法，并能熟练地进行样品分析检测。

3. 能够根据相关的国家标准进行生鲜牛乳品质的分析与判断。

【知识必备】

一、相对密度的测定

（一）相对密度的测定意义

相对密度是物质重要的物理常数。各种液态食品都具有一定的相对密度，当其组成成分及浓度发生改变时，其相对密度往往也随之改变。通过测定液态食品的相对密度，可以检测食品的纯度、浓度及判断食品的质量。

相对密度测定相对简单、快捷，是食品生产过程中经常采用的工艺控制措施，生产部门常用于监视原料、半成品和成品的质量。相对密度只能反映物质的一种物理性质，不能全面反映物质的本质变化。如果只依靠相对密度来判断液体食品的质量，不够全面，必须在测量相对密度的同时配合其它理化分析。

乳的相对密度在挤乳后1h内最低，其后逐渐上升，大约升高0.001，这是由于气体的逸散、蛋白质的水合作用及脂肪的凝固使容积发生变化的结果，故不宜在挤乳后立即测定相对密度。

测定牛乳的相对密度通常采用比重计（或称乳稠计、乳汁计），测定范围为1.015～1.045。在乳稠计上刻有15°～45°的刻度，以度来表示。如刻度读数为30°，则相当于相对密度为1.030。乳稠计有两种：一种为15℃/15℃乳稠计（比重乳稠计），另一种是20℃/4℃乳稠计（密度乳稠计），如将后者换算为前者，则在后者读数上加2即可。

（二）牛乳相对密度的测定方法

1. 测定原理

相对密度是指某一物质的密度与同体积、同温度纯水密度之比。一般相对密度是指20℃时的密度，用ρ_{20}^{20}表示；也可用某一物质20℃时的密度与同体积纯水4℃的密度之比表示，计为ρ_{4}^{20}。牛乳的相对密度为20℃的牛乳密度与同体积纯水4℃的密度之比。

2. 实验仪器

乳稠计、温度计（0～50℃或0～100℃）、量筒（250mL，直径的大小应使沉入的乳稠计周边与量筒内壁间的距离不小于0.5cm）。

3. 操作步骤

将10～25℃的牛乳样品小心地沿筒壁注入容积为250mL量筒中，高度大于乳稠计长度，加到量筒容积的3/4时为止。注入牛乳时应防止牛乳发生泡沫并测量试样温度。用手拿住乳稠计上部，小心地将其沉入到乳样中，沉入乳样中

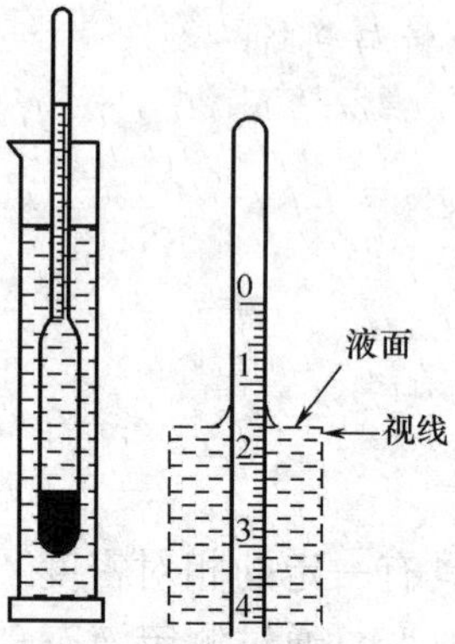

图 3 - 1　乳稠计读数

到相当刻度 30°处，放手让其在乳中自由浮动，但不能与筒壁接触。待乳稠计静止 1 ~ 2min 后，双眼对准筒内乳液表面的高度。取凹液面的上缘，读出乳稠计示值（由于牛乳表面与乳稠计接触处呈新月形，此新月形表面的顶点处乳稠计标尺的高度，即密度的数值）（图 3 - 1）。根据牛乳温度和乳稠计读数，查牛乳温度换算表，将乳稠计读数换算成 20℃ 的度数。

4. 分析结果

相对密度 ρ_4^{20} 与乳稠计刻度的关系式：

$$X = (\rho_4^{20} - 1.000) \times 1000$$

式中　X——乳稠计的读数；

ρ_4^{20}——试样的相对密度。

所用的乳稠计要以 20℃ 时的数值表示。因此，如果乳样具有另一温度，则须对温度的差异加以校正。如果温度比 20℃ 高出 1℃，要在得出的乳稠计度数上加 0.2°；如果牛乳温度低于 20℃ 时，每低 1℃，要在得出的乳稠剂度数上减 0.2°，也可以查表得出。

例：温度 16℃ 时测得密度乳稠计读数为 31°，则 20℃ 时的相对密度应该为多少？

解：20℃ 时密度乳稠计的读数 $X = 31° - 0.2°(20 - 16) = 31° - 0.8° = 30.2°$

20℃ 的密度 $\rho_4^{20} = 1 + 30.2/1000 = 1.0302$（kg/m³）

对于读出的乳稠计数值不是整数时，可查表。查表时要注意，有 15℃ 时的度数换算表，也有 20℃ 时的度数换算表，因为前面我们提了 20℃/4℃ 测出的比 15℃/15℃ 低 2°，所以查表时应注意温度。

二、酸度的测定

（一）概述

1. 乳品中酸度的概念

食品的酸度可分为固有酸度和真实酸度，牛乳的酸度包括固有酸度和发酵酸度之和。刚挤出的牛乳的酸度为 16 ~ 18°T，主要由乳中的蛋白质、柠檬酸盐、二氧化碳等酸性物质所引起的，称为固有酸度（外表酸度）。乳在微生物的作用下发酵产生乳酸，导致乳的酸度逐渐升高。由于发酵产酸而升高的这部分酸度称为发酵酸度（真实酸度）。

2. 食品中酸度测定的意义

食品中的酸不仅作为酸味成分，而且在食品的加工、贮运及品质管理等方面被认为是重要的成分，测定食品中的酸度具有十分重要的意义。

3. 酸度表示方法

一般情况下，乳品工业中的酸度是指以标准碱液用滴定法测定的滴定酸度。我国《GB 5413.34—2010 乳和乳制品酸度的测定》中就规定酸度检测以滴定酸度为标准。

滴定酸度有多种测定方法及表示形式。我国滴定酸度用吉尔涅尔度（简称°T）或乳酸度（乳酸%）来表示。

（1）乳酸度　滴定酸度也可以用乳酸量来表示，用乳酸量表示时，与总酸的计算方法一样，也可以由滴定酸度直接换算成乳酸（1°T = 0.09%乳酸）。如 10g 牛乳中按 2∶1 稀释，加酚酞，用 NaOH 标准溶液滴定后，按式（3－1）计算：

$$X_1 = \frac{c \times V_1 \times 0.009}{m} \times 100\% \qquad (3-1)$$

式中　X_1——乳酸含量,%；

V_1——消耗 0.1mol/L NaOH 标准溶液的体积，mL；

c——NaOH 标准溶液的浓度，mol/L；

m——供试牛乳质量，g。

乳酸的相对分子质量为 90，浓度为 0.1mol/L 时，1mL 乳酸中含有乳酸 0.009g，此数相当于 0.1mol/L NaOH 溶液 1mL。

（2）吉尔涅尔度（°T）　取 100mL 牛乳（生产单位为了节省原料乳，取 10mL 来滴定，加入 20mL 蒸馏水稀释，这时需将碱液的消耗体积数 ×10），用酚酞做指示剂，用 0.1mol/L NaOH 标准溶液滴定，以所消耗的 NaOH 的体积（mL）表示。消耗 1mL 为 1°T，也称 1°。

用下列公式计算：

$$X_2 = V_2 \times 10$$

式中　X_2——乳酸度,°T；

V_2——消耗 0.1mol/L NaOH 溶液的体积，mL。

（二）酸度测定（按 GB 5413.34—2010 测定）

1. 酸碱滴定法

（1）原理　以酚酞为指示剂，用 0.1mol/L NaOH 标准溶液滴定 100g 试样至终点所消耗的 NaOH 溶液体积，经计算确定试样的酸度。

（2）试剂和材料　除非另有规定，本方法所用试剂均为分析纯或以上规格，水为 GB/T 6682—2008 规定的三级水。

①0.1mol/L NaOH 标准溶液：称取 NaOH 120g 于 250mL 烧杯中，加入蒸馏水 100mL 振摇使其溶解，冷却后置于聚乙烯塑料瓶中，密封，放置数日澄清后，取上清液 5.6mL，加新煮沸过并已冷却的蒸馏水至 1000mL，摇匀。

②邻苯二甲酸氢钾：将化学纯邻苯二甲酸氢钾 105～110℃ 干燥至恒重，冷却，称取 0.4～0.6g（精确至 0.001g）于 250mL 锥形瓶中，加入 100mL 水溶液。

③酚酞指示剂：称取 0.5g 酚酞溶于 75mL 体积分数为 95% 的乙醇中，并加入 20mL 水，然后滴加 NaOH 标准溶液至微粉色，再加入水定容至 100mL。

(3) 仪器和设备

①天平：感量为1mg。

②电位滴定仪。

③碱式滴定管：分刻度为0.1mL，可准确至0.05mL。

④水浴锅。

⑤锥形瓶（150、250mL）。

(4) 分析步骤　称取10g（精确至0.001g）已混匀的试样，置于150mL锥形瓶中，加20mL新煮沸冷却至室温的水，混匀，用NaOH标准溶液电位滴定至pH8.3为终点；或于溶解混匀后的试样中加入2.0mL酚酞指示剂，混匀后用NaOH标准溶液滴定至微红色，并在30s内不褪色，记录消耗的NaOH标准溶液的体积，代入式（3-2）中进行计算。

$$c = \frac{m \times 1000}{(V_1 - V_2) \times 204.2} \times 100\% \quad (3-2)$$

式中　c——NaOH标准溶液的浓度，mol/L；

V_1——标定时消耗NaOH标准溶液的体积，mL；

V_2——空白试验时消耗NaOH标准溶液的体积，mL；

m——基准邻苯二甲酸氢钾的质量，g；

204.2——基准邻苯二甲酸氢钾（$KHC_8H_4O_4$）的摩尔质量，g/mol。

(5) 分析结果的表述　试样中的酸度数值以（°T）表示，按下式计算：

$$X_1 = \frac{c_1 \times V_1 \times 100}{m_2 \times 0.1} \quad (3-3)$$

式中　X_1——试样的酸度，°T；

c_1——NaOH标准溶液的浓度，mol/L；

V_1——滴定时消耗NaOH标准溶液的体积，mL；

m_1——试样的质量，g；

0.1——酸度理论定义NaOH的浓度，mol/L。

以重复性条件下获得的两次独立测定结果的算术平均值表示，结果保留三位有效数字。

(6) 说明及注意事项　无CO_2的蒸馏水的制备：将蒸馏水煮沸20min后，用碱石灰保护冷却；或将蒸馏水在使用前煮沸15min并迅速冷却备用。必要时须经碱液抽真空处理。

2. 酒精实验

(1) 原理　通过酒精的脱水作用，确定酪蛋白的稳定性。新鲜牛乳对酒精的作用表现出相对稳定；而不新鲜的牛乳，其中蛋白质胶粒已呈不稳定状态，当受到酒精的脱水作用时，则加速其聚沉。

(2) 仪器和试剂

①仪器：试管、吸管。

②试剂：68%乙醇（体积分数，中性）、70%乙醇（体积分数，中性）、72%乙醇（体积分数，中性）。

中性酒精的制备：在乙醇中加入几滴酚酞，然后用0.1mol/L NaOH滴定液滴定，至酚酞显示淡粉色，即为中性酒精。

（3）酒精实验检验方法　于试管内用等量的乙醇（中性）与牛乳混合（一般用1～2mL等量混合），振摇后不出现絮片的牛乳符合表3－1酸度标准，出现絮片的牛乳为酒精实验阳性乳，表示其酸度较高。实验温度以20℃为标准，不同温度需进行校正。根据收乳标准，采用68°、70°和72°的酒精。

（4）结果判断　结果判断详见表3－1。

表3－1　酒精实验结果判断

酒精浓度	不出现絮片的酸度
68°	20°T以下
70°	19°T以下
72°	18°T以下

（5）说明及注意事项

①注意乳样与酒精是等体积混合。

②所用仪器应洁净干燥。

③配制酒精时，所用的水必须是煮沸过的，且水温保持室温，同时要充分混匀。

3. 煮沸试验

（1）原理　牛乳新鲜度差，酸度高，乳中蛋白质对热的稳定性越差，加热后越易发生凝固。根据乳中蛋白质在不同温度时凝固的特征，可判断乳的新鲜度。

（2）仪器　吸管、试管、水浴锅。

（3）操作方法　取乳样10mL于试管中，置沸水浴中加热5min，取出观察管壁有无絮状片出现或发生凝固现象。如有凝块或絮片状物产生，表示乳不新鲜，而且其酸度大于26°T。

三、脂肪的测定

乳与乳制品中脂类化合物是指乳脂肪和类脂两类化合物，它们是乳与乳制品的重要组成部分，其中97%～99%的成分是乳脂肪。乳脂肪是中性脂肪，在牛乳中的平均含量为3.5%～4.5%，是牛乳的主要成分之一。如稀奶油中脂肪质量分数为12.5%～50%，全脂乳粉中脂肪质量分数为26%～32%，脱脂乳粉中脂肪质量分数为1%～5%。乳脂肪不溶于水，而是以脂肪球的形式分散于乳中，通常牛乳中脂肪含量的高低及脂肪球的大小因乳牛的品种、泌乳期、饲料及健康状况等而异。乳脂肪具有提供能量、提供人体必需的脂肪酸及参与人体复杂的脂类代谢等作用。

类脂在细胞生命过程中对物质的运转和能量的传递起重要作用，是主要的生理活性物质。类脂是与乳脂肪相似的化合物，乳中的类脂主要有磷脂、胆固醇等。

在乳制品加工生产过程中，原料、半成品、成品的脂肪含量对产品的风味、外观、组织结构、品质、口感等都有一定的影响，因此乳与乳制品中脂肪含量是重要的质量指标之一。测定乳与乳制品中脂肪含量的方法有罗紫－哥特里法、巴布科克法和盖勃氏法。

（一）罗紫－哥特里法（Rose－Gottlieb）

1. 原理

利用氨－乙醇溶液破坏乳的胶体性状及脂肪球膜，使非脂成分溶解于氨－乙醇溶液中，而脂肪游离出来，再用乙醚－石油醚提取出脂肪，蒸馏去除溶剂后，残留物即为乳脂肪。

2. 仪器

（1）分析天平　感量为0.1mg。

（2）离心机　可用于放置抽脂瓶或管，转速为500～600r/min，可在抽脂瓶外端产生80*g*～90*g*的重力场。

（3）烘箱。

（4）水浴锅。

（5）抽脂瓶　抽脂瓶应带有软木塞或其它不影响溶剂使用的瓶塞（如硅胶或聚四氟乙烯）。软木塞应先浸于乙醚中，后放入60℃或60℃以上的水中保持至少15min，冷却后使用。不用时需浸泡在水中，浸泡用水每天更换一次。

3. 试剂

（1）25%氨水。

（2）乙醇（95%）。

（3）乙醚（$C_4H_{10}O$）：不含过氧化物，不含抗氧化剂。

（4）石油醚：沸程为30～60℃。

（5）混合溶剂：等体积混合乙醚和石油醚，使用前制备。

（6）碘溶液（I_2）：约0.1mol/L。

（7）刚果红溶液（$C_{32}H_{22}N_6Na_2O_6S_2$）：将1g刚果红溶于水中，稀释至100mL。

（8）盐酸（6mol/L）：量取50mL盐酸（12mol/L）缓慢倒入40mL水中，定容至100mL，混匀。

4. 分析步骤

（1）用于脂肪收集的容器（脂肪收集瓶）的准备　于干燥的脂肪收集瓶中加入

几粒沸石，放入烘箱中干燥1h。使脂肪收集瓶冷却至室温，称量，精确至0.1mg。

（2）空白试验　空白试验与样品检验同时进行，使用相同步骤和相同试剂，但用10mL水代替试样。

（3）测定　称取充分混匀试样10g（精确至0.0001g）于抽脂瓶中。

①加入2.0mL氨水，充分混合后立即将抽脂瓶放入（65±5）℃的水浴中，加热15~20min，不时取出振荡。取出后，冷却至室温。静置30s后可进行下一步骤。

②加入10mL乙醇，缓和但彻底地进行混合，避免液体太接近瓶颈。如果需要，可加入两滴刚果红溶液。

③加入25mL乙醚，塞上瓶塞，将抽脂瓶保持在水平位置，小球的延伸部分朝上夹到摇混器上，按约100次/min的速度振荡1min，也可采用手动振摇方式。但均应注意避免形成持久乳化液。

抽脂瓶冷却后小心地打开塞子，用少量的混合溶剂冲洗塞子和瓶颈，使冲洗液流入抽脂瓶。

④加入25mL石油醚，塞上重新润湿的塞子，按③所述，轻轻振荡30s。将加塞的抽脂瓶放入离心机中，在500~600r/min下离心5min。否则将抽脂瓶静止至少30min，直到上层液澄清，并明显与水相分离。

⑤小心地打开瓶塞，用少量的混合溶剂冲洗塞子和瓶颈内壁，使冲洗液流入抽脂瓶。如果两相界面低于小球与瓶身相接处，则沿瓶壁边缘慢慢地加入水，使液面高于小球和瓶身相接处（见图3-2），以便于倾倒。将上层液尽可能地倒入已准备好的加入沸石的脂肪收集瓶中，避免倒出水层（见图3-3）。用少量混合溶剂冲洗瓶颈外部，冲洗液收集在脂肪收集瓶中。要防止溶剂溅到抽脂瓶的外面。

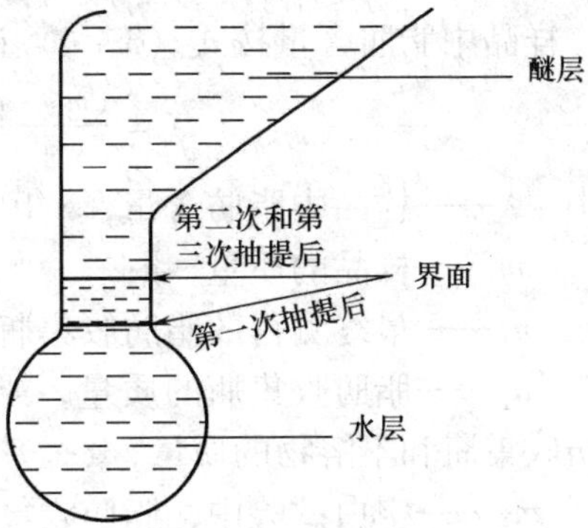

图3-2　倾倒醚层前

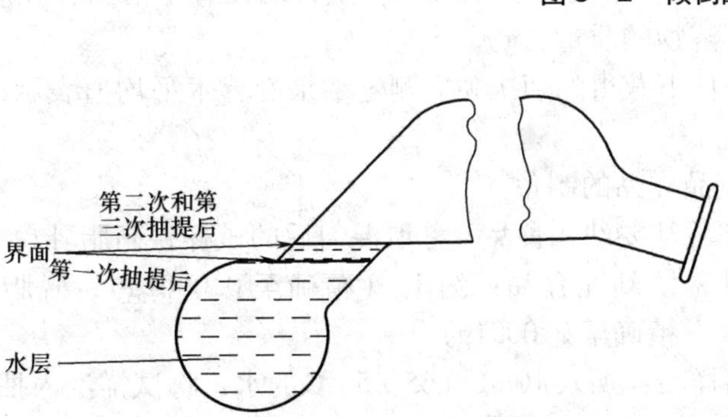

图3-3　倾倒醚层后

⑥向抽脂瓶中加入5mL乙醇，用乙醇冲洗瓶颈内壁，按②所述进行混合。重复③~⑤操作，再进行第二次抽提，但只用15mL乙醚和15mL石油醚。

⑦重复②~⑤操作，再进行第三次抽提，但只用15mL乙醚和15mL石油醚。

⑧合并所有提取液，既可采用蒸馏的方法除去脂肪收集瓶中的溶剂，也可于沸水浴上蒸发至干来除掉溶剂。蒸馏前用少量混合溶剂冲洗瓶颈内部。

⑨将脂肪收集瓶放入（102±2）℃的烘箱中加热1h，取出脂肪收集瓶，冷却至室温，称量，精确至0.1mg。

⑩重复⑨操作，直到脂肪收集瓶两次连续称量差值不超过0.5mg，记录脂肪收集瓶和抽提物的最低质量。为验证抽提物是否全部溶解，向脂肪收集瓶中加入25mL石油醚，微热，振摇，直到脂肪全部溶解。如果抽提物全部溶于石油醚中，则含抽提物的脂肪收集瓶的最终质量和最初质量之差，即为脂肪含量。

若抽提物未全部溶于石油醚中，或怀疑抽提物是否全部为脂肪，则用热的石油醚洗提。小心地倒出石油醚，不要倒出任何不溶物，重复此操作三次以上，再用石油醚冲洗脂肪收集瓶口的内部。最后，用混合溶剂冲洗脂肪收集瓶口的外部，避免溶液溅到瓶的外壁。将脂肪收集瓶放入（102±2）℃的烘箱中加热1h，按⑨和⑩所述操作。取上述测得的质量之差作为脂肪的质量。

5. 分析结果表述

样品中脂肪含量按式（3-4）计算：

$$X = \frac{(m_1 - m_2) - (m_3 - m_4)}{m} \times 100 \tag{3-4}$$

式中 X——样品中脂肪含量，g/100g；

m——样品的质量，g；

m_1——最终测得的脂肪收集瓶和抽提物的质量，g；

m_2——脂肪收集瓶的质量，或在有不溶物存在下含有不溶物样品中测得的脂肪收集瓶和不溶物的质量，g；

m_3——空白试验中，脂肪收集瓶和⑩中测得的抽提物的质量，g；

m_4——空白试验中脂肪收集瓶的质量，或在有不溶物存在时，⑩中测得的脂肪收集瓶和不溶物的质量，g。

以重复性条件下获得的两次独立测定结果的算术平均值表示，结果保留三位有效数字。

6. 其它乳制品样品的制备

（1）乳粉和乳基婴幼儿食品　称取混匀后的试样，高脂乳粉、全脂乳粉、全脂加糖乳粉和乳基婴幼儿食品：约1g（精确至0.0001g），脱脂乳粉、乳清粉、酪乳粉：约1.5g（精确至0.0001g）。

①不含淀粉样品：加入10mL（65±5）℃的水，将试样洗入抽脂瓶的小球中，充分混合，直到试样完全分散，放入流动水中冷却。

②含淀粉样品：将试样放入抽脂瓶中，加入约0.1g的淀粉酶和一小磁性搅拌棒，混合均匀后，加入8~10mL 45℃的蒸馏水，注意液面不要太高。盖上瓶塞于搅拌状态下，置65℃水浴中2h，每隔10min摇混一次。为检验淀粉是否水解完全可加入两滴约0.1mol/L的碘溶液，如无蓝色出现说明水解完全，否则将抽脂瓶重新置于水浴中，直至无蓝色产生。冷却抽脂瓶。

（2）炼乳 脱脂炼乳、全脂炼乳和部分脱脂炼乳称取3~5g、高脂炼乳称取约1.5g（精确至0.0001g），用10mL蒸馏水，分次洗入抽脂瓶小球中，充分混合均匀。

（3）奶油、稀奶油 先将奶油试样放入温水浴中溶解并混合均匀后，称取试样约0.5g（精确至0.0001g），稀奶油称取1g于抽脂瓶中，加入8~10mL 45℃的蒸馏水。加2mL氨水充分混匀。

（4）干酪 称取约2g研碎的试样（精确至0.0001g）于抽脂瓶中，加10mL盐酸，混匀，加塞，于沸水中加热20~30min。

7. 说明及注意事项

（1）脂肪收集瓶可根据实际需要自行选择。

（2）如果产品中脂肪的质量分数低于5%，可只进行两次抽提。

（3）本方法适用于各种液态乳，各种炼乳、奶粉、奶油、及冰淇淋等能在碱性溶液中溶解的乳制品。

（4）要进行空白实验，以消除环境及温度对检验结果的影响；并且空白实验与样品测定同时进行。

（5）乙醚溶液要求无过氧化物。

（二）盖勃氏法（按GB 5413.3—2010检验）

1. 原理

用浓硫酸溶解乳中的乳糖和蛋白质，将牛乳中的酪蛋白钙盐转变成可溶性的重硫酸酪蛋白，脂肪球膜被破坏，脂肪游离出来，再利用加热离心，使脂肪完全迅速分离，直接读取脂肪层可知被测乳的含脂率。

2. 试剂和材料

（1）硫酸（H_2SO_4）：分析纯，ρ_{20}约为1.84g/L。

（2）异戊醇（$C_5H_{12}O$）：分析纯。

3. 仪器和设备

（1）乳脂离心机。

（2）盖勃氏乳脂计：最小刻度值为0.1%，见图3-4。

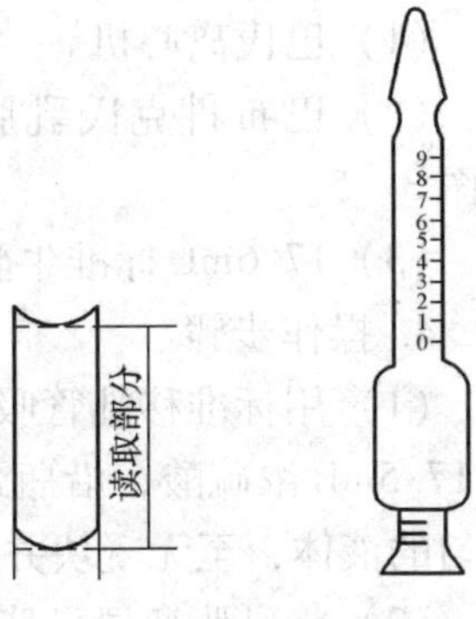

图3-4 盖勃氏乳脂计

（3）10.75mL单标乳吸管。

4. 分析步骤

于盖勃氏乳脂计中先加入10mL硫酸，再沿着管壁小心准确加入10.75mL样品，使样品与硫酸不要混合，然后加1mL异戊醇，塞上橡皮塞，使瓶口向下，同时用布包裹以防冲出，用力振摇使呈均匀棕色液体，静置数分钟（瓶口向下），置65～70℃水浴中5min，取出后置于乳脂离心机中以1100r/min的转速离心5min，再置于65～70℃水浴水中保温5min（注意水浴水面应高于乳脂计脂肪层）。取出，立即读数，即为脂肪的质量分数。

5. 精密度

在重复性条件下获得的两次独立测定结果的绝对差值不得超过算术平均值的5%。

6. 说明与注意事项

（1）硫酸的浓度要严格遵守规定的要求。

（2）盖勃氏法中所有异戊醇的作用是促进脂肪析出，并能降低脂肪球的表面张力，以利于脂肪的析出。

（3）加热的和离心目的是促进脂肪离析。

（三）巴布科克法（Babcock）

1. 原理

利用硫酸破坏乳胶质性和覆盖在脂肪球上的蛋白质外膜，使脂肪游离出来，用离心机将脂肪和水相分层，根据乳脂计中脂肪柱读数，计算脂肪的质量分数。

2. 试剂和材料

（1）硫酸（H_2SO_4）　分析纯，ρ_{20}约为1.84g/L。

（2）冰乙酸　分析纯。

3. 仪器和设备

（1）巴氏离心机。

（2）巴布科克氏乳脂计　最小刻度值为0.1%，见图3－5。

（3）17.6mL标准牛乳吸管。

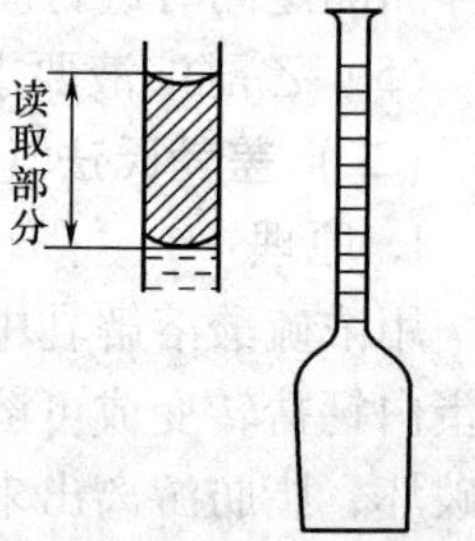

图3－5　巴布科克乳脂瓶

4. 操作步骤

（1）用标准移乳管吸取17.6mL均匀鲜乳，注入巴布科克氏乳脂瓶中。再量取17.5mL浓硫酸，沿瓶颈壁缓缓注入瓶中，手持瓶颈回旋，使液体充分混合成均匀的液体，至无凝块并呈均匀的棕色。

（2）将乳脂瓶置乳脂离心机上，以约1000r/min的速度离心5min，取出加入60℃或60℃以上的水至瓶颈基部，再置离心机中离心2min，取出后再加入60℃以上的水至脂肪浮到2或3刻度处，再置离心机中离心1min。

（3）取出后置55～60℃水浴中，待脂肪柱稳定，取出拭干，读取脂肪柱最高点与最低点所占的格数，即为样品含脂肪的质量分数。

四、非脂乳固体的测定

非脂乳固体是乳与乳制品中一个重要的理化指标。在牛乳中除去水分后剩下的组分即为总固体，总固体在牛乳中的含量一般在11.3%～14.5%。而非脂乳固体即总固体（也称为全乳固体）扣除脂肪后剩下的组分，它在牛乳中的含量一般在8.0%～10.0%。总固体中含有许多成分，如蛋白质、脂肪、乳糖、维生素等。非脂乳固体的检验（按GB 5413.39—2010检验）。

1. 原理

先分别测定出乳与乳制品中的总固体含量、脂肪含量（如添加了蔗糖等非乳成分含量，也应扣除），再用总固体减去脂肪和蔗糖等非乳成分含量，即为非脂乳固体。

2. 试剂和材料

除非另有规定，本方法所用试剂均为分析纯，水为GB/T 6682—2008规定的三级水。

（1）平底皿盒　高20～25mm、直径50～70mm的带盖不锈钢或铝皿盒，或玻璃称量皿。

（2）短玻璃棒　适合于皿盒的直径，可斜放在皿盒内，不影响盖盖。

（3）石英砂或海砂　可通过500μm孔径的筛子，不能通过180μm孔径的筛子，并通过下列适用性测试：将约20g的海砂同短玻棒一起放于同一皿盒中，然后敞盖在（100±2）℃的干燥箱中至少烘2h。把皿盒盖盖后放入干燥器中冷却至室温后称量，准确至0.1mg。用5mL水将海砂润湿，用短玻棒混合海砂和水，将其再次放入干燥箱中干燥4h。把皿盒盖盖好后放入干燥器中冷却至室温后称量，精确至0.1mg，两次称量的差不应超过0.5mg。如果两次称量的质量差超过了0.5mg，则需对海砂进行下面的处理后，才能使用：

将海砂在体积分数为25%的盐酸溶液中浸泡3d，经常搅拌。尽可能地倾出上清液，用水洗涤海砂，直到中性。在160℃条件下加热海砂4h。然后重复进行适用性测试。

3. 仪器和设备

（1）分析天平　感量为0.1mg。

（2）干燥箱。

（3）水浴锅。

4. 分析步骤

（1）总固体的测定　在平底皿盒中加入20g石英砂或海砂，在(100±2)℃的干燥箱中干燥2h，于干燥器冷却0.5h，称量，并反复干燥至恒重。称取5.0g（精确至0.0001g）试样于恒重的皿内，置水浴上蒸干，擦去皿外的水渍，

于 (100 ±2)℃干燥箱中干燥 3h，取出放入干燥器中冷却 0.5h，称量，再于 (100 ±2)℃干燥箱中干燥 1h，取出冷却后称量，至前后两次质量相差不超过 1.0mg。

试样中总固体的含量按式（3 -5）计算：

$$X = \frac{m_1 - m_2}{m} \times 100 \quad (3-5)$$

式中 X——试样中总固体的含量，g/100g；

m_1——皿盒、海砂加试样干燥后质量，g；

m_2——皿盒、海砂的质量，g；

m——试样的质量，g。

（2）脂肪的测定　按 GB 5413.3—2010 中规定的方法测定，详见本项目。

（3）蔗糖的测定　按 GB 5413.5—2010 中规定的方法测定。

（4）分析结果的表述

$$X_{NFT} = X - X_1 - X_2 \quad (3-6)$$

式中 X_{NFT}——试样中非脂乳固体的含量，g/100g；

X——试样中总固体的含量，g/100g；

X_1——试样中脂肪的含量，g/100g；

X_2——试样中蔗糖的含量，g/100g。

以重复性条件下获得的两次独立测定结果的算术平均值表示，结果保留三位有效数字。

任务　生鲜牛乳中脂肪含量的测定

【学习目标】

1. 学会生鲜牛乳中脂肪测定的原理及方法。
2. 学会正确进行数据处理。

【技能目标】

1. 掌握乳脂肪测定操作技能。
2. 能够对检测结果进行数据分析并解决检测中的实际问题。

【任务实施】

将学生随机分组，以组为单位进行，分工合作共同完成任务。每小组在课前自主完成相关知识准备，课上按照任务实施方案完成工作任务。

【操作内容】

1. 试剂和材料

（1）硫酸（H_2SO_4） 分析纯，ρ_{20} 约为1.84g/L。

（2）异戊醇（$C_5H_{12}O$） 分析纯。

2. 仪器和设备

（1）乳脂离心机。

（2）盖勃氏乳脂计 最小刻度值为0.1%。

（3）10.75mL 单标乳吸管。

3. 分析步骤

同本项目中盖勃氏法中分析步骤。

4. 结果处理

同本项目中盖勃氏法。

5. 精密度

在重复性条件下获得的两次独立测定结果的绝对差值不得超过算术平均值的5%。

【小结】

本项目阐述了生鲜牛乳的取样原则、感官检验、理化检测的理论知识和检测方法及检测中的注意事项。

生鲜牛乳的检测为牛乳的进一步加工提供了可靠的理论依据，同时也是保证乳制品质量的有效措施，通过本项目的学习，使学生能够掌握生鲜牛乳的检测技能，达到独立对其进行检测的目的。

【知识考核】

一、选择题

1. 生鲜牛乳采样时，需用特制搅拌器在奶桶中自上至下和自下至上螺旋式转动（ ）次。

A. 15 B. 20 C. 30 D. 40

2. 测定生鲜乳、消毒乳的酸度时，企业一般应（ ）混合均匀的试样（ ）g/mL。

A. 吸取、10.00 B. 吸取、5.00 C. 称取、10.00 D. 称取、5.00

3. 盖勃氏法测定酸乳中脂肪含量时，应先加（ ）。

A. 硫酸 B. 试样 C. 异戊醇 D. 碱液

4. 牛乳的总固体减去脂肪含量得（ ）。

A. 非脂乳固体 B. 水分 C. 乳干物质 D. 全乳固体

5. 测定牛乳中乳固体含量时，在称样后试样第一次放入干燥箱前的操作步骤是（　　）。

A. 放在沸水浴上蒸干　　B. 边搅拌边蒸干

C. 用短玻璃棒将试样与海砂混合均匀　　D. 用滤纸擦去皿外的水渍

6. 乳制品感官评定的内容不包括（　　）。

A. 色泽　　B. 粒度　　C. 滋味　　D. 气味

7. 罗紫－哥特里法测定乳脂肪含量时，精确称取充分混匀试样10g于抽脂瓶中，下一步是（　　）。

A. 加入2.0mL氨水　　B. 将其放入（65±5）℃的水浴中加热

C. 加入10mL硫酸溶液　　D. 加入10mL乙醇

二、简答题

1. 巴布科克法测乳脂时，为什么测定取样量规定使用17.6mL的吸量管？

2. 乳脂肪的测定方法有哪几种？

项目二 牛乳掺入异物的检测

随着国民经济发展及人们生活水平和健康意识的提高，乳制品逐渐成为人们生活的必需品，营养价值也越来越被广大消费者认同，在乳与乳制品销量逐年增加的同时，一些不法生产人员，为了获得更高的经济利益，在牛乳中添加一些有害的物质。当前发现的掺假物质主要有淀粉、糊精、脂肪粉、豆浆、苏打、面碱、尿素、三聚氰胺、尿素、蔗糖等。本项目主要针对乳中的掺假物质进行定性和定量检测，以确保乳制品的食品安全性。

【知识目标】

1. 掌握牛乳掺假检测的理论知识及方法。
2. 掌握牛乳掺假鉴别检测的注意事项。

【技能目标】

掌握原料乳的掺假检测的基本操作技能并对检测结果进行分析判断。

【知识必备】

一、碱性物质的检验

为了掩盖牛乳的酸败作用，降低牛乳酸度，防止牛乳因酸败而凝结，因而在牛乳中加入少量的碱，常用的碱为 Na_2CO_3 及 $NaHCO_3$。但是加碱后的牛乳滋味不佳，而且易使腐败菌生长，同时有些维生素也被破坏，对饮用者健康不利，因而对生鲜牛乳加碱的检验有一定意义。

（一）玫瑰红酸法

1. 原理

玫瑰红酸的 pH 范围是 6.9～8.0，遇到加强碱弱酸盐而呈碱性的乳，其颜色会由棕黄色变成玫瑰红色。故可借此检验出加碱乳与乳房炎乳。

2. 仪器和试剂

（1）仪器　5mL 移液管，100mL 量筒，试管。

（2）试剂　0.05% 玫瑰红酸酒精溶液：溶解 0.05g 玫瑰红酸于 100mL 95% 乙醇中。

3. 操作步骤

在盛有 5mL 牛乳的试管中加入 5mL 玫瑰红酸液，用手指堵住管口，摇匀，乳中如无碱性物质则是黄色，有碱时则呈玫瑰红色。含碱量与颜色的深浅成正比（在检验时应做对照试验）。

（二）溴麝香草酚蓝法

1. 原理

鲜乳中掺碱，可使溴麝香草酚蓝指示剂变色，由颜色的不同，大致判断加碱量的多少。溴麝香草酚蓝（又称百里香酚蓝，简称 BTB）的 pH 变色范围为 6.0～7.6，由黄变蓝。

2. 试剂

溴麝香草酚蓝指示剂：称取 0.05g 溴麝香草酚蓝溶解于 100mL 95% 乙醇中。

3. 操作方法

于试管中吸取牛乳 5mL，将试管保持倾斜，沿管壁小心滴入 5 滴溴麝香草酚蓝溶液。将试管小心倾斜旋转 2～3 次，使其更好地相互接触（但切忌液体相互混匀），然后把试管垂直放置 2min 后，根据两溶液界面环层的颜色特征，并参照表 3－2 判定牛乳中含碱量，同时需要做空白对照实验。

4. 试验结果

见表 3－2。

表3-2　　碳酸钠掺入量显色对照表

乳中掺碱的浓度/%	界面环层颜色特点
无	黄色
0.03	黄绿色
0.05	浅绿色
0.1	绿色
0.3	深绿色
0.5	青绿色
0.7	淡青色
1.0	青色
1.5	深青色

5. 注意事项

掺水乳、掺洗衣粉乳及乳房炎乳均可呈黄绿色至淡绿色反应。

二、牛乳灰分碱度测定

1. 原理

经高温灼烧后样品中的有机物被破坏，将有机酸钠盐和碳酸钠转化成氧化钠，溶于水后形成氢氧化钠，其含量可用标准酸滴定求出。

2. 试剂

0.1mol/L HCl 标准溶液、1% 酚酞指示剂。

3. 仪器

高温炉、电热恒温水浴锅、瓷坩埚、锥形瓶、玻璃漏斗。

4. 操作方法

在坩埚或瓷皿中，注入25mL 牛乳，置于浴上蒸干，然后在电炉上灼烧成灰。灰分用50mL 热水分数次浸渍，并用玻璃棒捣碎灰块，过滤，滤纸及灰分残块用热水冲洗。滤液中加入数滴酚酞指示剂，用0.1mol/L HCl 标准溶液进行滴定。

1mL 0.1mol/L HCl 标准溶液相当于0.0106g 碳酸钠。牛乳中碳酸钠正常含量为0.025g/100g = 0.025%。

碳酸钠加入量为：

$$X = \frac{V \times 0.0106}{25 \times 1.030} \times (100 - 0.025) \qquad (3-7)$$

式中　X——碳酸钠加入量，%；

V——消耗0.1mol/L HCl 标准溶液的体积，mL。

三、乳房炎乳的检出

1. 方法一：加州乳房炎乳方法

(1) 试剂

①碳酸钠溶液（0.6g/mL）、氯化钙溶液（0.4g/mL）、氢氧化钠溶液

(0.15g/mL)。

②试剂配制方法　称取60g碳酸钠（$Na_2CO_3 \cdot 10H_2O$，化学纯）溶于100mL蒸馏水中，称取40g无水氯化钙溶于100mL蒸馏水中。二者须均匀搅拌、加温、过滤，然后将两种滤液倾注在一起，予以混合、搅拌、加温和过滤，于第二次滤液中加入等量的0.15g/mL的氢氧化钠溶液，继续搅拌、加温、过滤即为试液。加入溴甲酚紫于试液内，有助于结果的观察。试剂宜放在棕色试剂瓶中保存。

（2）检验方法　吸取乳样3mL于白色平皿中，加0.5mL试液，立即回转混合，约10s后观察结果（见表3-3）。

表3-3　乳房炎乳现象对照表（1）

现　象	结　果
无沉淀及絮片	-（阴性）
稍有沉淀发生	±（可疑）
肯定有沉淀（片状）	+（阳性）
发生黏稠性团块并继之分为薄片	++（强阳性）
有持续性的黏稠性团块（凝胶）	+++（强阳性）

2. 方法二：H_2O_2玻片法

（1）原理　此法为间接测定乳中白细胞的方法，即测定乳中白细胞的过氧化氢酶，以推断白细胞的含量。

（2）试剂　取双氧水（30% H_2O_2），按1:(2.33～4)的比例加入中性蒸馏水，配成6%～9%的H_2O_2试剂，待用。

（3）检测方法　将载玻片置于白色衬垫物上，滴被检乳1滴，再加过氧化氢试剂1滴，混合均匀，静置2min后观察。判定标准见表3-4。

表3-4　乳房炎乳现象对照表（2）

现　象	结　果
液面中心无气泡，或有小如针尖的气泡聚集稍有沉淀发生	-（阴性）
液面中心有少量大如粟粒的气泡聚集发生黏稠性团块	±（可疑）
液面中心布满或有大量粟粒大的气泡聚集	+（阳性）

四、牛乳掺豆浆、豆饼水的检验

1. 方法一：皂素检验法

（1）原理　豆浆中含有皂素，皂素可溶于热水或热酒精，并可与氢氧化钾反应生成黄色物质。

（2）仪器和试剂

①仪器：50mL三角瓶；20mL量筒；5mL移液管。

②试剂：0.25g/mL氢氧化钠；乙醇-乙醚（1:1）混合液。

（3）检验方法　取被检乳样20mL，放入50mL三角瓶中，加乙醇－乙醚（1:1）混合液3mL，混入后加入0.25g/mL氢氧化钠溶液5mL，摇匀，同时做空白对照试验。试样呈微黄色，表示有豆浆掺入。本法灵敏度不高，当豆浆掺入量大于10%时才呈阳性反应。结果判断详见表3－5。

表3－5　牛乳掺豆浆检验结果对照表

现象	结果判断
微黄或黄色	有豆浆掺入
正常牛乳色	无豆浆掺入

2. 方法二：铁定性法

（1）原理　正常生鲜牛乳中含铁量小于2mg/kg，而大豆中含铁量大于100mg/kg，若生鲜牛乳中掺有豆浆或豆饼水，则乳中含铁量显著增加，所以，可以用铁定性法间接测出乳中是否掺有豆浆或豆饼水。Fe^{3+}能被氯化亚锡还原为Fe^{2+}，Fe^{2+}与邻二氮菲在pH2.9的溶液中能生成水溶性的红色络合物$[(C_{12}H_8N_2)_3Fe]^{2+}$。

（2）试剂　邻二氮菲（$C_{12}H_8N_2$）溶液：取1.0g邻二氮菲溶于100mL乙醇中，加水稀释至500mL。

（3）仪器　试管18mm×180mm，吸管5mL、10mL。

（4）操作　取生鲜牛乳10mL于大试管中，加入100mg的氯化亚锡充分振摇放置5min后，再振摇后加入2mL邻二氮菲溶液混匀观察，掺入豆浆或豆饼水的牛乳呈粉红色，颜色随掺入量的增加而加深，正常生鲜牛乳无明显颜色变化。该法检出限为5%。结果判断见表3－6。

表3－6　牛乳掺豆浆检验结果对照表

现象	结果判断
粉红色	有豆浆掺入
无明显变化	无豆浆掺入

注：时间小于30min变色的判断为掺入豆浆。

五、牛乳中掺淀粉的检验

1. 原理

淀粉遇碘试剂变蓝或蓝紫色。

2. 仪器和试剂

（1）仪器　5mL移液管、100mL容量瓶。

（2）试剂　碘液：用蒸馏水溶解碘化钾4g、碘2g，移入100mL容量瓶中，加蒸馏水至刻度。

3. 操作步骤

取被检牛乳5mL于试管中，加温稍煮沸放冷后，加入数滴碘液，如有淀粉掺入，则出现蓝色或蓝青色，有糊精类时显红紫色。正常牛乳无显色反应。

六、牛乳中掺食盐的检验

1. 原理

鲜牛乳中氯化物与硝酸银反应生成氯化银沉淀，用铬酸钾做指示剂，当乳中的氯化物与硝酸银作用后，过量的硝酸银与铬酸钾生成赭红色铬酸银。

2. 仪器和试剂

（1）仪器　试管、移液管、1mL移液管。

（2）试剂　0.01mol/L硝酸银溶液、10%铬酸钾溶液。

3. 操作步骤

取2mL乳样于小试管中，加5滴铬酸钾指示剂，混合均匀，加硝酸银试剂1.5mL混匀。

4. 结果判断

呈砖红色者该样乳氯化物<150mg/kg，判断为无盐乳；若呈黄色，判定为有盐，再继续滴加硝酸银试剂，边加边混匀，直至呈红色为止，计量。例如：某乳再次消耗硝酸银试剂量为0.7mL，该乳中氯化物为：

$$(1.5+0.7)\times 100=220\ (\text{mg/kg})$$

折合掺食盐量为：

$$(220-150)\times 1.65=115.5\ (\text{mg/kg})$$

正常值：泌乳期<150mg/kg；秋、冬季<170mg/kg。

根据反应后溶液颜色深浅的不同，掺盐量可判断为微量、中量、大量。

5. 注意事项

（1）硝酸银必须烘干后使用，否则会影响检验结果。

（2）试剂加入先后不同影响检验结果，先加硝酸银其结果偏高10～20mg/dL，因此应要按牛乳+指示剂+硝酸银顺序进行。

七、牛乳中掺入蔗糖的检验

1. 方法一：间苯二酚法

（1）原理　在酸性条件下，乳中的蔗糖与间苯二酚作用呈红色。

（2）试剂与设备　浓盐酸、间苯二酚、水浴锅。

（3）检验方法　取被检牛乳3mL，加浓盐酸0.6mL，混匀，加间苯二酚0.1～0.6g，置于沸水浴或小火焰中加热至沸3s后，如有微红色或红色出现，则表示有蔗糖存在。结果对照见表3－7。

表 3-7　牛乳掺蔗糖检验结果对照表

现象	结果判断
微红色或红色	有蔗糖掺入
牛乳呈现橘黄色	正常乳

2. 方法二：二苯法

（1）试剂

①乙酸铅-氨水溶液　将 250g 乙酸铅溶于 600mL 水中，再加入 250mL 15% 的氨水（相对密度为 0.944），摇匀。

②二苯胺试剂　10mL 10% 的二苯胺-乙醇溶液、25mL 冰乙酸和 65mL 浓盐酸混合即成。

③费林试液　甲液：取 34.639g 硫酸铜，溶于水中，加入 0.5mL 浓硫酸，加水至 500mL；乙液：取 173g 酒石酸钾钠及 50g 氢氧化钠溶解于水中，稀释至 500mL，静置 2d 后过滤。

（2）检验方法　取 30mL 牛乳在水浴上加热到 80～90℃，加入 30mL 乙酸铅-氨水溶液，用力摇动 0.5min，过滤。取无色透明滤液 3mL，加入等容积的二苯胺试剂，摇匀，并在沸水浴上保持 10min。如有蔗糖存在时，1～2min 内就有淡蓝色出现，5min 后变成深蓝色。当在水浴内保持时间超过 10min 时，痕迹量的乳糖存在也可能出现淡蓝色。

为了对照，可取 4mL 滤液，加入等体积的费林试液（甲液、乙液各 2mL）置于沸水浴内加热，如果二苯胺的反应明显，而没有还原费林试液时，则证明有蔗糖存在。

（3）说明与注意事项

①此法可测出 0.1%～1.0% 的蔗糖。

②二苯胺显色法检验蔗糖受乳糖的干扰，最好采用间苯二酚显色法。

八、牛乳中掺入石灰水的检验

正常牛乳中含钙量小于 1%，如果向牛乳中加适量硫酸盐后，再加玫瑰红酸钠及氧化钡，则溶液呈现红色。如牛乳中掺入了石灰水，与上述反应生成硫酸钙沉淀，溶液呈现白土色。

取被检牛乳 5mL 于试管中，加 10g/L 硫酸钠溶液、10g/L 玫瑰红酸钠溶液、10g/L 氧化钡溶液各 1 滴观察其颜色。天然乳为黄色，掺石灰水的乳为白土色。

九、牛乳中掺洗衣粉的检验

取被检乳样 5～10mL 于试管中，在暗室里于 365nm 波长紫外线分析仪下观察荧光，同时用天然乳做对照。牛乳中掺有洗衣粉者发银白色荧光，天然乳则呈黄色、无荧光。此法的检出限量为0.1%。

十、熟乳的检出

1. 原理

牛乳中有一种酶，能分解过氧化氢而与色素起作用，加热后酶即被破坏。

2. 试剂

1.0%的过氧化氢溶液、2.0%的对苯二胺。

3. 方法

取5mL牛乳，放入试管中，加0.2mL1%的过氧化氢，摇匀，再加入0.2mL 2%的对苯二胺，摇匀。生乳或加热至78℃以下者呈青蓝色，加热至79~80℃者，0.5min后呈淡灰青色，加热至80℃以上者无颜色出现。

十一、牛乳中掺尿素（化肥）的检验

取5mL待检牛乳于试管中，加3~4滴二乙酰肪溶液（600mg二乙酰肪及30mg硫胺脲，加蒸馏水100mL溶解制成），混匀，再加入1~2mL磷酸混匀，置于水浴中煮沸，观察颜色变化。若呈现红色说明掺有尿素或被牛尿污染了。

任务 生鲜牛乳中硝酸盐及亚硝酸盐的检验

【学习目标】

1. 学会牛乳掺假检验的基础知识和方法。

2. 学会生鲜牛乳中硝酸盐及亚硝酸盐检验的基本理论及检验方法。

【技能目标】

1. 掌握生鲜牛乳中掺假检验的操作技能。

2. 掌握牛乳质量的判别技能。

【任务实施1】

硝酸盐的检验。学生以组为单位进行，共同完成任务。每小组在课前自主完成相关知识准备，根据实验室牛乳掺假检验的任务要求，完成任务。

【原理】

在柠檬酸溶液中，硝酸根离子、亚硝酸根离子与对氨基苯磺酸作用，生成红色的偶氮化合物。

【操作内容】

硫酸钡100g、柠檬酸75g、硫酸锰10g、对氨基苯磺酸4g、盐酸萘乙二胺2g，研细后将少量锌粉与硫酸钡混合再与其它试剂全部混合为固体试剂，保存于棕色瓶中备用。

【操作过程】

取牛乳样品5mL加上述固体试剂0.3g，振动1min后，有硝酸根离子、亚硝酸根离子存在时，显红色。

【结果判断】

按颜色深浅判定结果（见表3-8）。

表3-8　乳中不同浓度亚硝酸盐颜色对照表

现象	亚硝酸盐含量	结果判断
乳白色	无亚硝酸盐	合格乳
微粉色	含亚硝酸盐0.2g/kg	异常乳
水粉色	含亚硝酸盐0.3g/kg	异常乳
粉红色	含亚硝酸盐0.4g/kg	严重异常乳
红色	含亚硝酸盐≥0.5g/kg	严重异常乳

【任务实施2】

亚硝酸盐的检验。

【原理】

在鲜乳中利用亚硝酸盐在弱酸性条件下，与对氨基苯磺酸重氮化，再与α-萘胺偶合形成紫红色染料。

【操作内容】

1. 试剂配制

将0.1gα-萘酚、0.2gα-萘胺及0.6g对氨基苯磺酸溶解于400mL 50%的冰乙酸中，在棕色瓶中避光保存。

2. 检验方法

取牛乳样品2mL置于试管中，然后加入1.5mL试剂，摇匀2min后，观察现象。

【结果判断】

按颜色深浅判定结果（见表3-8）。

【小结】

本项目主要介绍了生鲜牛乳中各种掺假检验、掺假检验中的主要注意事项及应遵循的原则。通过本项目的学习和实践，使学生能够掌握牛乳掺假检验的操作技能，并能根据检验结果对乳的质量进行判断。

【知识考核】

一、选择题

1. 溴麝香草酚蓝法判定生鲜牛乳中无掺入碱性物质（以碳酸钠为代表），其接触面环层应显现（　　）。

A. 黄色　　B. 橘黄色　　C. 橘红色　　D. 蓝色

2. 间苯二酚显色法检出生鲜牛乳样中掺有蔗糖，乳样呈现（　　）反应。

A. 蓝色　　B. 橘黄色　　C. 红色　　D. 黄色

3. 鉴别牛乳中掺入豆浆，加入试剂氢氧化钠和氢氧化钾溶液时，如有豆浆加入阳性显（　　）。

A. 蓝色　　B. 紫色　　C. 黄色　　D. 粉红色

4. 乳房炎乳检验中强阳性的颜色反应是（　　）。

A. 黄色　　B. 绿色　　C. 淡绿色或黄色　　D. 黄绿色

5. 牛乳掺淀粉类物资的检验中加入数滴碘液，有淀粉存在时显蓝色，有糊精类时显（　　）。

A. 黄色　　B. 红紫色　　C. 淡绿色　　D. 黄绿色

二、简答题

1. 简述牛乳中掺豆浆的检验。

2. 简述牛乳中掺尿素的检验。

项目三 乳制品中理化成分的检测

乳是一种营养价值较高的食品，成分比较复杂，主要包括水分、脂肪、蛋白质、乳糖、维生素、矿物质、无机盐等。牛乳的主要化学成分及含量见表3-9。

表3-9　牛乳的主要化学成分及含量　单位:%

成分	水分	总固体含量	蛋白质	脂肪	乳糖	无机盐
变化范围	85.5~89.5	10.5~14.5	2.9~5.5	2.5~6.5	3.6~5.5	0.6~0.9
平均值	87.5	13.0	3.4	4.0	4.8	0.8

除上述基本成分外，乳中还含有少量的有机酸、色素、细胞成分、风味成分及激素。这些成分赋予了乳制品一定的组织结构、风味、口感以及营养价值。测定乳制品中理化成分的含量，不仅可以评价乳制品的品质，恒量乳制品

的营养价值，而且对实现生产过程的质量管理、实现工艺监督等方面都有着重要的意义。

【知识目标】

1. 掌握各种组成成分含量的多少对食品品质的影响。
2. 掌握乳制品的水分、脂肪、蛋白质、乳糖、总糖等检测原理及方法。
3. 掌握凯氏定氮法测定蛋白质的原理及注意事项。
4. 掌握莱茵-艾农氏法测定还原糖及非还原糖的原理及方法。

【技能目标】

1. 掌握乳制品营养成分检测的操作技能。
2. 能够对检验数据进行分析，并能通过数据分析解决检测中的问题。
3. 掌握各种检测仪器的使用方法及操作技能。
4. 掌握标准曲线的绘制和测定结果的计算方法及分析。

【知识必备】

一、水分的测定

水分是食品中的天然成分，各种食品中都含有水分，但含量差别很大。控制食品的水分含量，对于保持食品的感官性质、维持食品各组分的平衡关系、防止食品腐败变质等起着重要的作用。例如：乳粉的含水量控制在2.5%～3.0%以内，可以抑制微生物的生长繁殖，延长保质期。水分测定方法可分为两类：直接测定法和间接测定法。

直接测定法是利用水分本身的物理性质和化学性质去掉样品中的水分，再对其进行定量分析的方法。直接测定法一般采用烘干、蒸馏等方法去掉或收集样品中的水分，从而获得分析结果，如烘干法、化学干燥法、蒸馏法和卡尔·费休法。间接测定法则是利用食品的密度、折射率、电导率等物理性质测定水分的方法。间接方法不需要除去样品中的水分。在实际工作中测定水分方法则根据食品的性质和检验目的来确定。

（一）直接干燥法

1. 原理

食品中的水分一般是指在100℃左右直接干燥的情况下，所失去物质的总量。

直接干燥法适用于在95～105℃下，不含或含其它挥发性物质甚微的食品。

2. 试剂

（1）6mol/L HCl　量取100mL盐酸，加水稀释至200mL。

（2）6mol/L NaOH溶液　称取24g氢氧化钠，加水溶解并稀释至100mL。

（3）海砂　取用水洗去泥土的海砂或河砂，先用6mol/L HCl煮沸0.5h，用水洗至中性，再用6mol/L NaOH溶液煮沸0.5h，用水洗至中性，经105℃干燥备用。

3. 仪器

（1）扁形铝制或玻璃制称量瓶：内径60～70mm，高35mm以下。

（2）电热恒温干燥箱。

（3）干燥器：内附有效干燥剂。

（4）天平：感量为0.1mg。

4. 分析步骤

（1）固体试样　取洁净铝制或玻璃制的扁形称量瓶，置于95～105℃干燥箱中，瓶盖斜支于瓶边，加热0.5～1.0h，取出盖好，置干燥器内冷却0.5h，称量，并重复干燥至恒量。

称取2.00～10.00g切碎或磨细的试样，放入此称量瓶中，试样厚度约为5mm。加盖，精密称量后，置95～105℃干燥箱中，瓶盖斜支于瓶边，干燥2～4h后，盖好取出，放入干燥器内冷却0.5h后称量。然后再放入95～105℃干燥箱中干燥1h左右，取出，放干燥器内冷却0.5h后再称量。至前后两次质量差不超过2mg，即为恒重。

（2）半固体或液体试样　取洁净的蒸发皿，内加10.0g海砂及一根小玻棒，置于95～105℃干燥箱中，干燥0.5～1.0h后取出，放入干燥器内冷却0.5h后称量，并重复干燥至恒量。然后精密称取5～10g试样，置于蒸发皿中，用小玻棒搅匀放在沸水浴上蒸干，并随时搅拌，擦去皿底的水滴，置95～105℃干燥箱中干燥4h后盖好取出，放入干燥器内冷却0.5h后称量。以下按（1）自“然后再放入95～105℃干燥箱中干燥1h左右……”起依法操作。

5. 结果计算

试样中的水分的含量按式（3－8）进行计算。

$$X = \frac{m_1 - m_2}{m_1 - m_3} \times 100\% \tag{3-8}$$

式中　X——试样中水分的含量，%；

m_1——称量瓶（或蒸发皿加海砂、玻棒）和试样的质量，g；

m_2——称量瓶（或蒸发皿加海砂、玻棒）和试样干燥后的质量，g；

m_3——称量瓶（或蒸发皿加海砂、玻棒）的质量，g。

计算结果保留三位有效数字。

6. 精密度

在重复性条件下获得的两次独立测定结果的绝对差值不得超过算术平均值的5%。

（二）减压干燥法

1. 原理

利用食品中水分的物理性质，在达到40～53kPa压力后加热至60℃ ±5℃，采用减压烘干方法去除试样中的水分，再通过烘干前后的称量数值计算出水分的含量。

2. 仪器

真空干燥箱。

其它同直接干燥法。

3. 分析步骤

（1）试样的制备　粉末和结晶试样直接称取，较大块硬糖经研钵粉碎，混匀备用。

（2）测定　取已恒重的称量瓶准确称取2～10g试样，放入真空干燥箱内，将干燥箱连接水泵，抽出干燥箱内空气至所需压力（一般为40～53kPa），并同时加热至所需温度60℃ ±5℃。关闭通水泵或真空泵上的活塞，停止抽气，使干燥箱内保持一定的温度和压力，经4h后，打开活塞，使空气经干燥装置缓缓通入至干燥箱内，待压力恢复正常后再打开。取出称量瓶，放入干燥器中0.5h后称量，并重复以上操作至恒重。

4. 结果计算

同直接干燥法计算。计算结果保留三位有效数字。

5. 精密度

在重复性条件下获得的两次独立测定结果的绝对差值不得超过算术平均值的10%。

（三）卡尔·费休法

1. 原理

根据碘能与水和二氧化硫发生化学反应，在有吡啶和甲醇共存时，1mol I_2 只与1mol水作用，反应式如下：

$$C_5H_5N \cdot I_2 + C_5H_5N \cdot SO_2 + C_5H_5N + H_2O + CH_3OH \rightarrow 2C_5H_5N \cdot HI + C_5H_6N\,[SO_4CH_3]$$

卡尔·费休水分测定法又分为库仑法和容量法。库仑法测定的碘是通过化学反应产生的，只要电解液中存在水，所产生的碘就会和水以1∶1的关系按照化学反应式进行反应。当所有的水都参与了化学反应，过量的碘就会在电极的阳极区域形成，反应终止。容量法测定的碘是作为滴定剂加入的，滴定剂中碘的浓度是已知的，根据消耗滴定剂的体积，计算消耗碘的量，从而计量出被测物质水的含量。

2. 试剂和材料

(1) 卡尔·费休试剂。

(2) 无水甲醇 (CH_4O)：优级纯。

3. 仪器和设备

(1) 卡尔·费休水分测定仪。

(2) 天平：感量为0.1mg。

4. 分析步骤

(1) 卡尔·费休试剂的标定 (容量法) 在反应瓶中加一定体积 (浸没铂电极) 的甲醇，在搅拌下用卡尔·费休试剂滴定至终点。加入10mg水 (精确至0.0001g)，滴定至终点并记录卡尔·费休试剂的用量 (V)。卡尔·费休试剂的滴定度按式 (3-9) 计算：

$$X = \frac{m}{V} \times 100 \tag{3-9}$$

式中 T——卡尔·费休试剂的滴定度，mg/mL；

m——水的质量，mg；

V——滴定水消耗的卡尔·费休试剂的用量，mL。

(2) 试样前处理 可粉碎的固体试样要尽量粉碎，使之均匀。不易粉碎的试样可切碎。

(3) 试样中水分的测定 于反应瓶中加一定体积的甲醇或卡尔·费休测定仪中规定的溶剂浸没铂电极，在搅拌下用卡尔·费休试剂滴定至终点。迅速将易溶于上述溶剂的试样直接加入滴定杯中；对于不易溶解的试样，应采用对滴定杯进行加热或加入已测定水分的其它溶剂辅助溶解后用卡尔·费休试剂滴定至终点。建议采用库仑法测定试样中的含水量应大于10μg，容量法应大于100μg。对于某些需要较长时间滴定的试样，需要扣除其漂移量。

(4) 漂移量的测定 在滴定杯中加入与测定样品一致的溶剂，并滴定至终点，放置不少于10min后再滴定至终点，两次滴定之间的单位时间内的体积变化即为漂移量 (D)。

5. 分析结果的表述

固体试样中水分的含量按式 (3-10)，液体试样中水分的含量按式 (3-11) 进行计算。

$$X = \frac{(V_1 - D \times t) \times T}{m} \times 100 \tag{3-10}$$

$$X = \frac{(V_1 - D \times t) \times T}{V_2 \rho} \times 100 \tag{3-11}$$

式中 X——试样中水分的含量，g/100g；

V_1——滴定样品时卡尔·费休试剂体积 mL;

T——卡尔·费休试剂的滴定度 g/mL;

m——样品质量，g;

V_2——液体样品体积，mL;

D——漂移量，mL/min;

t——滴定时所消耗的时间，min;

ρ——液体样品的密度，g/mL。

水分含量≥1g/100g 时，计算结果保留三位有效数字；水分含量＜1g/100g 时，计算结果保留两位有效数字。

6. 精密度

在重复性条件下获得的两次独立测定结果的绝对差值不得超过算术平均值的10%。

二、婴儿配方乳粉中灰分的测定

食品组成成分非常复杂，除了大分子的有机物外，还有许多无机物。当在高温下灼烧灰化时将发生一系列的变化，其中有机成分经燃烧、分解而挥发逸散，无机成分则留在残灰中。有机物经高温灼烧以后的残留物称为灰分，灰分是食品中无机成分总量的标志，婴儿配方乳粉中灰分是评价乳粉质量的指标之一。

（一）灰分测定的意义

（1）评价食品的加工精度和食品品质。

（2）判断食品受污染的程度。

婴儿配方乳粉中灰分常在一个范围内，如果灰分超过正常范围值，说明食品生产中使用了不合乎卫生标准要求的原料或食品添加剂，或食品在加工、贮运过程中受到污染。因此，可以判断该食品受污染的程度。

（二）灰分的测定——直接灰化法

1. 原理

食品经灼烧后所残留的无机物质称为灰分。灰分数值系用灼烧、称重后计算得出。

2. 试剂和材料

（1）1∶4 盐酸溶液。

（2）0.5%三氯化铁溶液和等量蓝墨水的混合液。

（3）6mol/L HNO_3。

（4）乙酸镁［$(CH_3COO)_2Mg \cdot 4H_2O$］：分析纯。

（5）乙酸镁溶液（80g/L）：称取 8.0g 乙酸镁加水溶解并定容至 100mL，混匀。

（6）乙酸镁溶液（240g/L）：称取 24.0g 乙酸镁加水溶解并定容至 100mL，

混匀。

3. 仪器和设备

（1）马弗炉：温度≥600℃。

（2）天平：感量为0.1mg。

（3）石英坩埚或瓷坩埚。

（4）干燥器（内有干燥剂）。

（5）电热板。

（6）水浴锅。

4. 分析步骤

（1）瓷坩埚的准备　新买的瓷坩埚处理：用1:4的盐酸煮1~2h，洗净晾干后，用三氯化铁与蓝墨水的等体积混合液在坩埚外壁及盖上编号，置于500~550℃的高温炉中灼烧0.5~1h，移至炉口，冷却至200℃以下，取出坩埚，置于干燥器中冷却至室温，称重，再放入高温炉内灼烧0.5h，取出冷却称量，直至恒重（2次称量之差不超过0.2mg）。

坩埚的灼烧：取大小适宜的石英坩埚或瓷坩埚置马弗炉中，在（550±25）℃下灼烧0.5h，冷却至200℃左右，取出，放入干燥器中冷却30min，至室温，准确称量。重复灼烧至前后两次称量相差不超过0.5mg为恒重。

（2）称样　灰分大于10g/100g的试样称取2~3g（精确至0.0001g）；灰分小于10g/100g的试样称取3~10g（精确至0.0001g）。

5. 测定

（1）称取试样后，加入1.00mL乙酸镁溶液（240g/L）或3.00mL乙酸镁溶液（80g/L），使试样完全润湿。放置10min后，在水浴上将水分蒸干，先在电热板上以小火加热使试样充分炭化至无烟，然后置于马弗炉中，在（550±25）℃灼烧4h。冷却至200℃左右，取出，放入干燥器中冷却30min，称量前如发现灼烧残渣有炭粒时，应向试样中滴入少许水湿润，使结块松散，蒸干水分再次灼烧至无炭粒即表示灰化完全，方可称量。重复灼烧至前后两次称量相差不超过0.5mg为恒重。

（2）吸取3份与上述（1）中相同浓度和体积的乙酸镁溶液，做3次试剂空白试验。当3次试验结果的标准偏差小于0.003g时，取算术平均值作为空白值。若标准偏差超过0.003g时，应重新做空白值试验。

6. 结果计算

试样中灰分按式（3-12）计算：

$$X = \frac{m_1 - m_2 - m_0}{m_3 - m_2} \times 100 \qquad (3-12)$$

式中　X——试样中灰分的含量，g/100g；

m_0——氧化镁（乙酸镁灼烧后生成物）的质量，g；

m_1——坩埚和灰分的质量，g；

m_2——坩埚的质量，g；

m_3——坩埚和试样的质量，g。

试样中灰分含量≥10g/100g时，保留三位有效数字；试样中灰分含量<10g/100g时，保留两位有效数字。

7. 精密度

在重复性条件下获得的两次独立测定结果的绝对差值不得超过算术平均值的5%。

8. 说明及注意事项

（1）样品炭化时要注意热源强度，防止产生大量泡沫溢出坩埚。

（2）把坩埚放入高温炉或从炉中取出时，要放在炉口停留片刻，使坩埚预热或冷却，防止因温度剧变而使坩埚破裂。

（3）从干燥器中取出冷却的坩埚时，因内部成真空，开盖恢复常压时应让空气缓缓进入，以防残灰飞散。

（4）灰化后的残渣可留作钙、磷、铁等成分的分析。

（5）用过的坩埚，应把残灰及时倒掉，初步洗刷后，用粗盐酸（废）浸泡10~20min，再用水冲刷洗净。

三、脂肪的测定

脂肪是食品中重要的营养成分之一，可为人体提供必需脂肪酸；脂肪也是一种富含热能的营养素，是人体热能的主要来源。乳脂肪是以中性脂肪状态存在于乳中，在牛乳中含量平均为3.5%~4.5%，是牛乳的主要成分之一。乳脂肪溶于水，呈微粒球状分散于乳浆中，形成乳浊液。

乳脂肪是由1分子甘油与3分子脂肪酸（相同的或不同的）所组成的甘油酯的混合物，其中最主要的为甘油三酸酯。构成甘油三酸酯的3个脂肪酸残基可能是饱和的也可能是不饱和的，而不饱和的还可能是单不饱和、双不饱和或多不饱和的脂肪酸，因此乳腺中形成的乳脂肪的组成非常复杂。

（一）巴布科克法

详见项目一中生鲜牛乳中脂肪测定。

（二）盖勃氏法

详见项目一中生鲜牛乳中脂肪测定。

（三）罗兹-哥特里法

详见项目一中生鲜牛乳中脂肪测定。

四、蛋白质的测定

牛乳中的蛋白质是乳中的主要含氮物质，含量为2.8%~3.8%，其中95%是乳蛋白质，5%为非蛋白态氮，乳蛋白质由20种以上的氨基酸组成，包括酪蛋白、乳清蛋白及少量的脂肪球膜蛋白，乳清蛋白中有对热不稳定的乳白蛋白和乳球蛋白，还有对热稳定的小分子蛋白和胨。乳蛋白质，特别是酪蛋白不是单一的蛋白质，是一类既相似又相异的蛋白质组成的复杂物质，非蛋白态氮有游离氨基酸、氨、尿素、尿酸、肌酸及嘌呤碱等，这些物质基本上是机体蛋白质的代谢产物，是通过乳腺细胞进入牛乳的。

乳与乳制品中蛋白质含量的多少，不仅表示乳与乳制品的质量，而且也关系着人体的健康。因此，对乳与乳制品中蛋白质含量也有一定规定。凯氏定氮法是测定食品和其它生物材料中蛋白质含量的经典方法，这种方法是先测出试样中的有机氮，然后乘上一个合适的蛋白质换算系数来求得蛋白质的含量。凯氏定氮法又分为常量凯氏定氮法、微量凯氏定氮法、半微量凯氏定氮法，其测定原理和操作步骤大体相同，不同的是后两种方法蒸馏用试液量和试剂用量都比常量法少，并且采用了适合于微量凯氏定氮法和半微量凯氏定氮法蒸馏装置。与常量法相比，不仅可节省试剂和缩短试验时间，而且也提高了准确度，在实际工作中应用更为广泛。

（一）常量凯氏定氮法

1. 原理

样品与浓硫酸和催化剂一同加热消化，使蛋白质分解，其中碳和氢被氧化为二氧化碳和水逸出，而样品中的有机氮转化为氨与硫酸结合成硫酸铵。然后加碱蒸馏，使氨蒸出，用硼酸吸收后再以标准盐酸或硫酸溶液滴定。根据标准酸消耗量可计算出蛋白质的含量。

2. 试剂

（1）硫酸铜（$CuSO_4 \cdot 5H_2O$）。

（2）硫酸钾（K_2SO_4）。

（3）硫酸（H_2SO_4，密度为1.84g/L）。

（4）硼酸（H_3BO_3）。

（5）甲基红指示剂（$C_{15}H_{15}N_3O_2$）。

（6）溴甲酚绿指示剂（$C_{21}H_{14}Br_4O_5S$）。

（7）亚甲基蓝指示剂（$C_{16}H_{18}C_1N_3S \cdot 3H_2O$）。

（8）氢氧化钠（NaOH）。

（9）95%乙醇（C_2H_5OH）。

（10）硼酸溶液（20g/L）：称取20g硼酸，加水溶解后并稀释至1000mL。

（11）氢氧化钠溶液（400g/L）：称取40g氢氧化钠加水溶解后，放冷，并稀释至100mL。

（12）硫酸标准滴定溶液（0.0500mol/L）或盐酸标准滴定溶液（0.0500mol/L）。

（13）甲基红乙醇溶液（1g/L）：称取0.1g甲基红，溶于95%乙醇，用95%

乙醇稀释至100mL。

（14）亚甲基蓝乙醇溶液（1g/L）：称取0.1g亚甲基蓝，溶于95%乙醇，用95%乙醇稀释至100mL。

（15）溴甲酚绿乙醇溶液（1g/L）：称取0.1g溴甲酚绿，溶于95%乙醇，用95%乙醇稀释至100mL。

（16）混合指示液：2份甲基红乙醇溶液与1份亚甲基蓝乙醇溶液临用时混合。

3. 仪器与设备

（1）分析天平：感量为1mg。

（2）全套常量凯氏定氮装置：如图3－6所示。

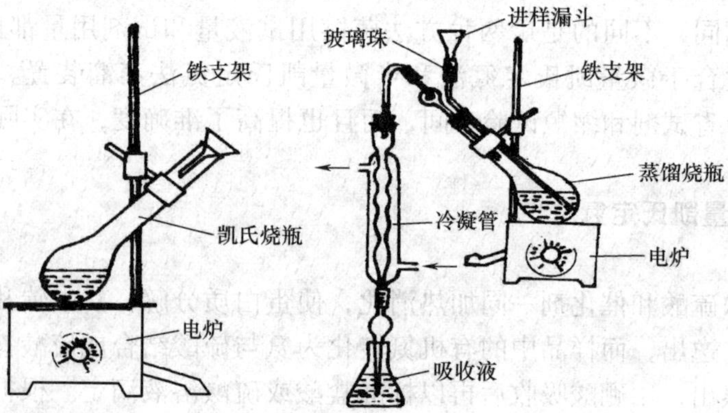

图3－6　常量凯氏定氮装置

（3）滴定装置。

4. 分析步骤

（1）试样处理　称取充分混匀的牛乳试样10～25g（相当于30～40mg氮），精确至0.001g，移入干燥的100、250或500mL定氮瓶中，加入0.2g硫酸铜、6g硫酸钾及20mL硫酸，轻摇后于瓶口放一小漏斗，将瓶以45°角斜支于有小孔的石棉网上，如图3－6（1）所示。小心加热，待内容物全部炭化，泡沫完全停止后，加强火力，并保持瓶内液体微沸，至液体呈蓝绿色并澄清透明后，再继续加热0.5～1h。取下放冷，小心加入20mL水。放冷后，移入100mL容量瓶中，并用少量水洗定氮瓶，洗液并入容量瓶中，再加水至刻度，混匀备用。同时做试剂空白试验。

（2）蒸馏、吸收　按图3－6（2）装好蒸馏装置，冷凝管下端浸入接收瓶液面之下（瓶内预先装有50mL 40g/L硼酸溶液及混合指示剂5～6滴）。凯氏烧瓶内加入100mL蒸馏水、玻璃珠数粒，从安全漏斗中慢慢加入70～80mL 400g/L氢氧化钠，并摇动凯氏烧瓶，至瓶内溶液变为深蓝色，或产生黑色沉淀，再加入100mL水，夹紧夹子，加热蒸馏，至氨全部蒸出（蒸馏液约250mL即可）。将冷凝管下端提出液面，用蒸馏水冲洗管口，继续蒸馏1min，用表面皿接几滴馏液，以奈氏试剂检查，如无红棕色产生，表示蒸馏完毕，即可停止加热。

（3）滴定　用0.1000mol/L HCl标准溶液滴定上述吸收液至溶液由蓝色变为红色即为终点。记录消耗的盐酸的体积。同时做空白实验，测得空白实验消耗盐酸标准溶液的体积。

5. 结果计算

试样中蛋白质的含量按下式计算：

$$X = \frac{(V_1 - V_2) \times c \times 0.0140}{m} \times F \times 100\% \tag{3-13}$$

式中 X——试样中蛋白质的含量，g/100g；

V_1——试液消耗 H_2SO_4 或 HCl 标准滴定液的体积，mL；

V_2——试剂空白消耗 H_2SO_4 或 HCl 标准滴定液的体积，mL；

c——H_2SO_4 或盐 HCl 标准滴定溶液浓度，mol/L；

0.0140——$\frac{1}{2}N_2$ 的毫摩质量，g/mmol；

m——试样的质量，g；

F——氮换算为蛋白质的系数，6.38。

6. 说明及注意事项

（1）所用的试剂溶液应用无氨蒸馏水配制。

（2）消化时不要用强火，应保持缓和沸腾，注意不断转动凯氏烧瓶，以便利用冷凝酸液将附在瓶壁上的物质洗下并保持消化完全。

（3）样品中若含脂肪较多时，消化过程中易产生大量泡沫，为防止泡沫溢出瓶外，在开始消化时应用小火加热，并不断摇动。

（4）若样品消化液不易澄清透明，可将凯氏烧瓶冷却，加入2~3mL 300g/L过氧化氢后再加热。

（5）若取样量较大，如干试样超过5g，可按每克试样5mL的比例增加硫酸用量。

（6）一般消化至透明后，继续消化30min即可，但当含有特别难以氨化的氮化合物的样品，如含赖氨酸或组氨酸时，消化时间需适当延长，因为这两种氨基酸中的氮在短时间内不易消化完全，往往导致总氮量偏低。有机物如分解完全，分解液呈蓝色或浅绿色。但含铁量多时，分解液呈较深绿色。

（7）蒸馏过程应注意接头处无松漏现象，蒸馏装置不得漏气。蒸馏完毕，先将蒸馏出口离开液面，继续蒸馏1min，将附着在尖端的吸收液完全洗入吸收瓶内，再将吸收瓶移开，最后关闭电源，绝不能先关闭电源，否则吸收液将发生倒吸。

(8) 硼酸吸收液的温度不应超过40℃，否则氨吸收减弱，造成损失，可置于冷水浴中。

(9) 混合指示剂在碱性溶液中呈绿色，在中性溶液中呈灰色，在酸性溶液中呈红色。

(二) 微量凯氏定氮法

1. 原理

同常量凯氏定氮法。

2. 试剂

(1) H_2SO_4 标准滴定溶液（0.0100mol/L）或 HCl 标准滴定溶液（0.0100mol/L）。

(2) 其它的同常量凯氏定氮法。

3. 仪器和设备

(1) 天平：感量为1mg。

(2) 全套微量凯氏定氮装置：如图3-7所示。

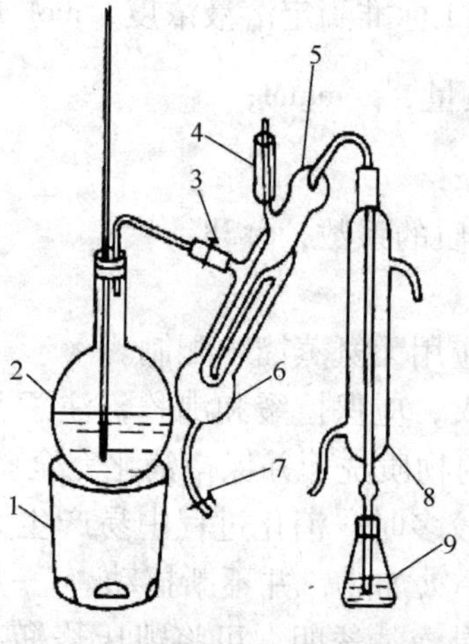

图3-7 微量定氮蒸馏装置

1—电炉 2—水蒸气发生器（2L烧瓶） 3—螺旋夹 4—小玻杯及棒状玻塞 5—反应室 6—反应室外层 7—橡皮管及螺旋夹 8—冷凝管 9—蒸馏液接收瓶

4. 分析步骤

(1) 试样处理 同常量凯氏定氮法［详见图3-6（1）］。待消化液冷却后，转入100mL容量瓶中，加蒸馏水至刻度，摇匀。

(2) 测定 按图3-7装好定氮蒸馏装置，向水蒸气发生器内装水至2/3处，加入数粒玻璃珠，加甲基红乙醇溶液数滴及数毫升硫酸，以保持水呈酸性，加热煮沸水蒸气发生器内的水并保持沸腾。

(3) 蒸馏 向接收瓶内加入10.0mL硼酸溶液及1~2滴混合指示液，并使冷凝管的下端插入液面下，根据试样中的氮含量，准确吸取2.0~10.0mL试样处理液由小玻璃杯注入反应室，以 10mL 水洗涤小玻璃杯并使之流入反应室内，随后塞紧棒状玻璃塞。将 10.0mL 氢氧化钠溶液倒入小玻璃杯，提起玻璃塞使其缓缓流入反应室，立即将玻璃塞盖紧，并加水于小玻璃杯以防漏气。夹紧螺旋夹，开始蒸馏。蒸馏 10min 后移动蒸馏液接收瓶，液面离开冷凝管下端，再蒸馏 1min。然后用少量水冲洗冷凝管下端外部，取下蒸馏液接收瓶。

（4）滴定　将洗净的滴定管用滴定管夹夹住固定于滴定架台上，装好已标定的盐酸或硫酸标准溶液后，滴定接收瓶的吸收液至溶液颜色由蓝绿色变为酒红色时为终点，记录消耗的标准溶液的浓度和体积。

（5）空白实验与重复操作　按分析步骤（3）用空白液代替样品溶液进行蒸馏，再滴定空白吸收液。重复样品溶液和空白液的测定操作，样品溶液和空白液所消耗用的标准酸体积都分别取其两次以上滴定体积的平均值。

（6）蒸馏瓶的洗涤　在进行样品溶液或空白溶液的重复测定操作之前，应先清洗装置的蒸馏系统。方法如下：蒸馏步骤（3）完毕后，将火源移去时，蒸馏瓶内的废液立即流到蒸馏瓶外侧夹层内，可由出水口经排水管排出。把装有蒸馏水的烧杯置于冷凝管下方，并将冷凝管下端出口插入水的液面以下，关闭进水口、出水口和进样口。加热夹层的水至沸腾大约 1min，移去火源，烧杯中的蒸馏水被吸入而流到蒸馏瓶内，再流至蒸馏瓶外侧夹层，由出水口经排水管排除。按此方法重复洗涤 2 ~3 次。

5. 结果计算

试样中蛋白质的含量按下式进行计算：

$$X = \frac{(V_1 - V_2) \times c \times 0.0140}{m \times V_3/100} \times F \times 100 \tag{3-14}$$

式中　X——试样中蛋白质的含量，g/100g；

V_1——试液消耗 H_2SO_4 或 HCl 标准滴定液的体积，mL；

V_2——试剂空白消耗 H_2SO_4 或 HCl 标准滴定液的体积，mL；

V_3——吸取消化液的体积，mL；

c——H_2SO_4 或 HCl 标准滴定溶液浓度，mol/L；

0.0140——$\frac{1}{2}N_2$ 的毫摩质量，g/mmol；

m——试样的质量，g；

F——氮换算为蛋白质的系数，6.38。

6. 说明及注意事项

（1）蒸馏前给水蒸气发生器内装满水至 2/3 体积处，加甲基橙指示剂数滴及硫酸数毫升以使其始终保持酸性，这样可以避免水中的氨被蒸出而影响测定结果。

（2）加碱应足量，操作应迅速；漏斗应采用水封措施，以免氨由此逸出损失。所用的试剂溶液应用无氨蒸馏水配制。

（3）在蒸馏时，蒸汽发生要均匀充足，蒸馏过程中不得停火断汽，否则将发生倒吸。

7. 精密度

在重复性条件下获得的两次独立测定结果的绝对差值不得超过算术平均值的10%。

五、乳糖、蔗糖及总糖的测定

乳糖是哺乳动物从乳腺中分泌的一种特有的化合物，在动、植物的组织中几乎不存在乳糖，其仅存在于乳中。牛乳的甜味主要来自乳糖，乳糖的甜度为蔗糖的1/6，在牛乳中的含量为3.6%～5.5%，平均为4.6%。

乳糖远较麦芽糖难溶于水，被酸所水解的作用也较蔗糖及麦芽糖稳定，一般在乳糖中加入2%的硫酸溶液加热7s，或在室温下加浓盐酸才能完全加水分解而成1分子的葡萄糖和1分子的半乳糖。与酸水解一样，在乳糖酶的作用下也可以将乳糖水解。

乳糖是人体非常有益的营养成分之一，它可以促进人体肠道内有益乳酸菌的生长，抑制肠道内异常发酵造成的中毒现象，可以促进机体对钙的吸收。

为了改善乳制品的风味，提高乳制品的甜度，在生产过程中往往添加蔗糖。蔗糖是不具有还原性的双糖，水解后生成一分子葡萄糖和一分子果糖，测定其含量对控制生产产品的质量、品质的监督有一定作用和意义。

（一）乳糖的测定（莱因－埃农氏法）

1. 原理

试样经除去蛋白质后，在加热条件下，以次甲基蓝为指示剂，直接滴定已标定过的费林试液，根据样液消耗的体积，计算乳糖含量。

2. 试剂和材料

除非另有规定，本方法所用试剂均为分析纯，水为GB/T 6682—2008规定的三级水。

（1）硫酸铜。

（2）浓硫酸。

（3）酒石酸钾钠。

（4）氢氧化钠。

（5）酚酞。

（6）乙醇。

（7）次甲基蓝。

（8）乙酸铅溶液（200g/L）：称取200g乙酸铅，溶于水并稀释至1000mL。

（9）草酸钾－磷酸氢二钠溶液：称取草酸钾30g，磷酸氢二钠70g，溶于水并稀释至1000mL。

（10）盐酸（1+1）：1体积盐酸与1体积的水混合。

（11）氢氧化钠溶液（300g/L）：称取300g氢氧化钠，溶于水并稀释至1000mL。

（12）费林氏液（甲液和乙液）

①甲液：称取34.639g硫酸铜，溶于水中，加入0.5mL浓硫酸，加水至500mL。

②乙液：称取173g酒石酸钾钠及50g氢氧化钠溶解于水中，稀释至500mL，静置2d后过滤。

（13）酚酞溶液（5g/L）：称取0.5g酚酞溶于100mL体积分数为95%的乙醇中。

（14）次甲基蓝溶液（10g/L）：称取1g次甲基蓝于100mL水中。

3. 仪器和设备

（1）天平：感量为0.1mg。

（2）水浴锅：温度可控制在（75±2）℃。

（3）250、100mL容量瓶。

（4）酸式滴定管。

4. 分析步骤

（1）费林试液的标定　称取预先在（94±2）℃烘箱中干燥2h的乳糖标准样约0.75g（精确到0.1mg），用水溶解并定容至250mL。将此乳糖溶液注入一个50mL滴定管中，待滴定。

预滴定：吸取10mL费林试液（甲、乙液各5mL）于250mL三角烧瓶中。加入20mL蒸馏水，放入几粒玻璃珠，从滴定管中放出15mL样液于三角瓶中，置于电炉上加热，使其在2min内沸腾，保持沸腾状态15s，加入3滴次甲基蓝溶液，继续滴入至溶液蓝色完全褪尽为止，读取所用乳糖液的体积。

精确滴定：另取10mL费林试液（甲、乙液各5mL）于250mL三角烧瓶中，再加入20mL蒸馏水，放入几粒玻璃珠，加入比预滴定量少0.5~1.0mL的乳糖液，置于电炉上，使其在2min内沸腾，维持沸腾状态2min，加入3滴次甲基蓝溶液，以1滴/2s的速度徐徐滴入，溶液蓝色完全褪尽即为终点，记录消耗的体积。

按式（3-15）、式（3-16）计算费林试液的乳糖校正值（f_1）：

$$m = \frac{V_1 \times m_1 \times 1000}{250} = 4 \times V_1 \times m_1 \tag{3-15}$$

$$f_1 = \frac{4 \times V_1 \times m_1}{AL_1} \tag{3-16}$$

式中　m——实测乳糖质量，mg；

V_1——滴定时消耗乳糖溶液的体积，mL；

m_1——称取乳糖的质量，g；

f_1——费林试液的乳糖校正值；

AL_1——由乳糖液滴定体积查表3-10所得的乳糖质量，mg。

（2）乳糖的测定

①试样处理：称取婴儿乳粉或脱脂粉2g，全脂加糖粉或全脂粉2.5g，乳清粉1g，精确到0.1mg，用100mL水分数次溶解并洗入250mL容量瓶中。

缓缓加入4mL乙酸铅溶液、4mL草酸钾－磷酸氢二钠溶液，并振荡容量瓶，用水稀释至刻度。静置数分钟，用干燥滤纸过滤，弃去最初25mL滤液后，所得滤液做滴定用。

②滴定：

预滴定：操作同乳糖标定的预滴定。

精确滴定：操作同乳糖标定的精确滴定。

5. 分析结果的表述

试样中乳糖的含量 X 按式（3－17）计算：

$$X = \frac{F_1 \times f_1 \times 0.25 \times 100}{V_1 \times m} \qquad (3-17)$$

式中 X——试样中乳糖的含量，g/100g；

F_1——由消耗样液的体积查表3－10所得乳糖质量，mg；

f_1——费林试液的乳糖校正值；

V_1——滴定消耗滤液量，mL；

m——试样的质量，g。

以重复性条件下获得的两次独立测定结果的算术平均值表示，结果保留三位有效数字。

表3－10　乳糖及转化糖因数表（10mL费林试液）

滴定量/mL	乳糖/mg	转化糖/mg	滴定量/mL	乳糖/mg	转化糖/mg
15	68.3	50.5	33	67.8	51.7
16	68.2	50.6	34	67.9	51.7
17	68.2	50.7	35	67.9	51.8
18	68.1	50.8	36	67.9	51.8
19	68.1	50.8	37	67.9	51.9
20	68.0	50.9	38	67.9	51.9
21	68.0	51.0	39	67.9	52.0
22	68.0	51.0	40	67.9	52.0
23	67.9	51.1	41	68.0	52.1
24	67.9	51.2	42	68.0	52.1
25	67.9	51.2	43	68.0	52.2
26	67.9	51.3	44	68.0	52.2
27	67.8	51.4	45	68.1	52.3
28	67.8	51.4	46	68.1	52.3
29	67.8	51.5	47	68.2	52.4
30	67.8	51.5	48	68.2	52.4
31	67.8	51.6	49	68.2	52.5
32	67.8	51.6	50	68.3	52.5

注："因数"系指与滴定量相对应的数目，可自表3－10中查得。若蔗糖含量与乳糖含量的比超过3:1时，则在滴定量中加表3－11中的校正值后计算。

表 3－11　乳糖滴定量校正值数

滴定终点时所用的糖液量 /mL	用 10mL 费林试液、蔗糖及乳糖量的比	
	3∶1	6∶1
15	0.15	0.30
20	0.25	0.50
25	0.30	0.60
30	0.35	0.70
35	0.40	0.80
40	0.45	0.90
45	0.50	0.95
50	0.55	1.05

（二）蔗糖的测定（莱因－埃农氏法）

1. 原理

试样经除去蛋白质后，其中蔗糖经盐酸水解为还原糖，再按还原糖测定。水解前后的差值乘以相应的系数即为蔗糖含量。

2. 试剂和材料

除非另有规定，本办法所用试剂均为分析纯，水为 GB/T 6682—2008 规定的三级水。

（1）乙酸锌。

（2）草酸钾。

（3）磷酸氢二钠。

（4）盐酸。

（5）硫酸铜。

（6）浓硫酸。

（7）酒石酸钾钠。

（8）氢氧化钠。

（9）酚酞。

（10）乙醇。

（11）次甲基蓝。

（12）乙酸锌溶液（200g/L）：称取 21.9g 乙酸锌加 2mL 冰醋酸，溶于水并稀释至 100mL。

（13）草酸钾－磷酸氢二钠溶液：称取草酸钾 30g，磷酸氢二钠 70g，溶于水并稀释至 1000mL。

（14）盐酸（1＋1）：1 体积盐酸与 1 体积的水混合。

（15）氢氧化钠溶液（200g/L）：称取 200g 氢氧化钠，溶于水并稀释至 1000mL。

（16）费林试液（甲液和乙液）

①甲液：称取34.639g硫酸铜，溶于水中，加入0.5mL浓硫酸，加水至500mL。

②乙液：称取173g酒石酸钾钠及50g氢氧化钠溶解于水中，稀释至500mL，静置2d后过滤。

（17）酚酞溶液（5g/L）：称取0.5g酚酞溶于100mL体积分数为95%的乙醇中。

（18）次甲基蓝溶液（10g/L）：称取1g次甲基蓝于100mL水中。

（19）1g/L的甲基红指示剂：称取0.1g甲基红，用60%（体积分数）的乙醇溶解并定容至100mL。

3. 分析步骤

（1）费林试液的标定

①称取在（105±2）℃烘箱中干燥2h的蔗糖约0.2g（精确到0.1mg），用50mL水溶解并洗入100mL容量瓶中，加水10mL，再加入10mL盐酸，置于75℃水浴锅中，时时摇动，使溶液温度在67.0~69.5℃，保温5min，冷却后，加2滴酚酞溶液，用氢氧化钠溶液调至微粉色，用水定容至刻度。再按乳糖预滴定和精确滴定操作。

②按式（3-18）和式（3-19）计算费林试液的蔗糖校正值（f_2）：

$$A_1 = \frac{V_2 \times m_2 \times 1000}{100 \times 0.95} = 10.5263 \times V_2 \times m_2 \tag{3-18}$$

$$f_2 = \frac{10.5263 \times V_2 \times m_2}{AL_2} \tag{3-19}$$

式中 A_1——实测转化糖数，mg；

V_2——滴定时消耗蔗糖溶液的体积，mL；

m_2——称取蔗糖的质量，g；

0.95——果糖分子质量和葡萄糖分子质量之和与蔗糖分子质量的比值；

f_2——费林试液的蔗糖校正值；

AL_2——由蔗糖溶液滴定的体积查表3-10所得的转化糖数，mg。

（2）蔗糖的测定

利用测定乳糖时的滴定量，按式（3-20）计算出相对应的转化前转化糖数X_1：

$$X_1 = \frac{F_2 \times f_2 \times 0.25 \times 100}{V_1 \times m} \tag{3-20}$$

式中 X_1——转化前转化糖的质量分数，%；

F_2——由测定乳糖时消耗样液的体积查表3-10所得转化糖数，mg；

f_2——费林试液蔗糖校正值；

V_1——滴定消耗滤液量，mL；

m——样品的质量，g。

用测定蔗糖时的滴定量，按式（3-21）计算出相对应的转化后转化糖X_2：

$$X_2 = \frac{F_3 \times f_2 \times 0.5 \times 100}{V_2 \times m} \quad (3-21)$$

式中 X_2——转化后转化糖的质量分数，%；

F_3——由 V_2 查得转化糖数，mg；

f_2——费林试液蔗糖校正值；

m——样品的质量，g；

V_2——滴定消耗的转化液量，mL。

试样中蔗糖的含量 X 按式（3-22）计算：

$$X = (X_2 - X_1) \times 0.95 \quad (3-22)$$

式中 X——试样中蔗糖的含量，g/100g；

X_1——转化前转化糖的含量，g/100g；

X_2——转化后转化糖的含量，g/100g。

以重复性条件下获得的两次独立测定结果的算术平均值表示，结果保留三位有效数字。

（3）若试样中蔗糖与乳糖之比超过3∶1时，则计算乳糖时应在滴定量中加上表3-11中的校正值数后再查表3-10。

4. 精密度

在重复性条件下获得的两次独立测定结果的绝对差值不得超过算术平均值的1.5%。

（三）总糖的测定

乳品中总糖通常是指具有还原性的糖（葡萄糖、果糖、乳糖等）和在测定条件下能水解为还原性单糖的蔗糖的总量。总糖是许多乳制品的重要质量指标，是食品生产中常规的分析项目，总糖含量直接影响食品的质量和成本，在乳制品分析中测定总糖的含量具有十分重要的意义。

总糖的测定公式：总糖 = 蔗糖 + 乳糖。

允许误差如下：

（1）重复性　由同一个分析人员在短时间间隔内测定的两个结果之间的差值，不应超过结果平均值的1.5%。

（2）重现性　由不同实验室的两个分析人员对同一样品测得的结果之差，不应超过结果平均值的2.5%。

六、乳粉溶解性的测定

乳粉是指呈干燥状态的乳制品，乳粉的溶解度和冲调性是乳粉重要的质量指标。溶解度是表示乳粉的最终溶解程度，溶解性的好坏将影响其商业价值。原料乳的质量、加工方法、操作条件、成品含水量、成品乳中的乳蛋白的状态、成品的粒度、成品包装情况及成品贮存条件都会成为影响乳粉溶解度的因素。

如果使用酸度过高和乳蛋白质不稳定的异常乳加工乳粉，则会影响乳粉的溶解度。在乳的热处理时，如乳的温度过高、时间过长则会导致乳蛋白质变性，也会影响溶解度。原料乳中的脂肪含量也会影响乳粉的溶解性。

含水量3%左右的乳粉，保存一年以上仍具有良好的溶解度，如果乳粉中水分含量高，就会影响溶解度，这是由于蛋白质胶体状态的改变导致溶解能力迅速降低造成的。

在乳粉生产中，由于喷雾干燥方法的不同，其产品的颗粒的大小也不一致，而颗粒的大小是影响乳粉溶解度的重要因素。

乳粉的溶解度是指每100g样品经规定的溶解过程后，全部溶解的质量。测定方法如下。

1. 原理

样品按照规定的方法溶解后，称取不溶物的质量，换算成可溶解的质量。

2. 仪器和设备

（1）离心管：50mL，厚壁、硬质。

（2）烧杯：50mL。

（3）离心机：转速1000r/min。

（4）称量皿：直径50～70mm的铝皿或玻璃皿。

3. 分析步骤

（1）称取样品5g（准确至0.01g）于50mL烧杯中，用38mL25～30℃的水分数次将乳粉溶解于50mL离心管中，加塞。

（2）将离心管置于30℃水中保温5min，取出，振摇3min。

（3）置离心机中，以适当的转速离心10min，使不溶物沉淀。倾去上清液，并用棉栓擦净管壁。

（4）再加入25～30℃的水38mL，加塞，上、下摇动，使沉淀悬浮。

（5）再置离心机中离心10min，倾去上清液，用棉栓仔细擦净管壁。

（6）用少量水将沉淀冲洗入已知质量的称量皿中，先在沸水浴上将皿中水分蒸干，再移入100℃烘箱中干燥至恒重（最后两次质量差不超过2mg）。

4. 结果计算

样品溶解度按式（3－23）计算：

$$X = 100 - \frac{(m_2 - m_1) \times 100}{(1 - B) \times m} \tag{3-23}$$

式中 X——样品的溶解度，g/100g；

m——样品的质量，g；

m_1——称量皿质量，g；

m_2——称量皿和不溶物干燥后质量，g；

B——样品水分，g/100g；

注：加蔗糖计算时要扣除加糖量。溶解度按式（3－24）计算：

$$X = 100 - \frac{(m_2 - m_1) \times 100}{(1 - B - m_3) \times m} \tag{3-24}$$

式中 m_3——样品中蔗糖含量。

5. 注意事项

（1）最后两次质量之差不超过2mg。

（2）离心管管壁要擦净。

（3）倾去上清液时要小心，不得倒掉不溶物沉淀。

（4）在重复性条件下获得的两次独立测定结果的绝对差值不得超过算术平均值的2%。

七、乳制品酸度测定

乳在微生物的作用下乳糖发酵产生乳酸，导致乳制品的酸度逐渐升高。这种由于发酵产酸而升高的这部分酸度称为发酵酸度。固有酸度和发酵酸度之和称为总酸度。一般条件下，乳品工业所测定的酸度就是总酸度。乳品工业中酸度是指以标准碱液用滴定法测定的滴定酸度。

乳制品的酸度可以用吉尔涅尔度、乳酸度、pH来表示。酸度测定中的第一法适用于乳粉酸度的测定；第二法适用于巴氏杀菌乳、灭菌乳、生乳、发酵乳、炼乳、奶油及干酪素酸度的测定。常用的方法有酸碱滴定法、pH计法。

（一）乳粉中酸度的测定

1. 原理

中和100mL干物质为12%的复原乳至pH为8.3所消耗的0.1mol/L NaOH的体积，经计算确定其酸度。

2. 试剂和材料

除非另有规定，本方法所用试剂均为分析纯，水为GB/T 6682规定的三级水。

（1）0.1000mol/L NaOH标准溶液。

（2）氮气。

3. 仪器和设备

（1）天平：感量为1mg。

（2）滴定管：分刻度为0.1mL，可准确至0.05mL。

（3）pH计：带玻璃电极和适当的参比电极。

（4）磁力搅拌器。

4. 分析步骤

（1）试样的制备　将样品全部移入到约2倍于样品体积的洁净干燥容器中（带密封盖），立即盖紧容器，反复旋转振荡，使样品彻底混合。在此操作过程中，应尽量避免样品暴露在空气中。

（2）测定

①称取4g样品（精确到0.01g）于锥形瓶中。用量筒量取96mL约20℃的水，使样品复原，搅拌，然后静置20min。

②用滴定管向锥形瓶中滴加氢氧化钠标准溶液，直到pH达到8.3。滴定过程中，始终用磁力搅拌器进行搅拌，同时向锥形瓶中吹氮气，防止溶液吸收空气中的二氧化碳。整个滴定过程应在1min内完成。

5. 结果计算

记录所用氢氧化钠溶液的体积，精确至0.05mL，代入公式（3-25）计算：

$$X_1 = \frac{c_1 \times V_1 \times 12}{m_1 \times (1-w) \times 0.1} \tag{3-25}$$

式中 X_1——试样的酸度，°T；

c_1——氢氧化钠标准溶液的浓度，mol/L；

V_1——滴定时所用氢氧化钠溶液的体积，mL；

m_1——称取样品的质量，g；

w——试样中水分的质量分数，g/100g；

12——12g乳粉相当100mL复原乳（脱脂乳粉应为9，脱脂乳清粉应为7）；

0.1——酸度理论定义氢氧化钠的摩尔浓度，mol/L。

以重复性条件下获得的两次独立测定结果的算术平均值表示，结果保留三位有效数字。

6. 说明与注意事项

（1）若以乳酸含量表示样品的酸度，那么样品的乳酸含量（g/100g）$=T\times 0.009$。T为样品的滴定酸度（0.009为乳酸的换算系数，即1mL0.1mol/L的氢氧化钠标准溶液相当于0.009g乳酸）。

（2）在重复性条件下获得的两次独立测定结果的绝对差值不得超过1.0°T。

（二）乳及其它乳制品中酸度的测定

1. 原理

以酚酞为指示液，用0.1000mol/L NaOH标准溶液滴定100g试样至终点所消耗的氢氧化钠溶液体积，经计算确定试样的酸度。

2. 试剂和材料

除非另有规定，本方法所用试剂均为分析纯或以上规格，水为GB/T6682规定的三级水。

（1）中性乙醇-乙醚混合液：取等体积的乙醇、乙醚混合后加3滴酚酞指示液，以氢氧化钠溶液（4g/L）滴至微红色。

（2）氢氧化钠标准溶液：0.1000mol/L。

（3）酚酞指示液：称取0.5g酚酞溶于75mL体积分数为95%的乙醇中，并加入20mL水，然后滴加氢氧化钠溶液至微粉色，再加水定容至100mL。

3. 仪器和设备

（1）天平：感量为1mg。

（2）电位滴定仪。

（3）滴定管：分刻度为0.1mL。

（4）水浴锅。

4. 分析步骤

（1）巴氏杀菌乳、灭菌乳、发酵乳 称取10g（精确到0.001g）已混匀的试样，置于150mL锥形瓶中，加20mL新煮沸冷却至室温的水，混匀，用氢氧化钠标准溶液电位滴定至pH8.3为终点；或于溶解混匀后的试样中加入2.0mL酚酞指示液，混匀后用氢氧化钠标准溶液滴定至微红色，并在30s内不褪色，记录消耗的氢氧化钠标准滴定溶液体积，代入式（3-26）中进行计算。

（2）奶油 称取10g（精确到0.001g）已混匀的试样，加30mL中性乙醇-乙醚混合液，混匀，以下按（1）中“用氢氧化钠标准溶液电位滴定至pH8.3为终点……”操作。

（3）干酪素 称取5g（精确到0.001g）经研磨混匀的试样于三角瓶中，加入50mL水，于室温下（18~20℃）放置4~5h，或在水浴锅中加热到45℃并在此温度下保持30min，再加50mL水，混匀后，通过干燥的滤纸过滤。吸取滤液50mL于三角瓶中，用氢氧化钠标准溶液电位滴定至pH8.3为终点；或于上述50mL滤液中加入2.0mL酚酞指示液，混匀后用氢氧化钠标准溶液滴定至微红色，并在30s内不褪色，将消耗的氢氧化钠标准溶液体积代入公式（3-26）中进行计算。

（4）炼乳 称取10g（精确到0.001g）已混匀的试样，置于250mL锥形瓶中，加60mL新煮沸冷却至室温的水溶解，混匀，以下按（1）“用氢氧化钠标准溶液电位滴定至pH8.3为终点……”操作。

5. 结果计算

试样中的酸度数值以（°T）表示，按下式计算：

$$X_2 = \frac{c_2 \times V_2 \times 100}{m_2 \times 0.1} \tag{3-26}$$

式中 X_2——试样的酸度，°T；

c_2——NaOH标准溶液的浓度，mol/L；

V_2——滴定时消耗NaOH标准溶液体积，mL；

m_2——试样的质量，g；

0.1——酸度理论定义氢氧化钠的浓度，mol/L。

在重复性条件下获得的两次独立测定结果的算术平均值表示，结果保留三位有效数字。

$$X_3 = \frac{c_3 \times V_2 \times 100 \times 2}{m_3 \times 0.1} \tag{3-27}$$

式中 X_3——试样的酸度，°T；

c_3——NaOH 标准溶液的浓度，mol/L；

V_3——滴定时消耗 NaOH 标准溶液体积，mL；

m_3——试样的质量，g；

0.1——酸度理论定义 NaOH 的浓度，mol/L；

2——试样的稀释倍数。

6. 说明与注意事项

在重复性条件下获得的两次独立测定结果的绝对差值不得超过 1.0°T。

八、杂质度的测定

乳制品的杂质度是其重要理化指标之一，杂质度的高低直接影响着乳与乳制品质量的好坏。原料乳在运输、贮存和加工过程中，有时会由于外界因素和加工工艺不当而混入杂质，这些杂质可能人的肉眼看不出来，但却对感官、溶解度等指标有着重要的作用，因此，对杂质度的检验是乳制品不可缺水的指标之一。

杂质度是根据规定方法测定的 500mL 液体乳样品或 62.5g 乳粉样品中，不溶于 60℃热水残留于过滤板上的可见带色杂质的量。

1. 原理

牛乳或乳粉因挤奶及生产运输过程中夹杂的杂质，测定时需要一定量样品在一定的温度下溶解后，试样经过滤板过滤、冲洗，根据残留于过滤板上的可见带色杂质的数量确定杂质量。

2. 仪器和设备

（1）过滤设备　杂质度过滤机或配有可安放过滤板漏斗的 2000 ~ 2500mL 抽滤瓶。

（2）过滤板　直径 32mm，单位面积质量为 135g/m²，符合标准的要求，过滤时通过面积的直径为 28.6mm。

（3）杂质度标准板。

（4）杂质度标准板的制备　使焦粉、灰土、牛粪、木炭通过一定的筛子，然后在 100℃烘箱中烘干，并按下列比例配合混匀。

焦粉占 40%，其中：通过 20 目筛而不通过 40 目筛的占 10%；通过 40 目筛而不通过 60 目筛的占 30%。

灰土占 30%，可通过 40 目筛。

牛粪占 20%，其中：可通过 20 目筛而不通过 40 目筛的占 2%；可通过 40 目筛而不通过 60 目筛的占 8%；可通过 60 目筛而不通过 80 目筛的占 10%。

木炭占 10%，其中：可通过 20 目筛而不通过 40 目筛的占 4%；可通过 40 目筛而不通过 60 目筛的占 6%。

将已准备好的各种杂质混匀（总量以 50g 为宜），从中准确称取 1.000g，直接倒入 500mL 容量瓶中，加蒸馏水 2mL 和体积分数为 0.75% 经过过滤的阿拉伯胶液 23mL，再以质量分数为 50% 的经过过滤的蔗糖液加至刻度并混匀，此液杂质浓度为2mg/mL。

取浓度为2mg/mL的杂质液10mL，以500g/L过滤的蔗糖液稀释至100mL，则此液杂质的浓度为0.2mg/mL。

取浓度为0.2mg/mL的杂质液10mL，以500g/L过滤的蔗糖液稀释至100mL，则此液杂质的浓度为0.02mg/mL。

以500mL牛乳或62.5g乳粉为取样量，按表3-12制备各标准杂质板。

表3-12 各标准杂质板的制备比例

标准板号	杂质相对质量浓度		杂质绝对含量/mg	量取混合杂质液的数量/mL
	500mL牛乳/mg/L	62.5g乳粉/mg/kg		
1	0.25	2	0.125	6.25
2	0.75	6	0.375	18.75
3	1.50	12	0.750	3.75
4	2.0	16	1.000	5.00

（5）天平：感量为0.1g。

3. 分析步骤

液体乳样量取500mL；乳粉样称取62.5g（精确至0.1g），用8倍水充分调和溶解，加热至60℃；炼乳样称取125g（精确至0.1g），用4倍水溶解，加热至60℃，于过滤板上过滤，为使过滤迅速，可用真空泵抽滤，用水冲洗过滤板，取下过滤板，置烘箱中烘干，将其上杂质与标准杂质板比较即得杂质度。

当过滤板上杂质的含量介于两个级别之间时，判定为杂质含量较多的级别。

4. 结果计算

与杂质度标准比较得出的过滤板上的杂质量，即为该样品的杂质度。

5. 精密度

按本标准所述方法对同一样品所做的两次重复测定，其结果应一致，否则应重复再测定两次。

任务一 全脂乳粉中水分的测定

【学习目标】

1. 学会乳制品中水分检验的基本知识及检验原理。

2. 学会常压干燥法测定水分的原理及操作要点。

【技能目标】

1. 熟练掌握恒温干燥箱的使用、分析天平使用方法恒重等基本操作技能。
2. 掌握常压干燥法测定全脂乳粉中水分的方法和操作技能。
3. 掌握根据检验结果判别食品质量的技能。

【任务实施】

全脂乳粉中水分的测定。

【操作内容】

详见本项目中水分测定中直接干燥法中固体试样的测定。

【结果处理】

1. 实验记录

称量瓶的质量/g	称量瓶加奶粉的质量/g	称量瓶加奶粉干燥后的质量/g

2. 结果计算

见本项目中水分测定的计算公式（3－8）。

【注意事项】

1. 恒重是指两次烘烤称量的质量之差不超过规定质量，不超过2mg。
2. 本法测定的水分包括微量的醇、有机酸、芳香油等挥发性物质。

任务二　婴儿配方乳粉中灰分的测定

【学习目标】

1. 学会和了解直接灰化法测定灰分的原理及操作要点。
2. 学会婴儿配方乳粉灰分的测定方法和注意事项。

【技能目标】

1. 进一步熟练掌握高温电炉的使用方法。
2. 掌握坩埚的处理、样品的炭化、灰化、恒重等基本操作技能。
3. 掌握婴儿配方乳粉中灰分的测定的操作技能。

【任务实施】

婴儿配方乳粉中灰分的测定。

【原理】

一定质量的食品经灼烧后所残留的无机物质称为样品的灰分。灰分数值系用灼烧、称重后计算得出。

【操作内容】

详见本项目中婴儿配方乳粉中灰分的测定。

【结果处理】

1. 数据记录

坩埚质量/g	坩埚加样品的质量/g	氧化镁的质量	称量瓶加奶粉干燥后的质量/g

2. 结果计算

见本项目中婴儿配方乳粉中灰分测定的计算公式（3－12）。

任务三 巴氏消毒乳中蛋白质含量的测定

【学习目标】

1. 掌握乳制品蛋白质检测的原理和方法。
2. 掌握乳制品蛋白质检测的注意事项。

【技能目标】

1. 熟练掌握测定蛋白质含量的操作技能。
2. 根据检测结果的分析与判断，能够解决检测中出现的问题并提出解决的方案。

【任务实施】

巴氏消毒乳中蛋白质含量的测定。

【原理】

牛乳中的蛋白质在催化加热条件下被分解，产生的氨与硫酸结合生成硫酸铵。然后碱化蒸馏使氨游离，用硼酸吸收后，再用硫酸或盐酸标准滴定溶液滴定，根据酸的消耗量得到样品中的氮的含量，乘以换算系数，即为蛋白质的含量。

【操作内容】

详见本项目中蛋白质测定的微量凯氏定氮法。

【结果处理】

1. 数据记录

试样质量/g	吸取消化液的体积/mL	试液消耗盐酸标准液的体积/mL	试剂空白消耗盐酸标准液的体积/mL

2. 试样中蛋白质的含量按下式进行计算：

见本项目中蛋白质测定的微量凯氏定氮法计算公式（3－14）。

任务四　全脂加糖乳粉中蔗糖的测定

【学习目标】

1. 掌握全脂加糖乳粉中蔗糖检测的原理和方法。

2. 掌握全脂加糖乳粉中蔗糖检测的注意事项。

【技能目标】

1. 熟练掌握测定乳粉中蔗糖含量的操作技能。

2. 根据检测结果的分析与判断，能够解决检测中出现的问题并提出解决的方案。

【任务实施】

全脂加糖乳粉中蔗糖含量的测定。

【原理】

试样中的乳糖、蔗糖经提取后，利用高效液相色谱柱分离，用示差折光检测器或蒸发光散射检测器检测，外标法进行定量。

【操作内容】

1. 试剂和材料

除非另有规定，本方法所用试剂均为分析纯，水为 GB/T 6682—2008 规定的一级水。

（1）乙腈：色谱纯。

（2）乳糖标准贮备液（20mg/mL）：称取在（94±2）℃烘箱中干燥 2h 的乳糖

标样2g（精确至0.1mg），溶于水中，用水稀释至100mL容量瓶中。放置4℃冰箱中。

（3）乳糖标准工作液：分别吸取乳糖标准贮备液0、1、2、3、4和5mL于10mL容量瓶中，用乙腈定容至刻度。配成乳糖标准系列工作液，浓度分别为0、2、4、6、8和10mg/mL。

（4）蔗糖标准溶液（10mg/mL）：称取在（105±2）℃烘箱中干燥2h的蔗糖标样1g（精确到0.1mg），溶于水中，用水稀释至100mL容量瓶中。放置4℃冰箱中。

（5）蔗糖标准工作液：分别吸取蔗糖标准溶液0、1、2、3、4和5mL于10mL容量瓶中，用乙腈定容至刻度。配成蔗糖标准系列工作液，浓度分别为0、1、2、3、4和5mg/mL。

2. 仪器和设备

（1）天平：感量0.1mg。

（2）高效液相色谱仪，带示差折光检测器或蒸发光散射检测器。

（3）超声波振荡器。

【操作过程】

1. 试样处理

称取固态试样1g（精确到0.1mg）于50mL容量瓶中，加15mL 50~60℃水溶解，于超声波振荡器中振荡10min，用乙腈定容至刻度，静置数分钟，过滤。取5.0mL过滤液于10mL容量瓶中，用乙腈定容，通过0.45μm滤膜过滤，滤液供色谱分析。可根据具体试样进行稀释。

2. 测定

（1）参考色谱条件

色谱柱：氨基柱4.6mm×250mm，5μm，或具有同等性能的色谱柱；

流动相：乙腈∶水=70∶30；

流速：1mL/min；

柱温：35℃；

进样量：10μL；

示差折光检测器条件：温度33~37℃；

蒸发光散射检测器条件：飘移管温度：85~90℃；

气流量：2.5L/min；

撞击器：关。

（2）标准曲线的制作　将标准系列工作液分别注入高效液相色谱仪中，测定相应的峰面积或峰高，以峰面积或峰高为纵坐标，以标准工作液的浓度为横坐标绘制标准曲线。

（3）试样溶液的测定　将试样溶液（试样处理液）注入高效液相色谱仪中，

测定峰面积或峰高，从标准曲线中查得试样溶液中糖的浓度。

【结果处理】

1. 分析结果的表述

试样中糖的含量按下式计算：

$$X = \frac{c \times V \times 100 \times n}{m \times 1000}$$

式中 X——试样中糖的含量，g/100g；

c——样液中糖的浓度，mg/mL；

V——试样定容体积，mL；

n——样液稀释倍数；

m——试样的质量，g。

2. 注意事项与说明

（1）以重复性条件下获得的两次独立测定结果的算术平均值表示，结果保留三位有效数字。

（2）在重复条件下获得的两次独立测定结果的绝对差值不得超过算术平均值的5%。

【小结】

通过本项目学习，学生掌握乳与乳制品水分、灰分、蛋白质、脂肪、碳水化合物、酸度、杂质度等检验的原理和方法，通过任务进一步掌握各种理化指标的检验操作技能，同时培养学生对检验结果的分析和判断能力。

【知识考核】

一、填空题

1. 乳制品中水分测定的方法有＿＿＿＿＿、＿＿＿＿＿、＿＿＿＿＿。

2. 在婴儿乳粉测定中灰化的温度为＿＿＿＿＿℃。

3. 在灰分测定中，新买的瓷坩埚处理：用1:4的盐酸煮1～2h，洗净晾干后，用三氯化铁与蓝墨水的等体积混合液在坩埚外壁及盖上编号，置于＿＿＿＿＿的高温炉中灼烧＿＿＿＿＿h。

4. 在乳制品蛋白质测定中，试样处理过程是在取完样品后，移入干燥、合适的定氮瓶中，加入一定量的硫酸铜、硫酸钾及硫酸，轻摇后于瓶口放一小漏斗，将瓶以＿＿＿＿＿角斜支于有小孔的石棉网上，小心加热。

5. 在蛋白质测定中，接收瓶内吸收液是＿＿＿＿＿溶液和＿＿＿＿＿。

6. 蛋白质测定中用的蒸馏水是＿＿＿＿＿蒸馏水。

7. 蛋白质测定中，蒸馏完毕，先将蒸馏出口离开液面，继续蒸馏＿＿＿＿＿

min，将附着在尖端的吸收液完全洗入吸收瓶内，再将吸收瓶移开。

8. 蛋白质测定中，硼酸吸收液的温度不应超过__________，否则氨吸收减弱，造成损失，可置于冷水浴中。

二、简答题

1. 乳制品中乳糖测定中为什么要进行预滴定?

2. 测定乳制品中蔗糖含量时，为什么要进行水解？如何进行?

3. 谈谈凯氏定氮法的原理，在消化过程中加入硫酸铜试剂有哪些作用?

4. 乳脂肪测定时样品处理应注意些什么问题？测定脂肪的意义？测定乳脂肪的方法有哪些?

模块四
乳与乳制品的微生物检测

项目一 微生物的检测

【知识目标】

1. 了解乳与乳制品中微生物的种类及特征。
2. 掌握乳与乳制品中微生物检验的方法及过程。

【技能目标】

1. 掌握乳与乳制品中微生物检验的基本知识。
2. 掌握乳与乳制品中微生物的检验方法。

【知识必备】

一、概　　述

（一）乳与乳制品微生物检测的意义

乳是人们最好的营养食品，同时也是微生物最好的培养基。在乳与乳制品的生产过程中，要严加控制微生物污染和繁殖。常见的微生物有细菌、酵母菌和霉菌，这些微生物一般可以分为三类：一是病原微生物，它不改变乳与乳制品的性质，但对人畜健康有害，可以通过乳散播人畜的各类流行病，如溶血性链球菌、乳房炎链球菌以及沙门菌、痢疾杆菌等；二是有害微生物，这些微生物可以引起乳与乳制品的腐败变质，例如低温细菌、产酸菌、大肠杆菌等；三是乳品生产中的有益微生物，它们可以使我们得到所希望的乳制品，如乳酸菌在干酪、酸性奶油及酸乳制品方面起了重要作用。因此，我们必须了解乳中微生物的种类和特征，以便防止致病微生物和有害微生物侵入乳与乳制品中，而利用有益微生物生产各种发酵乳制品。但即使是有益微生物，也能使乳发生酸败，不利于乳品加工，故除了生产某些乳制品时利用其特性外，应尽可能地防止其侵入乳中。

食品微生物检测是食品要点监测必不可少的重要组成部分，其检测的意义在于：①它是衡量食品卫生质量的重要指标之一，也是判定被检食品能否食用的科学依据之一；②通过食品微生物检测，可以判断食品加工环境及食品卫生环境，能够对食品被细菌污染的程度做出正确的评价，为各项卫生管理工作提供科学依据，提供传染病和食物中毒的防治措施；③食品微生物检测坚持贯彻“预防为主”的卫生方针，可以有效地防止或者减少食物中毒人畜共患病的发生，保障人们的身体健康；同时，它对提高产品质量、避免经济损失、保证出口等方面具有政治上和经济上的重要意义。

（二）乳中微生物的种类

1. 生鲜牛乳中的微生物

（1）生鲜牛乳中微生物的来源　生鲜牛乳中微生物含量随季节、牧场环境、乳牛个体等因素发生较大变化，它们主要来源于以下途径。

①牛体污染。

a. 挤奶环境：环境清洁与否对减少牛乳细菌污染非常重要，这些污染因素包括牛舍空气、垫草、尘埃及牛体本身排泄物等，这里都含有大量的细菌。

b. 尘埃和牛粪：不洁的牛体附着的尘埃每克含菌量可达到几亿到几十亿，挤奶时它们极易散落到牛乳中，污染牛乳。这些污染细菌多数属于带芽孢的杆菌和大肠菌群等。

c. 清洁程度：为了提高牛乳的卫生质量，挤乳时不论是在牛舍或特设的挤奶台，都要用温水彻底清洗乳房。乳房清洗程度对生鲜牛乳细菌数的影响见表4－1。

表4－1　乳房清洗程度对牛乳中细菌数的影响

乳房清洗程度	乳中细菌数/（个/mL）
乳房及腹部未清洗	7058
乳房及腹部已清洗	718

d. 乳房的污染：许多细菌通过乳头管移行至乳池下部，这些细菌从乳头端部

侵入乳房由于细菌本身的繁殖和乳房的机械运动而达到乳房内部。尽管如此，奶牛的乳房内牛乳的含菌量还是比较少的，一般平均不过200～600个/mL，第一股乳流中微生物的数量最多，挤奶时必须单独处理。在正常情况下，随着挤奶的进行，乳中细菌含量逐渐减少，挤奶到最后阶段只有40个/mL左右。

正常存在于乳房中的微生物，主要是一些无害的球菌；当乳汁刚从健康畜体内挤出时，其所含的细菌数并不多，每毫升在几个到几千个之间。细菌的种类也不复杂，只有在管理不良、污染严重或当乳房呈现病理状态时，乳中的细菌含量及种类才会大大增加，甚至有病原菌存在。

②外界污染。

a. 空气质量：一般挤乳过程中，鲜乳经常暴露在空气中，因此细菌污染的机会很多。据测定，牛舍中空气细菌含量通常是50～100个/mL，当牛舍中尘埃较多时，最高含菌量可达1000个/mL，其中以芽孢杆菌和球菌属居多，此外也含有大量的霉菌和酵母菌。

b. 挤奶用具：挤奶时所用的桶、挤奶机、过滤布、洗乳房用布和盛乳容器等，如不事先进行彻底清洗消毒，则通过这些用具也使鲜乳受到污染。据调查，只用清水清洗过的乳桶装乳，鲜乳每毫升含菌量可达250多万个；而使用前用蒸汽消毒过的奶桶装乳，鲜乳含菌量只有23253个/mL。

c. 饲料及褥草的污染：乳被饲料中的细菌污染，主要是在挤奶前分发干草时，附着在干草上的细菌（主要是芽孢杆菌，如酪酸芽孢杆菌、枯草杆菌等）随同灰尘、草屑等飞散在厩舍的空气中，既污染了牛体，又污染了所有用具，或挤奶时直接落入奶桶，造成乳的污染。此外，往厩舍内搬入褥单时，特别是灰尘多的碎褥单，舍内空气可被大量的细菌所污染，因此成为乳被细菌污染的来源。混有粪便的褥单，往往污染乳牛的皮肤和皮毛，从而造成乳的污染。

d. 其它外界污染：操作工人的手和衣服不清洁，或者混入苍蝇及其它昆虫等，都是污染的来源，特别是夏秋季节，由于苍蝇常在垃圾或粪便上停留，所以每个苍蝇的体表可存在几百万甚至几亿个细菌。其中包括各种致病菌，当其落入乳中时就可把细菌带入乳中造成污染。还须注意勿使污水溅入桶内，并防止其它直接或间接的原因从桶口侵入微生物。

③疾病。

a. 乳房炎：乳房炎是乳牛常见的疾病，通常是由于感染了病原微生物引起的，患病后牛乳的微生物含量明显增加。

b. 其它乳畜病：当乳畜患有结核病、布鲁氏杆菌病、炭疽、口蹄疫、李氏杆菌病、伪结核、胎儿弯曲杆菌病等传染病时，其乳常成为人类疾病的传染来源。来自乳房炎、副伤寒患畜的乳，可能引起人的食物中毒，因此，对乳畜的健康状况必须严格监督，定期检查。

（2）生鲜牛乳在贮存过程中微生物的变化　牛乳是微生物的最好培养基，通常情况下，微生物会从牛体（挤乳环境、牛粪、乳房等）、空气、盛乳容器、饲料等处进入牛乳中，由于牛乳的营养非常丰富，又含有大量的水分，特别适合微生物的需要，所以牛乳被微生物污染后不及时处理，微生物会大量的繁殖，轻则使牛乳腐败变质，重则造成严重疾病，危害身体健康。此外，乳制品的质量主要取决于原料乳的好坏，鲜乳阶段尤其需要注意微生物的变化情况，以防鲜乳变质。

①牛乳在室温下贮存时微生物的变化：新鲜牛乳在杀菌前都有一定数量、不同种类的微生物存在，如果放置在室温（10～21℃）下，会因微生物在乳液中活动而逐渐使乳液变质。室温下微生物生长可分为以下几个阶段。

a. 抑制期：生鲜牛乳中含有多种抗菌性物质，它在最初阶段抑制牛乳中的微生物，使其中的微生物反而减少。这种杀菌作用源于一种名为“乳烃素”的细菌抑制物，其杀菌或抑菌作用随温度的升高而增强，但持续时间会缩短。因此，鲜乳放置在室温环境中，在一定时间内并不会出现变质的现象。

b. 乳链球菌期：生鲜牛乳过了抑菌期后，抑菌物质减少或消失，其内的微生物迅速繁殖，尤其是细菌占绝对优势，致使牛乳凝块出现。这些细菌主要是乳链球菌、乳酸杆菌、大肠杆菌和一些蛋白分解菌，特别是乳链球菌生长繁殖特别旺盛。乳链球菌分解牛乳中的乳糖产生乳酸，牛乳的酸度不断升高。如大肠菌增殖，将会有产气现象出现。由于牛乳酸度不断升高，其它腐败细菌的活动就受抑制。当酸度升高至一定限度时（pH4.5），乳链球菌本身受到抑制不再继续繁殖，相反会逐渐减少，这时牛乳就有凝块出现。

c. 乳酸杆菌期：乳链球菌在牛乳中繁殖，使牛乳的 pH 下降至 6 左右，这时乳酸杆菌的活动力逐渐增强。当 pH 下降至 4.5 以下时，由于乳酸杆菌耐酸力较强，尚能继续繁殖并产酸。此时还有非常耐酸的丙酸菌、孢子形成菌等出现，它们会消耗部分乳酸而形成一些优势菌。在这阶段，乳液中可出现大量乳凝块，并有大量乳清析出。

d. 真菌期：当酸度继续下降至 3.5～3 时，绝大多数微生物被抑制甚至死亡，仅酵母菌和霉菌尚能适应高酸性的环境，并能利用乳酸及其它一些有机酸，于是形成优势菌。由于酸被利用，乳液的酸度会逐渐降低，使乳液的 pH 不断上升接近中性。

e. 胨化菌期：经过上述及格阶段的微生物活动后，乳液中的乳糖大量被消耗，残余量已很少，在乳中仅是蛋白质和脂肪尚有较多的量存在。这时的腐败菌大部分是能分解蛋白质和脂肪的芽孢杆菌属、假单胞菌属以及变形杆菌属的一些细菌。在这一阶段，乳凝块被消化（液化）、乳液的 pH 逐步提高向碱性方向转化，并有腐败的臭味产生的现象。

②牛乳在冷藏中微生物的变化：生鲜牛乳在未消毒即冷藏保存的条件下，一般的嗜温微生物在低温环境中被抑制；而嗜低温微生物却能够增殖，但生长速度

非常缓慢。低温中，牛乳中较为多见的细菌有假单胞菌、醋酸杆菌、产碱杆菌、无色杆菌、黄杆菌属等，还有一部分乳酸菌、微球菌、酵母菌和霉菌等。

2. 液态乳制品中的微生物

（1）消毒牛乳中的微生物　经低温长时间或高温瞬时杀菌的牛乳，还有少量对热抵抗力较强的微生物残留，不能完全杀灭。当乳中微生物细胞聚集或微生物细胞被包围在凝乳中时，使微生物不易被杀灭，导致杀菌效果低而使乳中微生物增多。最常见的残留细菌如下。

①嗜冷菌或营冷菌：在乳品中存在的营冷菌，多数为革兰阴性无芽孢、氧化酶阳性的小杆菌，主要为假单胞菌、黄杆菌和产碱杆菌的细菌。消毒乳中的营冷菌主要来自原料乳和杀菌后污染。

②嗜热菌和耐热菌：乳中的嗜热菌主要是需氧型和兼性厌氧型的芽孢杆菌。能耐受巴氏消毒，但在巴氏消毒温度（63℃）不能繁殖的菌类为耐热菌，主要是嗜中温菌，少数是营冷菌。在消毒乳中常见的耐热菌有节杆菌、微杆菌、微球菌和部分葡萄球菌、链球菌等。

③大肠菌类：这类菌不耐热，巴氏消毒即可杀死。消毒乳中有大肠菌类存在，说明是消毒后污染的。它可作为食品卫生指标，消毒乳中大肠菌类超过卫生指标时，不但要检查成品中大肠菌类的含量，也应检查各个加工过程的乳，以便查出污染原因。

（2）稀奶油中的微生物引起的质量问题

①细菌：贮存在5℃的鲜制稀奶油的优势菌是假单胞菌、无色杆菌、产碱杆菌、不动杆菌、气单胞菌。

给稀奶油带来缺陷的微生物有产麦芽臭乳链球菌，它是稀奶油产生麦芽臭的原因。稀奶油中常见的嗜冷菌有假单胞菌，另外也可能有使稀奶油变成紫色的蓝黑色杆菌。

②酵母菌和霉菌：乳糖发酵性酵母是稀奶油生产缺陷的原因微生物。一般除产生恶臭外，还会伴有气体产生。但是，酵母菌在已进行乳酸发酵的稀奶油内停止发育，经常在稀奶油中发现不发酵乳糖的酵母，也不产生明显的缺陷。

常见的霉菌有白色土毛霉。霉菌多为好气性，在稀奶油表面呈膜状或簇状繁殖。

（3）超高温灭菌乳中的微生物　超高温灭菌乳中残存的微生物可以是芽孢，或者是非耐热性微生物。若是芽孢，则可能是灭菌强度不够造成的，如蜡状芽孢杆菌；若是后加工污染，则可能是由于无菌灌装后封口不良所致，造成这种污染的微生物可以是任何类型，既可以是单一污染，也可以是混合污染。

3. 发酵乳制品中的微生物

（1）酸乳中的微生物　广义上说，酸乳可称为是“卫生安全”的食品，然而一些腐生菌对环境条件不如致病菌敏感，特别是霉菌和酵母菌，低 pH 对它们几乎没有影响，只要有蔗糖或乳糖作为能源存在，它们就可以迅速生长，使产品腐败变质。

①酵母菌：酵母菌是污染酸奶的主要微生物类群。产品发生酵母菌污染的典型特征之一是“鼓盖”，这种现象多数是由厌氧性酵母菌引起的；当出现好气性酵母菌污染时，会在酸奶，特别是凝固性酸奶表面出现由酵母菌生长引起的斑块。从“鼓盖”酸奶中可分离出的酵母包括克鲁维酵母、红酵母、毕赤酵母、酵母属等。

②霉菌：霉菌是另一种造成酸奶严重污染的主要微生物类群。像毛霉、根霉、曲霉、青霉等霉菌在酸奶和空气的接触面处生长后，可出现各种霉菌的纽扣状斑块。

（2）干酪中的微生物引起的质量问题

①霉菌生长：有些品种的干酪需要霉菌来促进干酪的成熟，但对大多数干酪而言，霉菌生长会引起干酪腐败变质。霉菌会破坏干酪产品的外观，产生霉味，还可能产生毒素。干酪成熟室中常见的霉菌有链格孢霉、根霉、枝孢属、丛梗孢属、毛霉和青霉属。另外，高水分含量的软质干酪、农家干酪和稀奶油干酪容易受到地霉属的污染。

②产气菌污染：干酪在制造和成熟过程中，腐败性气体的产生与乳中残留的产气菌数量和凝块的受污染程度有关。生乳受大肠菌严重污染时，会产生大量气体，导致凝块在干酪槽中上浮。这类问题在农家干酪生产中出现较多，在现代化的乳品厂中极少出现，因为生乳都经过巴氏杀菌，操作过程也很严格。由于污染原因不同，干酪的产气问题有早产气、中期产气和晚期产气三种类型。

③烂边：如果硬质干酪的表面不能保持干燥，会使水分在表面积聚，从而导致微生物如成膜酵母、霉菌和蛋白分解性细菌的生长，最终引起干酪变软、变色，甚至产生异味。这种由于干酪表面微生物的生长而引起的腐败变质现象称为“烂边”。

④变色：在成熟过程中，干酪表面颜色的变化主要由霉菌生长所引起的。黑曲霉会在硬质干酪的表面形成黑斑；干酪唇红霉在青纹干酪表面可形成红斑。一些细菌如植物乳杆菌会在契达干酪内部形成锈斑。

⑤膨胀：这种现象是由于大肠菌类等有害微生物利用乳糖发酵产酸产气而使干酪膨胀造成的，它常伴有不良味道和气味。干酪成熟初期发生膨胀现象，常常是由大肠杆菌之类的微生物引起。如在成熟后期发生膨胀，多半是由于某些酵母菌和丁酸菌而引起，并有显著的丁酸味和油腻味。

⑥苦味：由苦味酵母、液化链球菌、乳房链球菌等微生物强力分解蛋白质后，使干酪产生不快的苦味。

⑦致病菌：干酪在制作过程中，受葡萄球菌污染严重时，就能产生肠毒素，这种毒素在干酪中长期存在，食后会引起食物中毒。

4. 乳粉中的微生物

乳粉是一种粉末状产品，含水量一般为2% ~4%，低的水分活度有利于抑制乳粉中微生物的生长繁殖，但乳粉的生产过程很难将所有的微生物全部杀死，乳粉中还有一定数量的微生物存活。

乳粉中被污染的细菌主要有耐热的芽孢杆菌、微球菌、链球菌、棒状杆菌等。

乳粉中可能有病原菌存在，最常见的是沙门菌和金黄色葡萄球菌等。

（1）沙门菌　在众多食物中毒症状中，沙门菌病是最常见的一种，现已经证明乳粉中有沙门菌的存在。

（2）金黄色葡萄球菌　在乳粉中第二类重要的微生物是金黄色葡萄球菌。研究发现，生乳中的金黄色葡萄球菌与乳粉中的金黄色葡萄球菌种类不同，说明最可能的污染途径是因设备而产生的污染。经过喷雾干燥过程后，只有2%的金黄色葡萄球菌可以存活。

（3）芽孢杆菌　芽孢杆菌也是乳粉中值得注意的病原菌，它可以产生多种肠毒素，从而对人体健康造成危害。生产过程中的温度很适合于蜡状芽孢杆菌的增殖，蜡状芽孢杆菌是一种耐热的产芽孢杆菌，一般的灭菌操作很难将它们杀死。为了确保产品不含蜡状芽孢芽孢杆菌，必须做好三方面的工作，即原料乳质量、设备构造和设备卫生。

（4）大肠菌群　大肠菌群是乳粉中十分常见且十分重要的一类微生物。乳粉经过喷雾干燥阶段后仍可能残存大肠菌群。

（三）微生物检验中样品的采集及处理

样品的采集与处理直接影响检验结果，是乳与乳制品微生物检测工作中非常重要的环节，要确保检验工作的公正、准确，必须掌握适当的技术要求，遵守一定的规则和程序。乳与乳制品样品的采集与处理遵循以下步骤。

1. 样品的采集和送检

（1）散装或大型包装的乳品　用灭菌刀、勺取样，在移采另一件样品前，刀、勺应先清洗灭菌。采样时要注意采样部位具有代表性。每件样品数量不少于200g，放入灭菌容器内，及时送检。鲜乳一般不应超过3h，在气温较高或路途较远的情况下应进行冷藏，不得使用任何防腐剂。

（2）小型包装的乳品　应采取整件包装。采样时应注意包装的完整。各种小型包装的乳与乳制品的每件样品量为：牛乳1瓶或1包；消毒乳1瓶或1包；乳粉1瓶或1包（大包装者200g）；奶油1块（113g）；酸奶1瓶或1罐；炼乳1瓶或1罐；奶酪（干酪）1个。

（3）成批产品　对成批产品进行质量鉴定时，其采样数量每批以千分之一计算，不足千件者抽取1件。

2. 检样的处理

(1) 鲜乳、酸乳 以无菌操作去掉瓶口的纸罩纸盖，瓶口经火焰消毒后，用无菌手续吸取25mL检样，放入装有225mL灭菌生理盐水的三角烧瓶内，振摇均匀（酸乳如有水分析出于表层应先去除）。

(2) 炼乳 将瓶或罐先用温水洗净表面，再用点燃酒精棉球消毒瓶或罐的上表面，然后用灭菌的开罐器打开罐瓶面，以无菌手续称取25g（mL）检样，放入装225mL灭菌生理盐水的三角烧瓶内，振摇均匀。

(3) 奶油 用无菌手续打开包装，取适量检样置于灭菌三角烧瓶内，在45℃水浴或温箱中加温，溶解后立即将烧瓶取出，用灭菌吸管吸取25mL奶油放入另一含225mL灭菌生理盐水或灭菌奶油稀释液的三角烧瓶内（瓶装稀释液应预置于45℃水浴中保温，做10倍递增），振摇均匀，从检样熔化到接种完毕的时间不应超过30min。

(4) 乳粉 罐装乳粉的开罐取样同炼乳处理，袋装乳粉应用蘸有75%酒精的棉球涂擦消毒袋口，以无菌手续开封取样，称取检样25g，放入装有适量玻璃珠的灭菌三角烧瓶内，以225mL温热的灭菌生理盐水徐徐加入（先用少量生理盐水将乳粉调成糊状，再全部加入，以免乳粉结块），振摇使之充分溶解和混匀。

(5) 奶酪 先用灭菌刀削去部分表面封蜡，然后用点燃的酒精棉球消毒表面后用灭菌刀切开奶酪，再用无菌手续切取表面和深层检样各少许，置于灭菌乳钵内切碎，加入少量生理盐水研成糊状。

二、微生物检测的基础知识

(一) 接种

按无菌操作技术要求将目的微生物移接到培养基质中的过程，称为接种。

1. 常用的接种工具

常用的有接种针、接种环、接种钩、玻璃涂棒等（图4-1）。

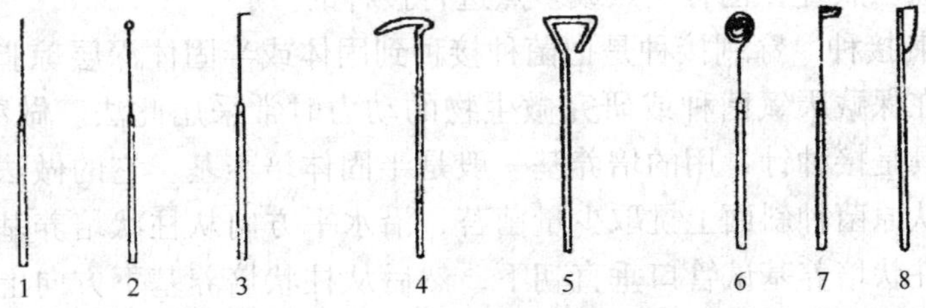

图4-1 接种和分离工具

1—接种针 2—接种环 3—接种钩 4、5—玻璃涂棒
6—接种圈 7—接种锄 8—小解剖刀

（1）接种针　长为8cm，呈直线状，固定在长约20cm的金属柄上，多用于穿刺接种。

（2）接种环　在接种环的前端，用镊子卷成一直径为2mm的密封圆圈，并使圆环平面与金属柄之间弯成160°～170°，常用于斜面和平板等的接种。

（3）接种钩　取一较粗、较硬的针丝，将其前端弯成一个约3mm长的直角。多用于霉菌和放线菌的接种。

（4）涂布棒　用直径3～4mm、长20cm的玻璃棒，在火焰上将其前端弯成边长约为3cm的等边三角形，再将该三角形平面与柄之间弯成140°角。多用于涂布平板进行菌种分离或活菌计数。

2. 接种方法

接种前，将接种环和接种针在酒精灯外焰垂直快速加热至红色灭菌，然后等待几秒钟让其冷却，以避免过热的接种环杀死接触到的细菌。也可以使用一次性塑料接种环，它在接种致病菌时很有用，使用结束后直接放到合适的消毒液中消毒后弃掉。

转接时，从试管口部取下的棉塞，注意只能拿其外表面的部分，严禁碰到塞的内部，以防造成污染（也不要放到操作台上）。重新盖住试管前，将棉塞在火焰上快速灼烧灭菌。试管或三角瓶的口部在取下塞子后及重新盖住前都要进行快速灼烧。一旦取下棉塞，暴露的试管很容易在空气中被污染，可以将试管倾斜放在酒精灯外焰的附近，用完后尽快盖住瓶塞以减少污染。用过的接种环，再次接种其它菌株时，要在酒精灯的外焰缓慢加热灭菌。

常用的接种方法有以下几种：

（1）划线接种　这是最常用的接种方法。即在固体培养基表面做来回直线形的移动，就可以达到接种的作用。常用的接种工具有接种环、接种针等。在斜面接种和平板划线中就常用此法。

（2）三点接种　在研究霉菌形态时常用此法。此法即把少量的微生物接种在平板表面上，成等边三角形的三点，让它各自独立形成菌落后，来观察、研究它们的形态。除三点外，也有一点或多点进行接种的。

（3）穿刺接种　穿刺接种是把菌种接种到固体或半固体深层琼脂培养基中的接种方法。在保藏厌氧菌种或研究微生物的动力时常采用此法。做穿刺接种时，用的接种工具是接种针，用的培养基一般是半固体培养基。它的做法是：用笔直的接种针，从原菌种斜面上挑取少量菌苔，沿水平方向从柱状培养基中刺入，或先将待接种柱状培养基试管口垂直朝下，然后从柱状培养基下方向上刺入，勿穿到管底，然后沿穿刺途径慢慢抽出接种针。

（4）涂布接种　与浇混接种略有不同，就是先倒好平板，让其凝固，然后再将菌液倒入平板上面，迅速用涂布棒在表面做来回左右的涂布，让菌液均匀涂布，就可长出单个的微生物的菌落。

（5）液体接种　从固体培养基中将菌洗下，倒入液体培养基中，或者从液体培养基中，用移液管将菌液接至液体培养基中，或从液体培养物中将菌液移至固体培养基中，都可称为液体接种。

（6）注射接种　该法是用注射的方法将待接的微生物转接至活的生物体内，如人或其它动物中，常见的疫苗预防接种，就是用注射接种，接入人体，来预防某些疾病。

（二）分离、纯化

从混杂的微生物群体中获得只含有某一种或某一株微生物的过程称为微生物的分离与纯化。常用的分离、纯化方法有平板划线分离法、稀释分离法、涂布分离法。

1. 平板划线分离法

将经增殖的含菌培养物少许于盛有无菌水的试管中稀释，在固体培养基表面做规则的划线，密集的含菌样品经多次划线稀释，最后得到由单细胞发育成的菌落。具体方法如下：

（1）将固体培养基加热熔化后，倒入无菌培养皿中（每皿 15mL），迅速摇匀，静置凝固后即成平板备用。

（2）取经增殖的含菌样品少许于盛有无菌水的试管内，充分摇匀（或于盛有玻璃珠和无菌水的三角瓶中），使细胞均匀地悬浮于水中。

（3）用接种环取一环菌悬液，按图 4－2 方式划线。

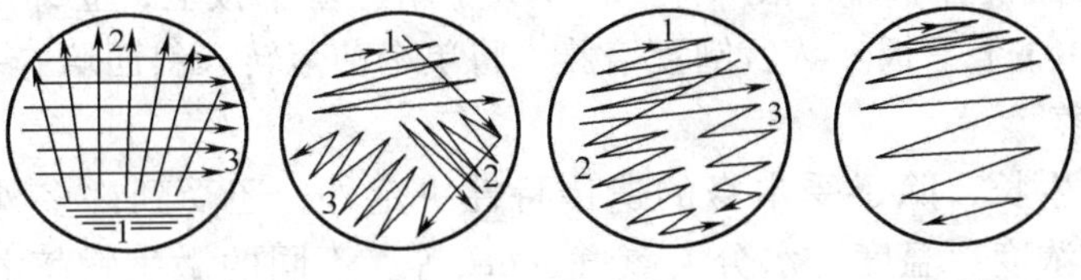

图 4－2　平板划线法

（4）待划线完毕，倒置于保温箱中培养。待长出菌落，挑取单菌落于斜面培养基中。

2. 稀释分离法

（1）取盛有无菌水的试管若干支（9mL/支），分别记 1、2、3…用无菌吸管取 1mL 样品悬浮液（或增殖液）注入 1 号管内，用吸管吹吸混合均匀，记为 10^{-1}；然后从 1 号管内取 1mL 于 2 号管内，通过吸管吹吸混合均匀，记为 10^{-2}。同样从 2 号管内取出 1mL 于 3 号管内，即为 10^{-3}。以此类推。

（2）用 3 支无菌吸管分别吸取后 3 个稀释度的稀释液各 1mL 于 3 个无菌培养皿中，然后加入熔化后冷却至 45～50℃的固体培养基 12～15mL，迅速摇匀，待凝固后，倒置于保温箱中培养，挑选单个菌落移接于斜面培养基上培养，如图 4－3 所示。

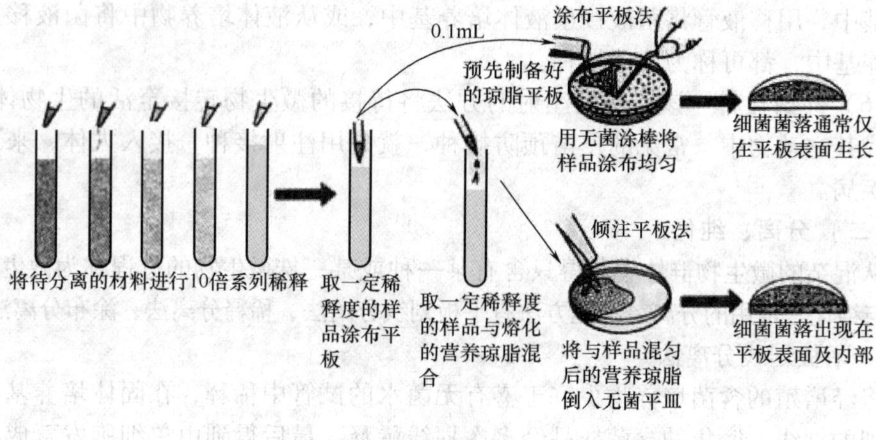

图4－3 稀释分离法

3. 涂布分离法

取一定量样品稀释液于平板培养基上，用无菌玻璃涂布器将样品在琼脂培养基表面均匀涂布，使其形成单个菌落。其操作方法如下：

（1）熔化固体培养基倒平板数个。

（2）将待分离的样品适当稀释。

（3）用无菌吸管取稀释液 0.1～0.2mL 于培养基平板上，立即用无菌玻璃刮刀依次涂布 2～3 个平板。然后倒置培养，将单个菌落转入斜面培养基培养。

（三）培养

微生物的生长，除了受本身的遗传特性决定外，还受到许多外界因素的影响，如营养物浓度、温度、水分、氧气、pH 等。不同的微生物培养在固体、液体或半固体培养基中，微生物自身的群体形态和它的生长繁殖情况都不一样，表现出一定的培养特征和生长规律，了解它们的培养特征和生长繁殖规律，对识别和控制利用微生物具有重要价值。微生物的种类不同，培养的方式和条件也不尽相同。

根据培养时是否需要氧气，可分为好氧培养和厌氧培养两大类。

好氧培养一般是以空气作为氧气的来源。实验室的平皿培养和斜面培养是最简单的好氧培养，菌体生长所需的氧气通过培养皿盖或棉塞缝隙从空气中获得。三角瓶液体培养则通过摇动，增加液体与空气的接触面供氧。发酵罐培养一般采用将经过净化处理的空气强制通入培养基内，通过控制通气量和搅拌速度加氧供应。

厌氧培养主要靠隔绝空气或驱除氧气的方式实现。实验室厌氧培养时可把菌种接种到固体或半固体培养基的深层，并且在基质中加入一些还原剂，以造成缺氧和低氧化还原电位的环境；亦可在密闭的容器内依靠抽真空后填充无氧气体或化学吸氧剂等方式除氧。

根据培养基的物理状态，可分为固体培养和液体培养两大类。

固体培养是将菌种接至疏松而富有营养的固体培养基中，在合适的条件下进行微生物培养的方法。

在实验室中，通过液体培养可以使微生物迅速繁殖，获得大量的培养物，在一定条件下，还是微生物选择增菌的有效方法。

（四）相关仪器的使用

1. 电热恒温培养箱

（1）构造　电热恒温培养箱是夹层充填绝热材料的双层金属箱体，箱体安装底部电阻丝，加热升温（图4-4）；利用空气对流使箱内温度均匀。箱内设有数层带孔金属夹板，用以放置培养材料。箱门为双重门，内层为玻璃门，便于观看箱内培养材料而温度、湿度不受影响。箱壁设有温度调节器，可设定培养温度，其设定温度的误差一般为±1℃。在乳与乳制品微生物检验中所需的培养温度一般为（36±1）℃，霉菌和酵母菌培养温度为25~28℃。

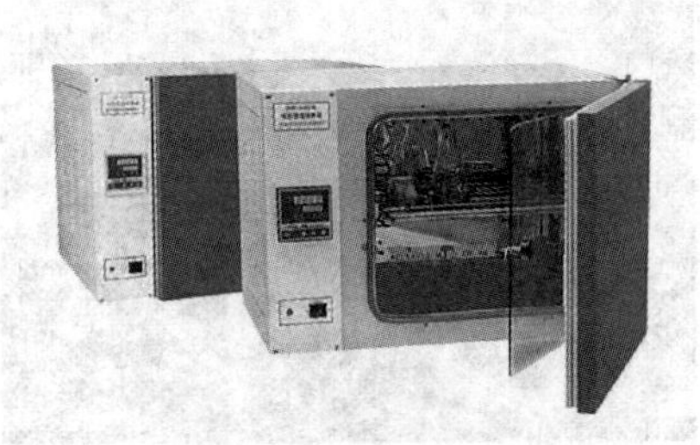

图4-4 电热恒温培养箱

（2）用途　恒温培养微生物。

（3）使用及维护

①放入箱内的物体应经室内恒温，不应放入过热或过冷的培养皿或培养基。取放时，应尽快开、关箱门，维持箱内恒温。

②箱内物体不宜放置过密，以免过多堵塞金属孔，不利于箱内空气流通恒温；培养皿放置不宜过密，以免金属夹板压弯，使培养皿不能处于水平状态。

③箱底层温度较高，不宜放培养物。

④停用时应先断电，用体积分数3%的来苏水溶液擦洗消毒，再用清水擦净、擦干。

⑤箱内湿度较大，停用时应开启箱门降低湿度；一旦发现有金属锈斑，需涂抹防锈漆。

2. 超净工作台

（1）构造　超净工作台是一个正面开放、顶部和两侧封闭的操作台（图4-5），放在无菌室内，空气进入顶部预过滤器送入风机，由风机加压送入正压箱，经高效除尘滤菌进入均压层，以无涡流的层流方式垂直向下进入操作空间，透过操作台上条孔进入下部出气孔，在操作台区域中形成无涡流的无菌洁净空气。

（2）用途　微生物的接种和分离。

（3）使用及维护

①超净台应放置在无菌室内，工作前应先在无菌室内开启紫外灯，并保持无菌室清洁，减少尘埃，这样可以减轻超净台除尘滤菌负荷，提高超净台工作效率，延长使用寿命。

②超净台应经常保持干净，不留积水。

③定期测定菌落总数空白样，以检查超净台效果；若效果不佳，应维修、拆洗或更换滤网。

图4-5 超净工作台

3. 高压蒸汽灭菌器

（1）构造　这是一种双层金属圆筒压力容器，双层之间盛水，外壁坚厚，金属盖门上有螺旋，可紧闭盖门，防蒸汽外溢，提高内部压力。灭菌器上装有排气阀、安全阀，以调节气压，保障安全；此外，还装有压力表和温度计。

（2）用途　培养基、生理盐水、采集器皿、药品和纱布等用品的灭菌。

（3）使用及维护

①待灭菌的物品不应包裹太紧，如玻璃容器加塞太紧，灭菌时会使玻璃容器因外压大于内压而破裂；也不应放入不耐高温的物品。

②用前应加水，加入待灭菌物品后，旋紧盖门。

③接通电源升温，当压力升至0.035MPa时，打开排气阀，使内部冷空气溢出后再关闭排气阀。

④当压力升至所需值时开始计时，持续20~30min，即可灭菌。

⑤灭菌完毕不可立即开盖取物，应关闭电源，待压力表降至零时，方可开盖；否则强大内压冲出，会伤及人员。

三、各类微生物检测

乳与乳制品在食用前的各个环节中，被微生物污染往往是不可避免的。乳与乳制品微生物检测的指标是根据乳与乳制品卫生的要求，从微生物学的角度，对各种乳与乳制品提出的与乳与乳制品有关的具体指标要求。乳中微生物的具体检测指标有菌落总数、大肠菌群、霉菌和酵母菌、沙门菌、志贺菌、金黄色葡萄球菌、溶血性链球菌以及乳酸菌的检验。

(一) 菌落总数的测定

菌落总数是指乳与乳制品检样经过处理，在一定条件下培养后（如培基成分、培养温度和时间、pH、需氧性质等）所得1mL或1g检样中所含细菌菌落的总数。它可以反映乳与乳制品的新鲜度、被细菌污染的程度、生产过程中乳与乳制品是否变质和乳与乳制品生产的一般卫生情况等。本方法规定的培养条件下所得结果，只包括一群在营养琼脂上生长发育的嗜中温性需氧的菌落总数，生产中主要作为判定乳与乳制品被污染程度的标志，也可以应用这一方法观察细菌在乳与乳制品中繁殖的动态，以便对被检样品进行卫生学评价时提供依据。

1. 仪器

（1）恒温培养箱：(36±1)℃，(30±1)℃。

（2）冰箱：2~5℃。

（3）恒温水浴箱：(46±1)℃。

（4）天平：感量为0.1g。

（5）均质器。

（6）振荡器。

（7）无菌吸管：1mL（具0.01mL刻度）、10mL（具0.1mL刻度）或微量移液器及吸头。

（8）无菌锥形瓶：容量250、500mL。

（9）无菌培养皿：直径90mm。

（10）pH计或pH比色管或精密pH试纸。

（11）放大镜或/和菌落计数器。

2. 培养基和试剂

（1）平板计数琼脂（platecountagar，PCA）培养基

①成分：

胰蛋白胨	5.0g
酵母浸膏	2.5g
葡萄糖	1.0g
琼脂	15.0g
蒸馏水	1000mL
pH	7.0±0.2

②制法：将上述成分加于蒸馏水中，煮沸溶解，调节 pH。分装试管或锥形瓶，121℃高压灭菌 15min。

（2）磷酸盐缓冲液

①成分：

磷酸二氢钾（KH_2PO_4）	34.0g
蒸馏水	500mL
pH	7.2

②制法：

贮存液：称取 34.0g 的磷酸二氢钾溶于 500mL 蒸馏水中，用大约 175mL 的 1mol/L NaOH 溶液调节 pH，用蒸馏水稀释至 1000mL 后贮存于冰箱。

稀释液：取贮存液 1.25mL，用蒸馏水稀释至 1000mL，分装于适宜容器中，121℃高压灭菌 15min。

（3）无菌生理盐水

①成分：

氯化钠	8.5g
蒸馏水	1000mL

②制法：称取 8.5g 氯化钠溶于 1000mL 蒸馏水中，121℃高压灭菌 15min。

3. 检验程序

菌落总数的检验程序见图 4－6。

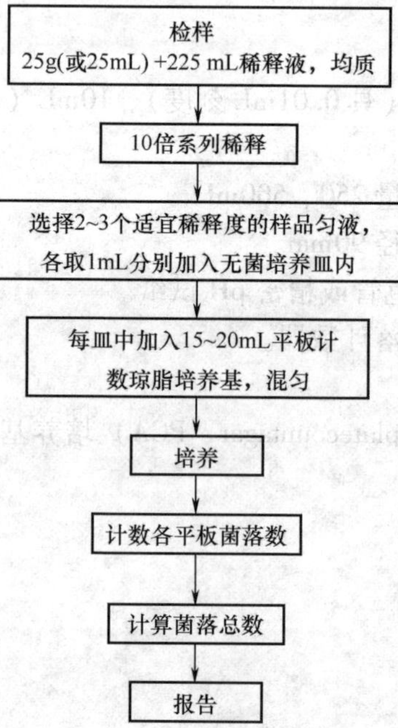

图 4－6　菌落总数的检验程序

4. 操作步骤

（1）检样稀释及培养

①以无菌操作将检样25g（25mL）剪碎置于含有225mL灭菌生理盐水或其它稀释液灭菌玻璃瓶内（瓶内预置适当数量的玻璃珠）或灭菌乳钵内，经充分振摇或研磨成1∶10的均匀稀释液。

固体检样在加入稀释液后，最好置均质器中以8000～10000r/min的速度处理1min，做成1∶10的均匀稀释液。

②用1mL灭菌吸管吸取1∶10的稀释液1mL，沿管壁徐徐注入含有9mL灭菌生理盐水或其它稀释液的试管内（注意吸管尖端不要触及管内稀释液），振摇试管，混合均匀，做成1∶100的稀释液。

③另取1mL灭菌吸管，按上述操作顺序，做10倍递增稀释，如此每递增稀释一次，即换用1支1mL灭菌吸管。

④根据食品卫生标准要求或对标本污染情况的估计，选择2～3个适宜稀释度，分别在做10倍递增稀释的同时，即以吸取该稀释度的吸管移1mL稀释液于灭菌培养皿内，每个稀释度做两个培养皿。

⑤稀释液移入培养皿后，应及时将46℃左右的营养琼脂培养基（可放置于水浴保温）注入培养皿约15mL，并转动培养皿使混合均匀。同时将营养琼脂培养基倾入加有1mL稀释液灭菌培养皿内作空白对照。

⑥待琼脂凝固后，翻转平板，置（36±1）℃温箱内培养（48±2）h取出；计算平板内菌落数目。

（2）菌落计数方法　做平板菌落计数时，可用肉眼观察，必要时用放大镜检查，以防遗漏。在记下各平板的菌落数后，求出同稀释度的各平板平均菌落总数。

（3）菌落计数　选取菌落数在30～300之间的平板作为菌落总数测定标准。一个稀释度使用两个平板，应采用两个平板平均数，其中一个平板有较大片状菌落生长时，则不宜采用，而应以无片状菌落生长的平板作为该稀释度的菌落数，若片状菌落不到平板的一半，而其余一半中菌落分布又很均匀，即可计算半个平板后乘以2代表全皿菌落数。平板内如有链状菌落生长时（菌落之间无明显界线），若仅有一条链，可视为一个菌落；如果有不同来源的几条链，则应将每条链作为一个菌落计。

5. 结果与报告

（1）菌落总数的计算方法

①若只有一个稀释度平板上的菌落数在适宜计数范围内，计算两个平板菌落数的平均值，再将平均值乘以相应稀释倍数，作为1g（或1mL）样品中菌落总数结果。

②若有两个连续稀释度的平板菌落数在适宜计数范围内时，按下式计算：

$$N = \frac{\sum C}{(n_1 + 0.1n_2)d} \tag{4-1}$$

式中 N——样品中菌落数；

$\sum C$——平板（含适宜范围菌落数的平板）菌落数之和；

n_1——第一稀释度（低稀释倍数）平板个数；

n_2——第二稀释度（高稀释倍数）平板个数；

d——稀释因子（第一稀释度）。

示例：

稀释度	1:100（第一稀释度）	1:1000（第二稀释度）
菌落数/CFU	232，244	33，35

$$N = \frac{\sum C}{(n_1 + 0.1n_2)\ d} = \frac{232 + 244 + 33 + 35}{[2 + (0.1 \times 2)]\ \times 10^{-2}} = 24727$$

上述数据数字修约后，表示为25000或2.5×10^4。

③若所有稀释度的平板上菌落数均大于300CFU，则对稀释度最高的平板进行计数，其它平板可记录为多不可计，结果按平均菌落数乘以最高稀释倍数计算。

④若所有稀释度的平板菌落数均小于30CFU，则应按稀释度最低的平均菌落数乘以稀释倍数计算。

⑤若所有稀释度（包括液体样品原液）平板均无菌落生长，则以小于1乘以最低稀释倍数计算。

⑥若所有稀释度的平板菌落数均不在30～300CFU之间，其中一部分小于30CFU或大于300CFU时，则以最接近30CFU或300CFU的平均菌落数乘以稀释倍数计算。

（2）菌落总数的报告

①菌落数小于100CFU时，按“四舍五入”原则修约，以整数报告。

②菌落数大于或等于100CFU时，第3位数字采用“四舍六入五成双”原则修约后，取前2位数字，后面用0代替位数；也可用10的指数形式来表示，按“四舍六入五看右”原则修约后，采用两位有效数字。

③若所有平板上为蔓延菌落而无法计数，则报告菌落蔓延。

④若空白对照上有菌落生长，则此次检测结果无效。

⑤称重取样以CFU/g为单位报告，体积取样以CFU/mL为单位报告。

（二）大肠菌群的测定

大肠菌群是指一群能发酵乳糖、产酸、产气、需氧和兼性厌氧的革兰阴性无芽孢杆菌。该菌主要来源于人畜粪便，故以大肠菌群作为粪便污染食品的卫生指标来评价食品的质量，具有广泛的意义。食品中大肠菌群系以100mL（g）检验大肠菌群最可能数（MPN，most probable number，是一种间接计数方法）表示。

1. 设备和材料

除微生物实验室常规灭菌及培养设备外，其它设备和材料如下：

（1）恒温培养箱：(36 ±1)℃。

（2）冰箱：2 ~5℃。

（3）恒温水浴箱：(46 ±1)℃。

（4）天平：感量0.1g。

（5）均质器。

（6）振荡器。

（7）灭菌吸管：1mL（具0.01mL刻度）、10mL（具0.1mL刻度）或微量移液器及吸头。

（8）灭菌锥形瓶：容量500mL。

（9）灭菌培养皿：直径90mm。

（10）pH计或pH比色管或精密pH试纸。

（11）菌落计数器。

2. 培养基和试剂

（1）月桂基硫酸盐胰蛋白胨（LaurySulfateTryptose，LST）肉汤

①成分：

胰蛋白胨或胰酪胨	20.0g
氯化钠	5.0g
乳糖	5.0g
磷酸氢二钾（K_2HPO_4）	2.75g
磷酸二氢钾（KH_2PO_4）	2.75g
月桂基磺酸钠	0.1g
蒸馏水	1000mL
pH	6.8 ±0.2

②制法：将上述成分溶解于蒸馏水中，调节pH。分装到有玻璃小倒管的试管中，每管10mL。121℃高压灭菌15min。

（2）煌绿乳糖胆盐（BrilliantGreenLactoseBile，BGLB）肉汤

①成分：

蛋白胨	10.0g
乳糖	10.0g
牛胆粉（oxgall 或 oxbile）	200.0mL
0.1%煌绿水溶液	13.3mL
蒸馏水	1000mL
pH	7.2 ±0.1

②制法：将蛋白胨、乳糖溶于约500mL蒸馏水中，加入牛胆粉溶液200mL（将20.0g脱水牛胆粉溶于200mL蒸馏水，pH7.0～7.5），用蒸馏水稀释到975mL，调节pH至7.4，再加入0.1%煌绿水溶液13.3mL，用蒸馏水补足到1000mL，用棉花过滤后，分装到有玻璃小倒管的试管中，每管10mL。121℃高压灭菌15min。

（3）结晶紫中性红胆盐琼脂（Vioet Red Bile Agar，VRBA）

①成分：

蛋白胨	7.0g
酵母膏	3.0g
乳糖	10.0g
氯化钠	5.0g
胆盐或3号胆盐	1.5g
中性红	0.03g
结晶紫	0.002g
琼脂	15～18g
蒸馏水	1000mL
pH	7.4±0.1

②制法：将上述成分溶于蒸馏水中，静置几分钟，充分搅拌，调节pH。煮沸2min，将培养基冷却至45～50℃倾注平板。使用前临时制备，不得超过3h。

（4）磷酸盐缓冲液

①成分：

磷酸二氢钾（KH_2PO_4）	34.0g
蒸馏水	500mL
pH	7.2

②制法：

贮存液：称取34.0g的磷酸二氢钾溶于500mL蒸馏水中，用大约175mL的1mol/L NaOH溶液调节pH至7.2，用蒸馏水稀释至1000mL后贮存于冰箱。

稀释液：取贮存液1.25mL，用蒸馏水稀释至1000mL，分装于适宜容器中，121℃高压灭菌15min。

（5）无菌生理盐水　称取8.5g氯化钠溶于1000mL蒸馏水中，121℃高压灭菌15min。

（6）1mol/L NaOH　称取40g氢氧化钠溶于1000mL蒸馏水中。

（7）1mol/L HCl　称取浓盐酸90mL，用蒸馏水稀释至1000mL。

（8）Petrifilm大肠菌群检验测试片和压板。

3. 第一法：大肠菌群MPN计数法

（1）检验程序　大肠菌群MPN计数的检验程序见图4-7。

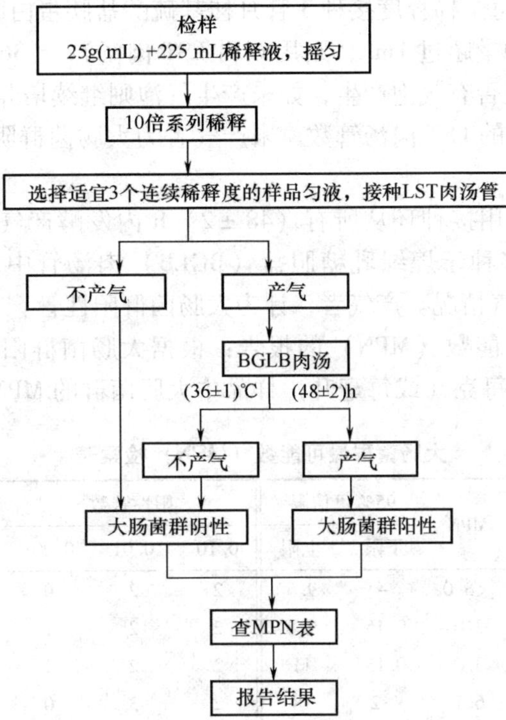

图4－7　大肠菌群MPN计数检验程序

（2）操作步骤

①样品稀释

固体和半固体样品：称取25g样品，放入盛有225mL磷酸盐缓冲液或生理盐水的无菌均质杯内，8000～10000r/min均质1～2min，或放入盛有225mL磷酸盐缓冲液或生理盐水的无菌均质袋中，用拍击式均质器拍打1～2min，制成1∶10的样品匀液。

液体样品：以无菌吸管吸取25mL样品，置于盛有225mL磷酸盐缓冲液或生理盐水的无菌锥形瓶（瓶内预置适当数量的无菌玻璃珠）中，充分混匀，制成1∶10的样品匀液。

样品匀液的pH应在6.5～7.5，必要时分别用1mol/L NaOH或1mol/L HCl调节。

用1mL无菌吸管或微量移液器吸取1∶10样品匀液1mL，沿管壁缓缓注入9mL磷酸盐缓冲液或生理盐水的无菌试管中（注意吸管或吸头尖端不要触及稀释液面），振摇试管或换用1支1mL无菌吸管反复吹打，使其混合均匀，制成1∶100的样品匀液。

根据对样品污染状况的估计，按上述操作，依次制成10倍递增系列稀释样品匀液，每递增稀释1次，换用1支1mL无菌吸管或吸头。从制备样品匀液至样品接种完毕，全过程不得超过15min。

②初发酵试验：每个样品，选择3个适宜的连续稀释度的样品匀液（液体样

品可以选择原液)，每个稀释度接种3管月桂基硫酸盐胰蛋白胨（LST）肉汤，每管接种1mL（如接种量超过1mL，则用双料LST肉汤)，（36±1)℃培养（24±2）h，观察倒管内是否有气泡产生，如未产生气泡则继续培养（48±2）h。记录在24h和48h内产气的LST肉汤管数。未产气者为大肠菌群阴性，产气者则进行复发酵试验。

③复发酵试验：用接种环从所有（48±2）h内发酵产气的LST肉汤管中分别取培养物1环，移种于煌绿乳糖胆盐（BGLB）肉汤管中，（36±1)℃培养(48±2）h，观察产气情况。产气者，计为大肠菌群阳性管。

④大肠菌群最可能数（MPN）的报告：根据大肠菌群阳性管数，检索MPN表（表4-2)，报告每克（或每毫升）样品中大肠菌群的MPN值。

表4-2　大肠菌群最可能数（MPN）检索表

阳性管数			MPN	95%可信限		阳性管数			MPN	95%可信限	
0.10	0.01	0.001		下限	上限	0.10	0.01	0.001		下限	上限
0	0	0	<3.0	–	9.5	2	2	0	21	4.5	42
0	0	1	3.0	0.15	9.6	2	2	1	28	8.7	94
0	1	0	3.0	0.15	11	2	2	2	35	8.7	94
0	1	1	6.1	1.2	18	2	3	0	29	8.7	94
0	2	0	6.2	1.2	18	2	3	1	36	8.7	94
0	3	0	9.4	3.6	38	3	0	0	23	4.6	94
1	0	0	3.6	0.17	18	3	0	1	38	8.7	110
1	0	1	7.2	1.3	18	3	0	2	64	17	180
1	0	2	11	3.6	38	3	1	0	43	9	180
1	1	0	7.4	1.3	20	3	1	1	75	17	200
1	1	1	11	3.6	38	3	1	2	120	37	420
1	2	0	11	3.6	42	3	1	3	160	40	420
1	2	1	15	4.5	42	3	2	0	93	18	420
1	3	0	16	4.5	42	3	2	1	150	37	420
2	0	0	9.2	1.4	38	3	2	2	210	40	430
2	0	1	14	3.6	42	3	2	3	290	90	1000
2	0	2	20	4.5	42	3	3	0	240	42	1000
2	1	0	15	3.7	42	3	3	1	460	90	2000
2	1	1	20	4.5	42	3	3	2	1100	180	4100
2	1	2	27	8.7	94	3	3	3	>1100	420	–

注：①本表采用3个稀释度［0.1g（或0.1mL)、0.01g（或0.01mL）和0.001g（或0.001mL)］，每个稀释度接种3管。

②表内所列检样量如改用1g（或1mL)、0.1g（或0.1mL）和0.01g（或0.01mL）时，表内数字应相应降低10倍；如改用0.01g（或0.01mL)、0.001g（或0.001mL)、0.0001g（或0.0001mL）时，则表内数字应相应增高10倍，其余类推。

4. 第二法：大肠菌群平板计数法

（1）检验程序　大肠菌群平板计数法的检验程序见图4－8。

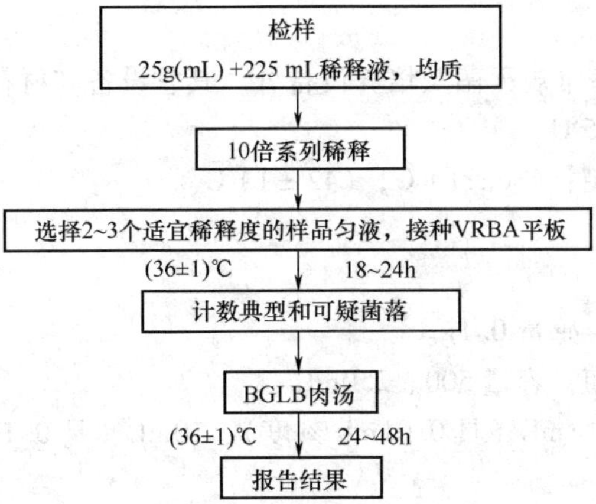

图4－8　大肠菌群平板计数法检验程序

（2）操作步骤

①样品的稀释：按第一法中进行。

②平板计数：选取2～3个适宜的连续稀释度，每个稀释度接种2个无菌平皿，每皿1mL。同时取1mL生理盐水加入无菌平皿作空白对照。及时将15～20mL冷至46℃的结晶紫中性红胆盐琼脂（VRBA）倾注于每个平皿中。小心旋转平皿，将培养基与样液充分混匀，待琼脂凝固后，再加3～4mLVRBA覆盖平板表层。翻转平板，置于（36±1）℃培养（18～24）h。

③平板菌落数的选择：选取菌落数在15～150CFU之间的平板，分别计数平板上出现的典型和可疑大肠菌群菌落。典型菌落为紫红色，菌落周围有红色的胆盐沉淀环，菌落直径为0.5mm或更大。

④证实实验：从VRBA平板上挑取10个不同类型的典型和可疑菌落，分别移种于BGLB肉汤管内，（36±1）℃培养（24～48）h，观察产气情况。凡BGLB肉汤管产气，即可报告为大肠菌群阳性。

⑤大肠菌群平板计数的报告：经最后证实为大肠菌群阳性的试管比例乘以3种计数的平板菌落数，再乘以稀释倍数，即为1g（或1mL）样品中大肠菌群数。例：10^{-4}样品稀释液1mL，在VRBA平板上有100个典型和可疑菌落，挑取其中10个接种BGLB肉汤管，证实有6个阳性管，则该样品的大肠菌群数为：$100 \times 6/10 \times 10^{-4}$/g（mL）$=6.0 \times 10^{5}$CFU/g（mL）。

（三）沙门菌检验

沙门菌属是一群形态、培养特性、生化反应都类似的肠杆菌科中的一个大属，也是肠杆菌科中最重要的病原菌属。本属菌种繁多，抗原结构复杂，现已发表近2500个血清型。沙门菌病常在动物中广泛传播，人的沙门菌感染和带菌也非常普遍。由于动物的生前感染或食品受到污染，均可使人发生食物中毒。世界各地的食物中毒中，沙门菌食物中毒居前列。

1. 设备和材料

除微生物实验室常规灭菌及培养设备外，其它设备和材料如下：

（1）冰箱：2～5℃。

（2）恒温培养箱：(36±1)℃，(42±1)℃。

（3）均质器。

（4）振荡器。

（5）电子天平：感量0.1g。

（6）无菌锥形瓶：容量500、250mL。

（7）无菌吸管：1mL（具0.01mL刻度）、10mL（具0.1mL刻度）或微量移液器及吸头。

（8）无菌培养皿：直径90mm。

（9）无菌试管：3mm×50mm、10mm×75mm。

（10）无菌毛细管。

（11）pH计或pH比色管或精密pH试纸。

（12）全自动微生物生化鉴定系统。

2. 培养基和试剂

缓冲蛋白胨水（BPW）、四硫磺酸钠煌绿（TTB）增菌液、氯化镁孔雀绿增菌液（MM）、亚硒酸盐胱氨酸（SC）增菌液、亚硫酸铋琼脂（BS）、DHL琼脂、HE琼脂、WS琼脂、SS琼脂、三糖铁琼脂、蛋白胨水、靛基质试剂、尿素琼脂（pH7.2）、氰化钾（KCN）培养基、氨基酸脱羧酶试验培养基、糖发酵管、ONPG培养基、半固体琼脂、丙二酸钠培养基、木糖赖氨酸脱氧胆盐（XLD琼脂）、沙门菌因子血清。

3. 检验程序

沙门菌检验程序见图4－9。

4. 操作步骤

（1）前增菌 称取25g（mL）样品放入盛有225mL BPW的无菌均质杯中，以8000～10000r/min均质1～2min，或置于盛有225mL BPW的无菌均质袋中，用拍击式均质器拍打1～2min。若样品为液体状态，不需要均质，振荡均匀。如需测定pH，用1mol/mL无菌NaOH或HCl调pH至6.8±0.2。无菌操作将样品转至500mL锥形瓶中，如使用均质袋，可直接进行培养，于(36±1)℃培养8～18h。

如为冷冻产品，应在45℃以下不超过15min，或2～5℃不超过18h解冻。

（2）增菌 轻轻摇动培养过的样品混合物，移取1mL转种于10mLTTB内，

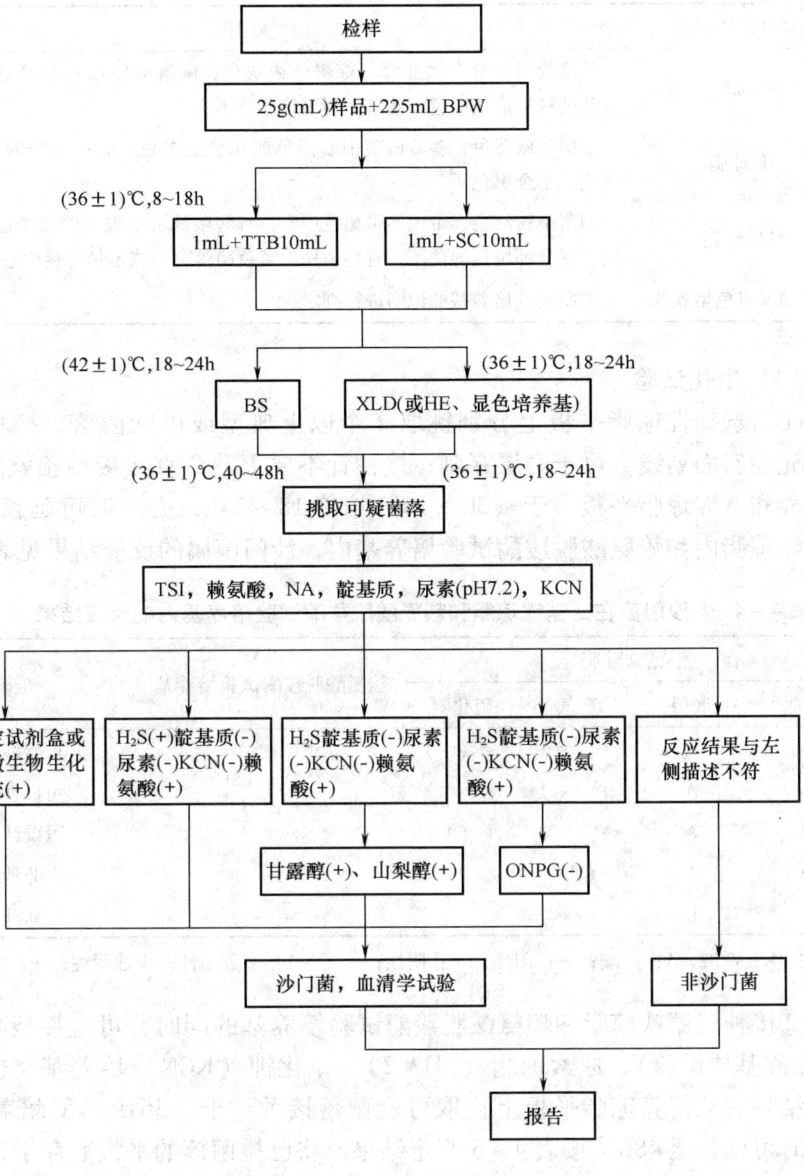

图 4－9　沙门菌的检验程序

于（42±1）℃培养 18～24h。同时，另取 1mL 转种于 10mL SC 内，于（36±1）℃培养 18～24h。

（3）分离　分别用接种环增菌液 1 环，划线接种于一个 BS 琼脂平板和一个 XLD（或 HE 琼脂平板或沙门菌属显色培养基平板）。于（36±1）℃分别培养 18～24h（XLD 琼脂平板、HE 琼脂平板、沙门菌属显色培养基平板）或 40～48h（BS 琼脂平板），观察各个平板上生长的菌落，各个平板的菌落特征见表 4－3。

表4-3　沙门菌在不同平板的菌落特征

选择性琼脂平板	沙门菌
BS琼脂	菌落为黑色有金属光泽、棕褐色或灰色，菌落周围培养基可呈黑色或棕色；有些菌株形成灰绿色的菌落，周围培养基不变
HE琼脂	蓝绿色或蓝色，多数菌落中心黑色或几乎全黑色；有些菌株为黄色，中心黑色或几乎全黑色
XLD琼脂	菌落呈粉红色，带或不带黑色中心，有些菌株可呈现大的带光泽的黑色中心，或呈现全部黑色的菌落；有些菌株为黄色菌落，带或不带黑色中心
沙门菌属显色培养基	按照显色培养基的说明进行判定

（4）生化试验

①自选择性琼脂平板上分别挑取2个以上典型或可疑菌落，接种三糖铁琼脂，先在斜面划线，再于底层穿刺；接种针不要灭菌，直接接种赖氨酸脱羧酶试验培养和营养琼脂平板，于（36±1）℃培养18~24h，必要时可延长至48h。在三糖铁琼脂内和赖氨酸脱羧酶试验培养基内，沙门菌属的反应结果见表4-4。

表4-4　沙门菌在三糖铁琼脂和赖氨酸脱羧酶试验培养基内的反应结果

三糖铁琼脂				赖氨酸脱羧酶试验培养基	初步判断
斜面	底层	产气	硫化氢		
K	A	+（-）	+（-）	+	可疑沙门菌属
K	A	+（-）	+（-）	-	可疑沙门菌属
A	A	+（-）	+（-）	+	可疑沙门菌属
A	A	+/-	+/-	-	非沙门菌
K	K	+/-	+/-	+/-	非沙门菌

注：K：产碱，A：产酸；+：阳性，-：阴性；+（-）：多数阳性，少数阴性；+/-：阳性或阴性

②接种三糖铁琼脂和赖氨酸脱羧酶试验培养基的同时，可直接接种蛋白胨水（供做靛基质试验）、尿素琼脂（pH7.2）、氰化钾（KCN）培养基，也可在初步判断结果后从营养琼脂平板上挑取可疑菌落接种。于（36±1）℃培养18~24h，必要时可延长至48h，按表4-5判定结果。将已挑菌落的平板贮存于2~5℃或室温至少保留24h，以备必要时复查。

表4-5　沙门菌属生化反应初步鉴定表

反应序号	硫化氢（H_2S）	靛基质	pH7.2尿素	氰化钾（KCN）	赖氨酸脱羧酶
A1	+	-	-	-	+
A2	+	+	-	-	+
A3	-	-	-	-	+/-

注：+阳性；-阴性；+/-阳性或阴性。

a. 反应序号 A1：典型反应判定为沙门菌属。如尿素、氰化钾和赖氨酸脱羧酶3项中有1项异常，按表4-6可判定为沙门菌；如有2项异常为非沙门菌。

表4-6　沙门菌属生化反应初步鉴定表

pH7.2 尿素	氰化钾（KCN）	赖氨酸脱羧酶	判定结果
-	-	-	甲型副伤寒沙门菌（要求血清学鉴定结果）
-	+	+	沙门菌Ⅳ或Ⅴ（要求符合本群生化特性）
+	-	+	沙门菌个别变体（要求血清学鉴定结果）

注：+表示阳性；-表示阴性。

b. 反应序号 A2：补做甘露醇和山梨醇实验，沙门菌靛基质阳性变体两项试验结果均为阳性，但需要结合血清学鉴定结果进行判定。

c. 反应序号 A3：补做 ONPG。ONPG 阴性为沙门菌。同时，沙门菌应为赖氨酸脱羧酶阳性，甲型副伤寒沙门菌为赖氨酸脱羧酶阴性。

d. 必要时按表4-7进行沙门菌生化群的鉴别。

表4-7　沙门菌属各生化群的鉴别

项目	Ⅰ	Ⅱ	Ⅲ	Ⅳ	Ⅴ	Ⅵ
卫矛醇	+	+	-	-	+	-
山梨醇	+	+	+	+	+	-
水杨苷	-	-	-	+	-	-
ONPG	-	-	+	-	+	-
丙二酸盐	-	+	+	-	-	-
KCN	-	-	-	+	+	-

注：+表示阳性；-表示阴性。

如选择生化鉴定试剂盒或全自动微生物生化鉴定系统，可根据（1）的初步判断结果，从营养琼脂平板上挑取可疑菌落，用生理盐水制备成浊度适当的菌悬液，使用生化鉴定试剂盒或全自动微生物生化鉴定系统进行鉴定。

（5）血清学分型鉴定

①抗原的准备：一般采用1.2%~1.5%琼脂培养物作为玻片凝集实验用的抗原。O 血清不凝集时，将菌株接种在琼脂量较高的（如2%~3%）培养基上再检查；如果是由于 Vi 抗原的存在而阻止了 O 凝集反应时，可挑取菌苔于1mL 生理盐水中做成浓菌液，于酒精灯火焰上煮沸后再检查。H 抗原发育不良时，将菌株接种在0.55%~0.65%半固体琼脂平板的中央，在菌落蔓延生长时，在其边缘部分取菌检查；或将菌株通过装有0.3%~0.4%半固体琼脂的小玻管1~2次，自远端取菌培养后再检查。

②多价菌体抗原（O）鉴定：在玻片上划出2个约1cm×2cm 的区域，挑取1环待测菌，各放1/2环于玻片上的每一区域上部，在其中一个区域下部加1滴多

价菌体（O）抗血清，在另一区域下部加入1滴生理盐水，作为对照。再用无菌的接种环或针分别将两个区域内的菌落研成乳状液。将玻片倾斜摇动混合1min，并对着黑暗背景进行观察，任何程度的凝集现象皆为阳性反应。

③多价鞭毛抗原（H）鉴定：同多价菌体抗原O的鉴定。

④血清学分型（选做项目）。

a. O抗原的鉴定：用A～F多价O血清做玻片凝集试验，同时用生理盐水做对照。在生理盐水中自凝者为粗糙形菌株，不能分型。

被A～F多价O血清凝集者，依次用O_4，O_3、O_{10}，O_7，O_8，O_9，O_2和O_{11}因子血清做凝集试验。根据试验结果，判定O群。被O_3、O_{10}血清凝集的菌株，再用O_{10}、O_{15}、O_{34}、O_{19}单因子血清做凝集试验，根据试验结果，判定E_1、E_2、E_3、E_4各亚群，每一个O抗原成分的最后确定均应根据O单因子血清的检查结果，没有O单因子血清的要用两个O复合因子血清进行核对。

不被A～F多价O血清凝集者，先用9种多价O血清检查，如有其中一种血清凝集，则用这种血清所包括的O群血清逐一检查，以确定O群。每种多价O血清所包括的O因子如下：

O多价1　A，B，C，D，E，F群（并包括6，14群）；

O多价2　13，16，17，18，21群；

O多价3　28，30，35，38，39群；

O多价4　40，41，42，43群；

O多价5　44，45，47，48群；

O多价6　50，51，52，53群；

O多价7　55，56，57，58群；

O多价8　59，60，61，62群；

O多价9　63，65，66，67群。

b. H抗原的鉴定：属于A～F各O群的常见菌型，依次用表4－8所述H因子血清检查第1相和第2相的H抗原。

表4－8　A～F常见菌型H抗原表

O群	第1相	第2相
A	a	无
B	g，f，s	无
B	i，b，d	2
C1	k，v，r，c	5，z15
C2	b，d，r	2，5
D（不产气的）	d	无
D（产气的）	g，m，p，q	无
E1	h，v	6，w，x
E4	g，s，t	无
E4	i	

不常见的菌型，先用8种多价H血清检查，如有其中一种或两种血清凝集，则再用这一种或两种血清所包括的各种H因子血清逐一检查第1相和第2相的H抗原。8种多价H血清所包括的H因子如下：

H多价1　a，b，c，d，i；

H多价2　eh，enx，enz_{15}，fg，gms，gpu，gp，gq，mt，gz_{51}；

H多价3　k，r，y，z，z_{10}，lv，lw，lz_{13}，lz_{28}，lz_{40}；

H多价4　1，2；1，5；1，6；1，7；z_6；

H多价5　z_4z_{23}，z_4z_{24}，z_4z_{32}，z_{29}，z_{35}，z_{36}，z_{38}；

H多价6　z_{39}，z_{41}，z_{42}，z_{44}；

H多价7　z_{52}，z_{53}，z_{54}，z_{55}；

H多价8　z_{56}，z_{57}，z_{60}，z_{61}，z_{62}。

每一个H抗原成分的最后确定均应根据H单因子血清的检查结果，没有H单因子血清的要用两个H复合因子血清进行核对。

检出第1相H抗原而未检出第2相H抗原的或检出第2相H抗原而未检出第1相H抗原的，可在琼脂斜面上移种1~2代后再检查。如仍只检出一个相的H抗原，要用位相变异的方法检查其另一个相。单相菌不必做位相变异检查。

位相变异试验方法如下：

小玻管法：将半固体管（每管1~2mL）在酒精灯上溶化并冷至50℃，取已知相的H因子血清0.05~0.1mL，加入于溶化的半固体内，混匀后，用毛细吸管吸取分装于供位相变异试验的小玻管内，待凝固后，用接种针挑取待检菌，接种于一端。将小玻管平放在平皿内，并在其旁放一团湿棉花，以防琼脂中水分蒸发而干缩，每天检查结果，待另一相细菌解离后，可以从另一端挑取细菌进行检查。培养基内血清的浓度应有适当的比例，过高时细菌不能生长，过低时同一相细菌的动力不能抑制。一般按原血清1:200~1:800的量加入。

小倒管法：将两端开口的小玻管（下端开口要留一个缺口，不要平齐）放在半固体管内，小玻管的上端应高出于培养基的表面，灭菌后备用，临用时在酒精灯上加热溶化，冷至50℃，挑取因子血清1环，加入小套管中的半固体内，略加搅动，使其混匀，待凝固后，将待检菌株接种于小套管中的半固体表层内，每天检查结果，待另一相细菌解离后，可从套管外的半固体表面取菌检查，或转种1%软琼脂斜面，于37℃培养后再做凝集试验。

简易平板法：将0.35%~0.4%半固体琼脂平板烘干表面水分，挑取因子血清1环，滴在半固体平板表面，放置片刻，待血清吸收到琼脂内，在血清部位的中央点种待检菌株，培养后，在形成蔓延生长的菌苔边缘取菌检查。

c. Vi抗原的鉴定：用Vi因子血清检查。已知具有Vi抗原的菌型有伤寒沙门菌、丙型副伤寒沙门菌、都柏林沙门菌。

d. 菌型的判定和结果报告：综合以上生化试验和血清学分型鉴定的结果，按照有关沙门菌属抗原表判定菌型，并报告结果。

（四）霉菌和酵母菌的检验

1. 设备和材料

除微生物实验室常规灭菌及培养设备外，其它设备和材料如下：

（1）冰箱：2～5℃。

（2）恒温培养箱：(28±1)℃。

（3）均质器。

（4）恒温振荡器。

（5）显微镜：10×～100×。

（6）电子天平：感量0.1g。

（7）无菌锥形瓶：容量500、250mL。

（8）无菌广口瓶：500mL。

（9）无菌吸管：1mL（具0.01mL刻度）、10mL（具0.1mL刻度）。

（10）无菌牛皮纸袋、塑料袋。

2. 培养基和试剂

（1）马铃薯－葡萄糖－琼脂培养基

①成分：

马铃薯（去皮切块）	300g
葡萄糖	20.0g
琼脂	20.0g
氯霉素	0.1g
蒸馏水	1000mL

②制法：将马铃薯去皮切块，加1000mL蒸馏水，煮沸10～20min。用纱布过滤，补加蒸馏水至1000mL。加入葡萄糖和琼脂，加热溶化，分装后，121℃灭菌20min。倾注平板前，用少量乙醇溶解氯霉素加入培养基中。

（2）孟加拉红培养基

①成分：

蛋白胨	5.0g
葡萄糖	10.0g
磷酸二氢钾	1.0g
硫酸镁（无水）	0.5g
琼脂	20.0g
孟加拉红	0.033g
氯霉素	0.1g
蒸馏水	1000mL

②制法：上述各成分加入蒸馏水中，加热溶化，补足蒸馏水至1000mL，分装

后，121℃灭菌 20min。倾注平板前，用少量乙醇溶解氯霉素加入培养基中。

3. 检验程序

霉菌和酵母菌技术的检验程序见图 4－10。

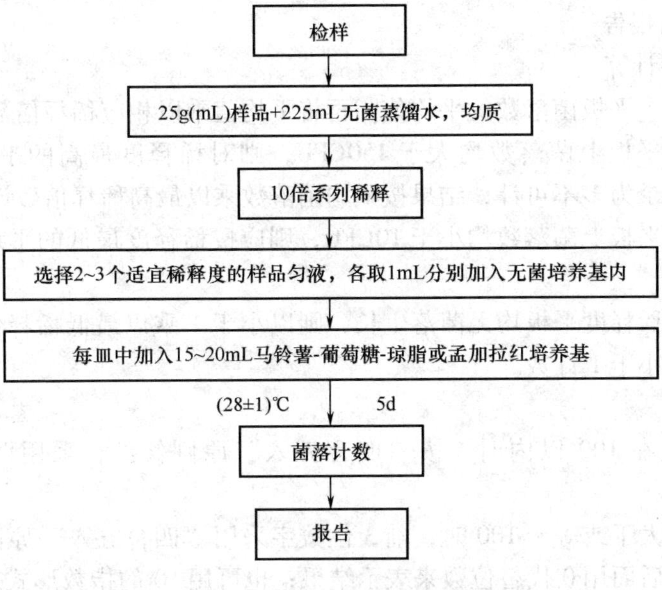

图 4－10　霉菌和酵母菌检验程序

4. 操作步骤

（1）样品稀释

①固体和半固体样品：称取 25g 样品至盛有 225mL 灭菌蒸馏水的锥形瓶中，充分振摇，即为 1∶10 稀释液。或放入盛有 225mL 无菌蒸馏水的均质袋中，用拍击式均质器拍打 2min，制成 1∶10 的样品匀液。

②液体样品：以无菌吸管吸取 25mL 样品至盛有 225mL 无菌蒸馏水的锥形瓶（可在瓶内预置适当数量的无菌玻璃珠）中，充分混匀，制成 1∶10 的样品匀液。

③取 1mL 1∶10 稀释液注入含有 9mL 无菌水的试管中，另换一支 1mL 无菌吸管反复吹吸，此液为 1∶100 稀释液。

④按上述操作程序，制备 10 倍系列稀释样品匀液。每递增稀释一次，换用一次 1mL 无菌吸管。

⑤根据对样品污染状况的估计，选择 2～3 个适宜稀释度的样品匀液（液体样品可包括原液），在进行 10 倍递增稀释的同时，每个稀释度分别吸取 1mL 样品匀液于 2 个无菌平皿内。同时分别取 1mL 样品稀释液加入 2 个无菌平皿作空白对照。

⑥及时将 15～20mL 冷却至 46℃的马铃薯－葡萄糖－琼脂或孟加拉红培养基［可放置于（46±1）℃恒温水浴箱中保温］倾注平皿，并转动平皿使其混合均匀。

（2）培养　待琼脂凝固后，将平板倒置，(28±1)℃培养 5d，观察并记录。

（3）菌落计数　肉眼观察，必要时可用放大镜，记录各稀释倍数和相应的霉菌和酵母菌数。以菌落形成单位（CFU）表示。

选取菌落数在 10～150CFU 的平板，根据菌落形态分别计数霉菌和酵母菌。霉菌蔓延生长覆盖整个平板的可记录为多不可计。菌落数应采用两个平板的平均数。

5. 结果与报告

（1）结果计算

①计算两个平板菌落数的平均值，再将平均值乘以相应稀释倍数计算。

②若所有平板上菌落数均大于 150CFU，则对稀释度最高的平板进行计数，其它平板可记录为多不可计，结果按平均菌落数乘以最高稀释倍数计算。

③若所有平板上菌落数均小于 10CFU，则应按稀释度最低的平均菌落数乘以稀释倍数计算。

④若所有稀释度平板均无菌落生长，则以小于 1 乘以最低稀释倍数计算；如为原液，则以小于 1 计数。

（2）报告

①菌落数在 100 以内时，按“四舍五入”原则修约，采用两位有效数字报告。

②菌落数大于或等于 100 时，前 3 位数字采用“四舍五入”原则修约后，取前 2 位数字，后面用 0 代替位数来表示结果；也可用 10 的指数形式来表示，此时也按“四舍五入”原则修约，采用两位有效数字。

③称重取样以 CFU/g 为单位报告，体积取样以 CFU/mL 为单位报告，报告或分别报告霉菌和/或酵母菌。

（五）志贺菌的检验

志贺菌属的细菌又称痢疾杆菌，人类对志贺菌的易感性较高，所以在食物和饮用水的卫生检验时，常以是否含有志贺菌作为指标。与肠杆菌科各属细菌相比较，志贺菌属的主要鉴别特征：不运动，对各种糖的利用能力较差，在含糖的培养基内一般不形成可见气体。

1. 设备和仪器

除微生物实验室常规灭菌及培养设备外，其它设备和材料如下：

（1）恒温培养箱：36±1 ℃。

（2）冰箱：2～5 ℃。

（3）膜过滤系统。

（4）厌氧培养装置：41.5 ℃±1 ℃。

（5）电子天平：感量 0.1 g。

（6）显微镜：10×～100×。

（7）均质器。

（8）振荡器。

(9) 无菌吸管：1 mL（具0.01 mL 刻度）、10 mL（具0.1 mL 刻度）或微量移液器及吸头。

(10) 无菌均质杯或无菌均质袋：容量500 mL。

(11) 无菌培养皿：直径90 mm。

(12) 全自动微生物生化鉴定系统：4℃。

2. 培养基和试剂

志贺氏菌增菌肉汤-新生霉素（*Shigella broth*）、麦康凯（MAC）琼脂、木糖赖氨酸脱氧胆酸盐（XLD）琼脂、志贺菌显色培养基、三糖铁（TSI）琼脂、营养琼脂斜面、半固体琼脂、葡萄糖铵培养基、尿素琼脂、β-半乳糖苷酶培养基、氨基酸脱羧酶试验培养基、糖发酵管、西蒙氏柠檬酸盐培养基、黏液酸盐培养基、蛋白胨水、靛基质试剂、志贺氏菌属诊断血清、生化鉴定试剂盒。

3. 志贺菌检验程序

志贺菌检验程序如图4-11所示。

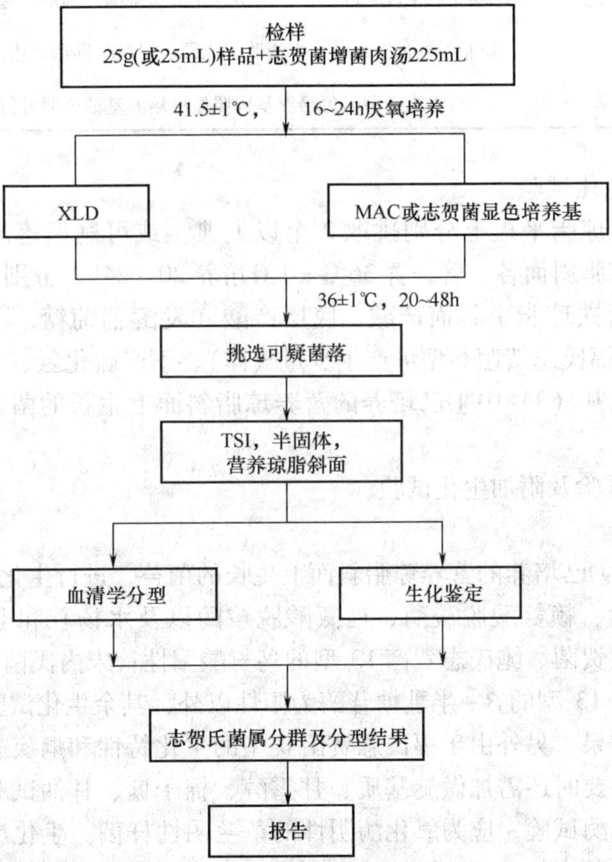

图4-11 志贺菌检验流程图

4. 操作步骤

（1）增菌　以无菌操作取检样 25 g（mL），加入装有灭菌 225 mL 志贺菌增菌肉汤的均质杯，用旋转刀片式均质器以 8 000 r/min～10 000 r/min 均质；或加入装有 225 mL 志贺菌增菌肉汤的均质袋中，用拍击式均质器连续均质 1 min～2 min,液体样品振荡混匀即可。于 41.5 ℃ ±1℃，厌氧培养 16～20 h。

（2）分离　取增菌后的志贺增菌液分别划线接种于 XLD 琼脂平板和 MAC 琼脂平板或志贺菌显色培养基平板上，于 36 ℃ ±1 ℃培养 20～24 h，观察各个平板上生长的菌落形态。宋内氏志贺菌的单个菌落直径大于其它志贺氏菌。若出现的菌落不典型或菌落较小不易观察，则继续培养至 48 h 再进行观察。志贺菌在不同选择性琼脂平板上的菌落特征见表 4－9。

表 4－9　志贺菌在不同选择性琼脂平板上的菌落特征

选择性琼脂平板	选择性琼脂平板志贺菌的菌落特征
MAC	琼脂无色至浅粉红色，半透明、光滑、湿润、圆形、边缘整齐或不齐
XLD	琼脂粉红色至无色，半透明、光滑、湿润、圆形、边缘整齐或不齐
志贺氏菌显色培养基	志贺菌显色培养基按照显色培养基的说明进行判定

（3）初步生化试验

①自选择性琼脂平板上分别挑取 2 个以上典型或可疑菌落，分别接种 TSI、半固体和营养琼脂斜面各一管，置 36℃ ±1℃培养 20～24h，分别观察结果。

②凡是三糖铁琼脂中斜面产碱、底层产酸（发酵葡萄糖，不发酵乳糖，蔗糖）、不产气（福氏志贺菌 6 型可产生少量气体）、不产硫化氢、半固体管中无动力的菌株，挑取其（3）中①已培养的营养琼脂斜面上生长的菌苔，进行生化试验和血清学分型。

（4）生化试验及附加生化试验

① 生化试验。

用（3）中①已培养的营养琼脂斜面上生长的菌苔，进行生化试验，即 β－半乳糖苷酶、尿素、赖氨酸脱羧酶、鸟氨酸脱羧酶以及水杨苷和七叶苷的分解试验。除宋内氏志贺菌、鲍氏志贺菌 13 型的鸟氨酸阳性；宋内氏菌和痢疾志贺菌 1 型，鲍氏志贺菌 13 型的 β－半乳糖苷酶为阳性以外，其余生化试验志贺菌属的培养物均为阴性结果。另外由于福氏志贺菌 6 型的生化特性和痢疾志贺菌或鲍氏志贺氏菌相似，必要时还需加做靛基质、甘露醇、棉子糖、甘油试验，也可做革兰染色检查和氧化酶试验，应为氧化酶阴性的革兰阴性杆菌。生化反应不符合的菌株，即使能与某种志贺菌分型血清发生凝集，仍不得判定为志贺菌属。志贺菌属生化特性见表 4－10。

表 4 – 10　志贺菌属四个群的生化特征

生化反应	A 群：痢疾志贺菌	B 群：福氏志贺菌	C 群：鲍氏志贺菌	D 群：宋内氏志贺菌
5% 乳糖	–	+	–	+/（+）
靛基质	–/+	（+）	–/+	–
甘露醇	–	+*	+	+
棉子糖	–	+	–	+
甘油	（+）	–	（+）	d

注：+表示阳性；–表示阴性；–/+表示多数阴性；+/–表示多数阳性；（+）表示迟缓阳性；d 表示有不同生化型。

* 福氏 4 型和 6 型常见甘露醇阴性变种。

② 附加生化实验。

由于某些不活泼的大肠埃希氏菌（*anaerogenic E. coli*）、A – D（Alkalescens – D isparbiotypes 碱性 – 异型）菌的部分生化特征与志贺菌相似，并能与某种志贺菌分型血清发生凝集；因此前面生化实验符合志贺菌属生化特性的培养物还需另加葡萄糖胺、西蒙氏柠檬酸盐、黏液酸盐试验（36 ℃培养 24 ~ 48 h）。志贺菌属和不活泼大肠埃希氏菌、A – D 菌的生化特性区别见表 4 – 11。

表 4 – 11　志贺菌属和不活泼大肠埃希氏菌、A – D 菌的生化特性区别

生化反应	A 群：痢疾志贺菌	B 群：福氏志贺菌	C 群：鲍氏志贺菌	D 群：宋内氏志贺菌	大肠埃希菌	A – D 菌
葡萄糖铵	–	–	–	–	+	+
西蒙氏柠檬酸盐	–	–	–	–	d	d
黏液酸盐	–	–	–	d	+	d

注 1：+表示阳性；–表示阴性；d 表示有不同生化型。

2：在葡萄糖铵、西蒙氏柠檬酸盐、黏液酸盐试验三项反应中志贺菌一般为阴性，而不活泼的大肠埃希氏菌、A – D（碱性 – 异型）菌至少有一项反应为阳性。

③ 如选择生化鉴定试剂盒或全自动微生物生化鉴定系统，可根据(3)中②的初步判断结果，用(3)中①已培养的营养琼脂斜面上生长的菌苔，使用生化鉴定试剂盒或全自动微生物生化鉴定系统进行鉴定。

(5) 血清学鉴定

① 抗原的准备。

志贺菌属没有动力，所以没有鞭毛抗原。志贺氏菌属主要有菌体（O）抗原。菌体O抗原又可分为型和群的特异性抗原。

一般采用1.2%～1.5%琼脂培养物作为玻片凝集试验用的抗原。

注1：一些志贺菌如果因为K抗原的存在而不出现凝集反应时，可挑取菌苔于1mL生理盐水做成浓菌液，100℃煮沸15～60 min去除K抗原后再检查。

注2：D群志贺菌既可能是光滑型菌株也可能是粗糙型菌株，与其他志贺菌群抗原不存在交叉反应。与肠杆菌科不同，宋内氏志贺菌粗糙型菌株不一定会自凝。宋内氏志贺菌没有K抗原。

② 凝集反应。

在玻片上划出2个约1cm×2cm的区域，挑取一环待测菌，各放1/2环于玻片上的每一区域上部，在其中一个区域下部加1滴抗血清，在另一区域下部加入1滴生理盐水，作为对照。再用无菌的接种环或针分别将两个区域内的菌落研成乳状液。将玻片倾斜摇动混合1 min，并对着黑色背景进行观察，如果抗血清中出现凝结成块的颗粒，而且生理盐水中没有发生自凝现象，那么凝集反应为阳性。如果生理盐水中出现凝集，视作为自凝。这时，应挑取同一培养基上的其它菌落继续进行试验。如果待测菌的生化特征符合志贺菌属生化特征，而其血清学试验为阴性的话，则按⑷中①注1进行试验。

③ 血清学分型（选做项目）。

先用四种志贺菌多价血清检查，如果呈现凝集，则再用相应各群多价血清分别试验。先用B群福氏志贺菌多价血清进行实验，如呈现凝集，再用其群和型因子血清分别检查。如果B群多价血清不凝集，则用D群宋内氏志贺菌血清进行实验，如呈现凝集，则用其Ⅰ相和Ⅱ相血清检查；如果B、D群多价血清都不凝集，则用A群痢疾志贺菌多价血清及1～12各型因子血清检查，如果上述三种多价血清都不凝集，可用C群鲍氏志贺菌多价检查，并进一步用1～18各型因子血清检查。福氏志贺菌各型和亚型的型抗原和群抗原鉴别见表4-12。

表4-12 福氏志贺菌各型和亚型的型抗原和群抗原的鉴别表

型和亚型	型抗原	群抗原	在群因子血清中的凝集		
			3，4	6	7，8
1a	Ⅰ	4	+	-	-
1b	Ⅰ	(4)，6	(+)	+	-
2a	Ⅱ	3，4	+	-	-
2b	Ⅱ	7，8	-	-	+

续表

型和亚型	型抗原	群抗原	在群因子血清中的凝集		
			3，4	6	7，8
3a	Ⅲ	(3，4)，6，7，8	(+)	+	+
3b	Ⅲ	(3，4)，6	(+)	+	-
4a	Ⅳ	3，4	+	-	-
4b	Ⅳ	6	-	+	-
4c	Ⅳ	7，8	-	-	+
5a	Ⅴ	4	(+)	-	-
5b	Ⅴ	7，8	-	-	+
6	Ⅵ	3，4	+	-	-
X	-	7，8	-	-	+
Y	-	3，4	+	-	-

注：+表示凝集；-表示不凝集；()表示有或无。

(6) 结果报告　综合以上生化试验和血清学鉴定的结果，报告25 g (mL) 样品中检出或未检出志贺菌。

(六) 金黄色葡萄球菌检验

1. 设备和材料

除微生物实验室常规灭菌及培养设备外，其它设备和材料如下：

(1) 恒温培养箱：(36±1)℃。

(2) 冰箱：2～5℃。

(3) 恒温水浴箱：37～65℃。

(4) 天平：感量0.1g。

(5) 均质器。

(6) 振荡器。

(7) 无菌吸管：1mL (具0.01mL刻度)、10mL (具0.1mL刻度) 或微量移液器及吸头。

(8) 无菌锥形瓶：容量100、500mL。

(9) 无菌培养皿：直径90mm。

(10) 注射器：0.5mL。

(11) pH计或pH比色管或精密pH试纸。

2. 培养基和试剂

(1) 10%氯化钠胰酪胨大豆肉汤

①成分：

胰酪胨（或胰蛋白胨）	17.0g
植物蛋白胨（或大豆蛋白胨）	3.0g

氯化钠	100.0g
磷酸氢二钾	2.5g
丙酮酸钠	10.0g
葡萄糖	2.5g
蒸馏水	1000mL
pH	7.3±0.2

②制法：将上述成分混合，加热，轻轻搅拌并溶解，调节 pH，分装，每瓶 225mL，121℃高压灭菌 15min。

（2）7.5%氯化钠肉汤

①成分：

蛋白胨	10.0g
牛肉膏	5.0g
氯化钠	75g
蒸馏水	1000mL
pH	7.4

②制法：将上述成分加热溶解，调节 pH，分装，每瓶 225mL，121℃高压灭菌 15min。

（3）血琼脂平板

①成分：

豆粉琼脂（pH7.4～7.6）	100mL。
脱纤维羊血（或兔血）	5～10mL

②制法：加热溶化琼脂，冷却至 50℃，以无菌操作加入脱纤维羊血，摇匀，倾注平板。

（4）Baird－Parker 琼脂平板

①成分：

胰蛋白胨	10.0g
牛肉膏	5.0g
酵母膏	1.0g
丙酮酸钠	10.0g
甘氨酸	12.0g
氯化锂（$LiCl \cdot 6H_2O$）	5.0g
琼脂	20.0g
蒸馏水	950mL
pH	7.0±0.2

②增菌剂的配法：30%卵黄盐水 50mL 与经过除菌过滤的 1%亚碲酸钾溶液 10mL 混合，保存于冰箱内。

③制法：将各成分加到蒸馏水中，加热煮沸至完全溶解，调节 pH 值。分装，每瓶 95mL，121℃高压灭菌 15min。临用时加热溶化琼脂，冷至 50℃，每 95mL 加入预热至 50℃的卵黄亚碲酸钾增菌剂 5mL 摇匀后倾注平板。培养基应是致密不透明的。使用前在冰箱贮存不得超过 48h。

（5）脑心浸出液肉汤（BHI）

①成分：

胰蛋白质胨	10.0g
氯化钠	5.0g
磷酸氢二钠（$12H_2O$）	2.5g
葡萄糖	2.0g
牛心浸出液	500mL
pH	7.4 ±0.2

②制法：加热溶解，调节 pH，分装 16mm×160mm 试管，每管 5mL，121℃高压灭菌 15min。

（6）兔血浆　取柠檬酸钠 3.8g，加蒸馏水 100mL，溶解后过滤，装瓶，121℃高压灭菌 15min。

兔血浆制备：取 3.8% 柠檬酸钠溶液一份，加兔全血四份，混好静置（或以 3000r/min 离心 30min），使血液细胞下降，即可得血浆。

（7）磷酸盐缓冲液

①成分：

磷酸二氢钾（KH_2PO_4）	34.0g
蒸馏水	500mL
pH	7.2

②制法：

贮存液：称取 34.0g 的磷酸二氢钾溶于 500mL 蒸馏水中，用大约 175mL 的 1mol/L 氢氧化钠溶液调节 pH 至 7.2，用蒸馏水稀释至 1000mL 后贮存于冰箱。

稀释液：取贮存液 1.25mL，用蒸馏水稀释至 1000mL，分装于适宜容器中，121℃高压灭菌 15min。

（8）营养琼脂斜面

①成分：

蛋白胨	10.0g
牛肉膏	3.0g
氯化钠	5.0g
琼脂	15.0～20.0g
蒸馏水	1000mL
pH	7.2～7.4

②制法：将除琼脂以外的各成分溶解于蒸馏水内，加入15%氢氧化钠溶液约2mL调节pH至7.2~7.4。加入琼脂，加热煮沸，使琼脂溶化，分装13mm×130mm管，121℃高压灭菌15min。

(9) 革兰氏染色液

①结晶紫染色液：

a. 成分：

结晶紫	1.0g
95%乙醇	20.0mL
1%草酸铵水溶液	80.0mL

b. 制法：将结晶紫完全溶解于乙醇中，然后与草酸铵溶液混合。

②革兰氏碘液：

a. 成分：

碘	1.0g
碘化钾	2.0g
蒸馏水	300mL

b. 制法：将碘与碘化钾先行混合，加入蒸馏水少许充分振摇，待完全溶解后，再加蒸馏水至300mL。

③沙黄复染液：

a. 成分：

沙黄	0.25g
95%乙醇	10.0mL
蒸馏水	90.0mL

b. 制法：将沙黄溶解于乙醇中，然后用蒸馏水稀释。

④染色法：

a. 涂片在火焰上固定，滴加结晶紫染液，染1min，水洗。

b. 滴加革兰氏碘液，作用1min，水洗。

c. 滴加95%乙醇脱色15~30s，直至染色液被洗掉，不要过分脱色，水洗。

d. 滴加复染液，复染1min，水洗、待干、镜检。

(10) 无菌生理盐水

①成分：

氯化钠	8.5g
蒸馏水	1000mL

②制法：称取8.5g氯化钠溶于1000mL蒸馏水中，121℃高压灭菌15min。

3. 第一法：金黄色葡萄球菌定性检验

(1) 检验程序　金黄色葡萄球菌定性检验程序见图4-12。

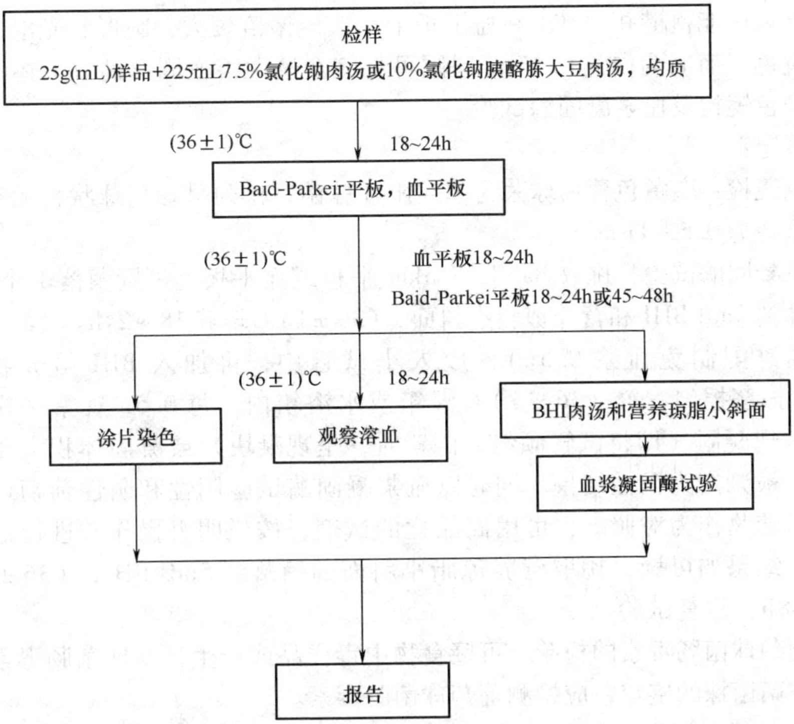

图4－12 金黄色葡萄球菌定性检验程序

（2）操作步骤

①样品的处理：称取25g样品至盛有225mL 7.5%氯化钠肉汤或10%氯化钠胰酪胨大豆肉汤的无菌均质杯内，8000～10000r/min均质1～2min，或放入盛有225mL7.5%氯化钠肉汤或10%氯化钠胰酪胨大豆肉汤的无菌均质袋中，用拍击式均质器拍打1～2min。若样品为液态，吸取25mL样品至盛有225mL7.5%氯化钠肉汤或10%氯化钠胰酪胨大豆肉汤的无菌锥形瓶（瓶内可预置适当数量的无菌玻璃珠）中，振荡混匀。

②增菌和分离培养：

将上述样品匀液于（36±1）℃培养18～24h。金黄色葡萄球菌在7.5%氯化钠肉汤中呈混浊生长，污染严重时在10%氯化钠胰酪胨大豆肉汤内呈混浊生长。

将上述培养物，分别划线接种到Baird－Parker平板和血平板，血平板（36±1）℃培养18～24h，Baird－Parker平板（36±1）℃培养18～24h或45～48h。

金黄色葡萄球菌在Baird－Parker平板上，菌落直径为2～3mm，颜色呈灰色到黑色，边缘为淡色，周围为一混浊带，在其外层有一透明圈。用接种针接触菌落有似奶油至树胶样的硬度，偶然会遇到非脂肪溶解的类似菌落；但无混浊带及透明圈。长期保存的冷冻或干燥食品中所分离的菌落比典型菌落所产生的黑色较淡些，外观可能粗糙并干燥。在血平板上，形成菌落较大，圆形、光滑凸起、湿润、金黄色（有时为白色），菌落周围可见完全透明溶血圈。挑取上述菌落进行革兰氏染色镜检及血浆凝固酶试验。

③鉴定：

染色镜检：金黄色葡萄球菌为革兰阳性球菌，排列呈葡萄球状，无芽孢，无荚膜，直径为0.5～1μm。

血浆凝固酶试验：挑取 Baird－Parker 平板或血平板上可疑菌落1个或以上，分别接种到5mL BHI 和营养琼脂小斜面，(36±1)℃培养18～24h。

取新鲜配制兔血浆0.5mL，放入小试管中，再加入BHI培养物0.2～0.3mL，振荡摇匀，置（36±1)℃温箱或水浴箱内，每0.5h观察一次，观察6h，如呈现凝固（即将试管倾斜或倒置时，呈现凝块）或凝固体积大于原体积的一半，被判定为阳性结果。同时以血浆凝固酶试验阳性和阴性葡萄球菌菌株的肉汤培养物作为对照。也可用商品化的试剂，按说明书操作，进行血浆凝固酶试验。结果如可疑，挑取营养琼脂小斜面的菌落到5mL BHI，（36±1)℃培养18～48h，重复试验。

④葡萄球菌肠毒素的检验　可疑食物中毒样品或产生葡萄球菌肠毒素的金黄色葡萄球菌菌株的鉴定，应检测葡萄球菌肠毒素。

（3）结果与报告　在25g（mL）样品中检出或未检出金黄色葡萄球菌。

4. 第二法：金黄色葡萄球菌 Baird－Parker 平板计数

（1）检验程序　金黄色葡萄球菌平板计数程序见图4－13。

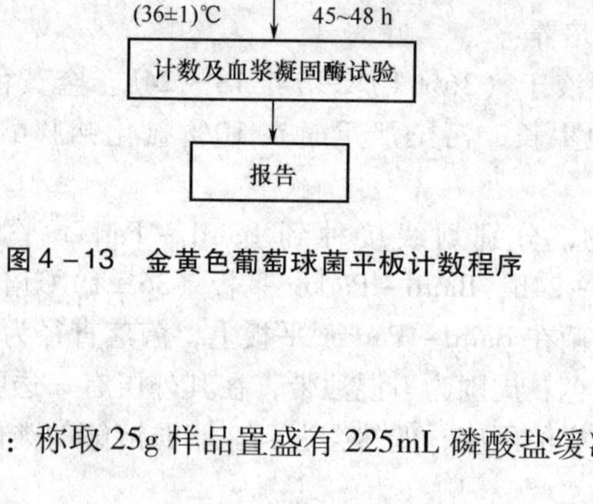

图4－13　金黄色葡萄球菌平板计数程序

（2）操作步骤

①样品的稀释：

固体和半固体样品：称取25g样品置盛有225mL磷酸盐缓冲液或生理盐水的

无菌均质杯内，8000～10000r/min 均质 1～2min，或置盛有 225mL 稀释液的无菌均质袋中，用拍击式均质器拍打 1～2min，制成 1∶10 的样品匀液。

液体样品：以无菌吸管吸取 25mL 样品置盛有 225mL 磷酸盐缓冲液或生理盐水的无菌锥形瓶（瓶内预置适当数量的无菌玻璃珠）中，充分混匀，制成 1∶10 的样品匀液。

用 1mL 无菌吸管或微量移液器吸取 1∶10 样品匀液 1mL，沿管壁缓慢注于盛有 9mL 稀释液的无菌试管中（注意吸管或吸头尖端不要触及稀释液面），振摇试管或换用 1 支 1mL 无菌吸管反复吹打使其混合均匀，制成 1∶100 的样品匀液。

按上述操作程序，制备 10 倍系列稀释样品匀液。每递增稀释一次，换用 1 次 1mL 无菌吸管或吸头。

②样品的接种：根据对样品污染状况的估计，选择 2～3 个适宜稀释度的样品匀液（液体样品可包括原液），在进行 10 倍递增稀释时，每个稀释度分别吸取 1mL 样品匀液以 0.3、0.3、0.4mL 接种量分别加入三块 Baird－Parker 平板，然后用无菌 L 棒涂布整个平板，注意不要触及平板边缘。使用前，如 Baird－Parker 平板表面有水珠，可放在 25～50℃ 的培养箱里干燥，直到平板表面的水珠消失。

③培养：在通常情况下，涂布后，将平板静置 10min，如样液不易吸收，可将平板放在培养箱（36±1）℃ 培养 1h；等样品匀液吸收后翻转平皿，倒置于培养箱，（36±1）℃ 培养 45～48h。

④典型菌落计数和确认：

a. 金黄色葡萄球菌在 Baird－Parker 平板上，菌落直径为 2～3mm，颜色呈灰色到黑色，边缘为淡色，周围为一混浊带，在其外层有一透明圈。用接种针接触菌落有似奶油至树胶样的硬度，偶然会遇到非脂肪溶解的类似菌落；但无混浊带及透明圈。长期保存的冷冻或干燥食品中所分离的菌落比典型菌落所产生的黑色较淡些，外观可能粗糙并干燥。

b. 选择有典型的金黄色葡萄球菌菌落的平板，且同一稀释度 3 个平板所有菌落数合计在 20～200CFU 之间的平板，计数典型菌落数。

如果只有一个稀释度平板的菌落数在 20～200CFU 之间且有典型菌落，计数该稀释度平板上的典型菌落。

最低稀释度平板的菌落数小于 20CFU 且有典型菌落，计数该稀释度平板上的典型菌落。

某一稀释度平板的菌落数大于 200CFU 且有典型菌落，但下一稀释度平板上没有典型菌落，应计数该稀释度平板上的典型菌落。

某一稀释度平板的菌落数大于 200CFU 且有典型菌落，且下一稀释度平板上有典型菌落，但其平板上的菌落数不在 20～200CFU 之间，应计数该稀释度平板上的典型菌落；以上按公式（4－2）计算。

2 个连续稀释度的平板菌落数均在 20～200CFU 之间，按公式（4－3）计算。

⑤从典型菌落中任选 5 个菌落（小于 5 个全选），分别做血浆凝固酶试验。

(3) 结果计算

$$T = AB/Cd \tag{4-2}$$

式中 T——样品中金黄色葡萄球菌菌落数；

A——某一稀释度典型菌落的总数；

B——某一稀释度血浆凝固酶阳性的菌落数；

C——某一稀释度用于血浆凝固酶试验的菌落数；

d——稀释因子。

$$T = \frac{A_1B_1/C_1 + A_2B_2/C_2}{1.1d} \tag{4-3}$$

式中 T——样品中金黄色葡萄球菌菌落数；

A_1——第一稀释度（低稀释倍数）典型菌落的总数；

A_2——第二稀释度（高稀释倍数）典型菌落的总数；

B_1——第一稀释度（低稀释倍数）血浆凝固酶阳性的菌落数；

B_2——第二稀释度（高稀释倍数）血浆凝固酶阳性的菌落数；

C_1——第一稀释度（低稀释倍数）用于血浆凝固酶试验的菌落数；

C_2——第二稀释度（高稀释倍数）用于血浆凝固酶试验的菌落数；

1.1——计算系数；

d——稀释因子（第一稀释度）。

(4) 结果与报告　根据 Baird - Parker 平板上金黄色葡萄球菌的典型菌落数，按上述公式计算，报告 1g（或 1mL）样品中金黄色葡萄球菌数，以 CFU/g（mL）表示；如 T 值为 0，则以小于 1 乘以最低稀释倍数报告。

（七）乳酸菌的检验

1. 定义

(1) 乳酸菌　一群能分解葡萄糖或乳糖产生乳酸、需氧和兼性厌氧、多数无动力、过氧化氢酶阴性、革兰阳性的无芽孢杆菌和球菌。

(2) 乳酸菌菌落总数　检样在一定条件下培养后，所得 1mL（g）检样中所含乳酸菌菌落的总数。

2. 设备和材料

(1) 冰箱：0 ~4℃。

(2) 恒温培养箱：(36 ±1)℃。

(3) 恒温水浴锅：(46 ±1)℃。

(4) 显微镜：10 × ~100 ×。

(5) 均质器或灭菌乳钵。

(6) 架盘药物天平：0 ~500g，精确至 0.5g。

(7) 广口瓶：500mL。

(8) 灭菌吸管：1mL（具 0.01mL 刻度）、5mL、10mL（具 0.1mL 刻度）。

(9) 灭菌锥形瓶：500mL。

（10）灭菌培养皿：直径90mm。

（11）灭菌刀、剪、镊子等。

3. 培养基和试剂

（1）改良TJA培养基（改良番茄汁琼脂培养基）。

（2）改良MC培养基（Modified Clmlmers培养基）。

（3）0.1%美蓝牛乳培养基。

（4）6.5%氯化钠肉汤。

（5）pH9.6葡萄糖肉汤。

（6）40%胆汁肉汤。

（7）淀粉水解培养基。

（8）精氨酸水解培养基。

（9）七叶苷培养基。

（10）革兰氏染色液。

（11）过氧化氢溶液。

（12）蛋白胨水、靛基质试剂。

（13）明胶培养基。

（14）硝酸盐培养基、硝酸盐试剂。

（15）0.85%灭菌生理盐水。

4. 乳酸菌菌落总数的测定

（1）检验程序　乳酸菌菌落总数检验程序见图4－14。

（2）操作步骤

①以无菌操作将经过充分摇匀的检样25mL（g）放入含有225mL灭菌生理盐水的灭菌广口瓶内，做成1∶10的均匀稀释液。

②用1mL灭菌吸管吸取1∶10稀释酸1mL，沿管壁徐徐注入含有灭菌生理盐水的试管内（注意吸管尖端不要触及管内稀释液），振摇试管，混合均匀。

③另取1mL灭菌吸管，按上述操作顺序，做10倍递增稀释液，如此每递增一次，即换用1支1mL灭菌吸管。

④选择2～3个以上适宜稀释度，分别在做10倍递增稀释的同时，即以吸取该稀释度的吸管移1mL稀释液于灭菌平皿内，每个稀释度做两个平皿。

⑤稀释液移入平皿后，应及时将冷至50℃的乳酸菌计数培养基（改良TJA或改良MC）注入平皿约15mL，并转动平皿使混合均匀；同时将乳酸菌计数培养基倾入加有1mL稀释液检样用的灭菌生理盐水的灭菌平皿内做空白对照，以上整个操作自培养物加入培养皿开始至接种结果须在20min内完成。

⑥待琼脂凝固后，翻转平板，置（36±1）℃温箱内培养（72±3）h，观察乳酸菌菌落特征（表4－12），选取菌落数在30～300之间的平板进行计数。计算后，随机挑取5个菌落数进行革兰氏染色，显微镜检查并做过氧化氢酶试验。革

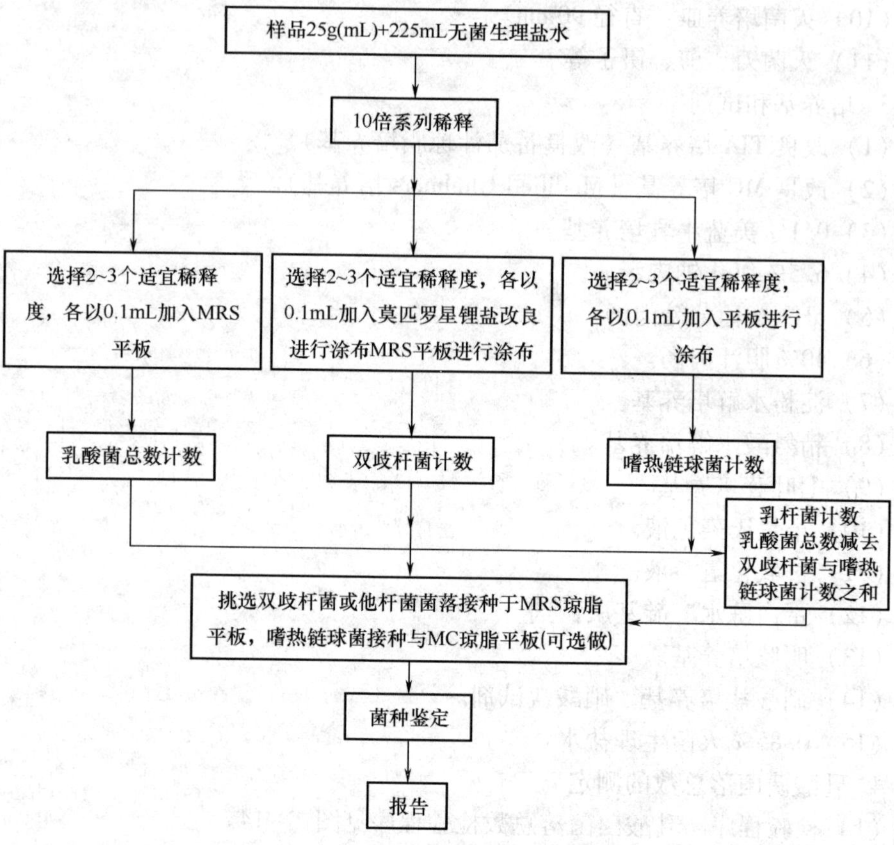

图 4-14 乳酸菌检验程序

兰阳性、过氧化氢酶阴性、无芽孢的球菌或杆菌可定为乳酸菌。根据证实为乳酸菌菌落计算出该皿内的乳酸菌数，然后乘其稀释倍数即得每毫升样品中乳酸菌数。例如，检样 10^{-4} 的稀释液在改良 TJA 琼脂平板上，生成的可疑菌落为 35 个，取 5 个鉴定。证实为乳酸菌的是 4 个，则 1mL。检样中乳酸菌数为：

$$35 \times 4/5 \times 10^{-4} = 2.8 \times 10^5$$

（3）乳酸菌在改良 TJA 和改良 MC 培养基上菌落生长形态特征见表 4-13。

表 4-13 乳酸菌在不同培养基上菌落特征

	改良 TJA	改良 MC
杆菌	平皿底为黄色，菌落中等大小，微白色，湿润，边缘不整齐，直径（3±1）mm，如棉絮团状菌落	平皿底为粉红色，菌落较小，圆形，红色，边缘似星状，直径（2±1）mm，可有淡淡的晕
球菌	平皿底为黄色，菌落光滑，湿润微白色，边缘整齐	平皿底为微红色，菌落较小，圆形，红色，边缘整齐，可有淡淡的晕

注：干酪乳杆菌在改良 TJA 培养基上圆形光滑，边缘整齐，侧面呈菱形状。

5. 乳酸菌的鉴定

对上述分离到的乳酸菌需进行菌种鉴定时，做以下试验：

（1）菌种制备　自平板上挑取菌落，接种于改良 TJA 或改良 MC 琼脂斜面，于（36±1）℃培养，刮取菌苔，分别进行下列试验。

（2）乳酸杆菌鉴定试验　极少见还原硝酸盐，不液化明胶，不产生靛基质和硫化氢。

（3）常见乳杆菌属内种的碳水化合物反应，见表 4－14。

表 4－14　　常见乳杆菌属内中的碳水化合物反应

	七叶苷	纤维二糖	麦芽糖	甘露醇	水杨苷	山梨醇	蔗糖
干酪乳杆菌干酪亚种	+	+	d	+	+	+	d
保加利亚乳杆菌	-	-	-	-	-	-	-
嗜酸乳杆菌	+	+	+	-	+	-	+
乳酸乳杆菌	#	-	+	-	-	-	+

注：d 有些菌株阳性，有些菌株阴性；#弱、慢或阴性。

（4）产乳酸的链球菌的鉴别试验，见表 4－15。

表 4－15　　产乳酸的链球菌的鉴别表

	生长试验								
	10℃	45%	0.1%蓝牛乳	6.5%氯化钠	40%胆汁	pH 9.6	加热 60℃ 30min	水解淀粉	水解精氨酸
嗜热链球菌	-	+	-	-	-	-	+	+	-
乳链球菌	+	-	+	-	+	-	d	-	+
乳脂链球菌	+	-	d	-	+	-	d	-	-

注：d 有些菌株阳性，有些菌株阴性。

（八）商业无菌的检验

1. 仪器和设备

（1）冰箱：0～4℃。

（2）恒温培养箱：（30±1）℃、（36±1）℃、（55±1）℃。

（3）恒温水浴锅：46℃±1℃显微镜：10×～100×。

（4）架盘药物天平：0～500g，精度 0.5g；电位 pH 计。

（5）灭菌吸管：1mL（具 0.01mL 刻度）10mL（具 0.1mL 刻度）。

（6）吸耳球。

（7）灭菌平皿：直径 16mm×160mm；灭菌剪刀。

（8）白色搪瓷盘。

(9) 灭菌镊子。

2. 培养基和试剂

(1) 革兰氏染色剂。

(2) 疱肉培养基。

(3) 溴甲酚紫葡萄糖肉汤。

(4) 酸性肉汤。

①成分:

多价蛋白胨	5g
磷酸氢二钾	4g
酵母浸膏	5g
葡萄糖	5g
蒸馏水	1000mL

②制法: 将以上各成分加热搅拌溶解，调至 pH5.0 ±0.2，121℃灭菌 15min，勿过分加热。

(5) 麦芽浸膏汤

①成分:

麦芽浸膏	15g
蒸馏水	1000mL

②制法: 将麦芽浸膏在蒸馏水中充分溶解，滤纸过滤，调至 pH4.7 ±0.2，分装，121℃灭菌 15min。如无麦芽浸膏，可按下法制备：用饱满健壮大麦粒在水中浸透，置温暖处发芽，幼芽长达到 2cm 时，沥干余水，干透，磨细，成麦芽粉，制备培养基时，取麦芽粉 30g 加水 300mL，混匀，在 60 ~70℃浸渍 1h，吸取出上层水。再同样加水浸渍一次，取上层水，合并两次上层水，并补加水至 1000mL，滤纸过滤，调至 pH4.7 ±0.2，分装，121℃灭菌 15min。

(6) 锰盐营养琼脂　配制营养琼脂，每 1000mL 加入硫酸锰水溶液 1mL (100mL 蒸馏水溶解 3.08g 硫酸锰)。观察芽孢形成情况，最长不超过 10d。

(7) 血琼脂

①成分:

豆粉琼脂 (pH7.4 ~7.6)	100mL
脱纤维羊血 (或兔血)	5 ~10mL

②制法: 加热溶化琼脂，冷至 50℃，按无菌操作加入脱纤维羊血，摇匀，倾注平板。亦可分装灭菌试管，置成斜面。亦可用其它营养丰富的基础培养基配制血琼脂。

(8) 卵黄琼脂

①成分:

基础培养基: 1000mL

蛋白胨	15g
氯化钠	5g
琼脂	25～30g

50%葡萄糖水溶液

50%卵黄盐水悬液

②制法：制备基础培养基，分装每瓶100mL。121℃高压灭菌15min。临用时加热溶化琼脂，冷至50℃，每瓶内加入50%葡萄糖水溶液2mL和50%卵黄盐水悬液10～15mL，摇匀，倾注平板。

3. 检验程序

(1) 审核生产操作记录　杀菌记录包括自动记录仪的记录纸和相应的手记记录。记录纸上要标明产品品名、规格、生产日期和杀菌锅号。每一项图表记录都应由杀菌锅操作者亲自记录和签字，由车间专人审核签字，最后由工厂检验部门审定后签字。

(2) 抽样方法　可采用下述方法之一。

①按杀菌锅抽样：UHT杀菌乳在杀菌冷却完毕后每杀菌锅抽样两袋，一般一个班的产品组成一个检验批，将各锅的样品组成一个样批送检，每批每个品种取样基数不得少于三袋。

②按生产班（批）次抽样：

a. 取样数为1/6000，尾数超过2000者增取一袋，每班（批）每个品种不得少于三袋。

某些产品班产量较大，则以30000袋为基数，其取样数按1/6000；超过30000袋上的按1/20000计，尾数超过4000袋者增取一袋。

b. 个别产品产量过小，同品种同规格可合并班次为一批取样，但并班总数不超过5000袋，每个批次取样数不得少于三袋。

(3) 称量　用电子秤或台天平称量，精确到1g，各HUT灭菌乳的质量减去空袋的平均质量即为该灭菌乳的净重。称量前对样品进行记录编号。

(4) 保温

①将全部HUT灭菌乳按下述分类在规定温度下按规定时间进行保温见表4－16。

表4－16　样品保温时间和温度

输往地温度的范围	温度/℃	时间/d
HUT灭菌乳预定要输往低于40℃地区	36±1	10
HUT灭菌乳预定要输往热带地区（40℃以上）	55±1	5～7

②保温过程中应每天检查，如有涨袋或泄漏等现象，立即剔出做开袋检查。

③开袋：取保温过的全部UHT灭菌乳，冷却到常温后，按无菌操作开袋

检验。

将样袋用温水和洗涤剂洗刷干净，用自来水冲洗后擦干。放入无菌室，以紫外光杀菌灯照射30min。将样袋移置于超净工作台上，用75%酒精棉球擦拭无代号端，并点燃酒精灯灭菌，用灭菌的卫生剪刀按照标记剪开（开袋前适当振摇）。

④留样：开袋后，用灭菌吸管或其它适当工具以无菌操作取出内容物10～20mL，移入灭菌容器内，保存于冰箱中。待该批UHT灭菌乳检验得出结论后可弃去。

⑤pH测定：取样测定pH，与同批中正常灭菌乳相比，看是否有显著的差异。

（5）感官检查　在光线充足、空气清洁无异味的检验室中将UHT灭菌乳内容物倾入白色搪瓷盘内，由有经验的检验人员对产品的外观、色泽、状态和气味等进行观察和嗅闻，鉴别食品有无腐败变质的迹象。

（6）涂片染色镜检

①涂片：对感官或pH检查结果认为可疑的，均应进行涂片染色镜检。用接种环挑取样品涂于载玻片上，待干后用火焰固定。

②染色镜检：用革兰氏染色法染色，镜检，至少观察5个视野，记录细菌的染色反应、形态特征以及每个视野的菌数。与同批的正常样品进行对比，判断是否有明显的微生物增殖现象。

③接种培养：保温期间出现的涨袋、泄漏，或开袋检查发现pH、感官质量异常、腐败变质，进一步镜检发现有异常数量细菌的样袋，均应及时进行微生物接种培养。

对需要接种培养的样袋（或留样）用灭菌的适当工具移出约1mL内容物，分别接种培养。接种量约为培养基的1/10。要求在55℃培养基管，在接种前应在55℃水浴中预热至该温度，接种后立即放入55℃温箱培养。

UHT灭菌乳食品（每袋）接种培养基、管数及培养条件见表4－17。

表4－17　　UHT灭菌乳食品的检验

培养基	管数	培养条件/℃	时间/h
庖肉培养	2	36±1（厌氧）	96～120
庖肉培养	2	55±1（厌氧）	24～72
溴甲酚紫葡萄糖肉汤（带倒管）	2	36±1（需氧）	96～120
溴甲酚紫葡萄糖肉汤（带倒管）	2	55±1（需氧）	24～72

（7）微生物培养检验程序及判定　将按表4－16接种的培养基管分别放入规定温度的恒温箱进行培养，每天观察培养生长情况。

对在36℃培养有菌生长的溴甲酚紫肉汤管，观察产酸产气情况，并涂片染色镜检。如果是含杆菌的混合培养物或球菌、酵母菌或霉菌的纯培养物，不再往下检验；如仅有芽孢杆菌则判为嗜温性需氧芽孢杆菌；如仅有杆菌无芽孢则为嗜温性需氧杆菌，如需进一步证实是否是芽孢杆菌，可转接于锰盐营养琼脂平板在36℃培养后再作判定。

对在55℃培养有菌生长的溴甲酚紫肉汤管，观察产酸产气情况，并涂片染色镜检。如有芽孢杆菌则判为嗜热性需氧芽孢杆菌；如仅有杆菌而无芽孢则判为嗜热性需氧杆菌。如需要进一步证实是否是芽孢杆菌，可转接于锰盐营养琼脂平板，在55℃培养后再作判定。

对在36℃培养有菌生长的庖肉培养基管，涂片染色镜检，如为不含杆菌的混合菌相，不再往下进行；如有杆菌，带或不带芽孢，都要转接于两个血琼脂平板（或卵黄琼脂平板），在36℃分别进行需氧和厌氧培养。在需氧平板上有芽孢生长，则为嗜温性兼性厌氧芽孢杆菌；在厌氧平板上生长为一般芽孢则为嗜温性厌氧芽孢杆菌，如为梭状芽孢杆菌，应用庖肉培养基原培养液进行肉毒梭菌及肉毒毒素检验（按GB/T 4789.12—2003）。

对在55℃培养有菌生长的庖肉培养基管，涂片染色镜检。如有芽孢，则为嗜热性厌氧芽孢杆菌或硫化腐败性芽孢杆菌；如无芽孢仅有杆菌，转接于锰盐营养琼脂平板，在55℃厌氧培养，如有芽孢则为嗜热性厌氧芽孢杆菌，如无芽孢则为嗜热性厌氧杆菌。

有微生物生长的酸性肉汤和麦芽浸膏汤管进行观察，并涂片染色镜检。按所发现的微生物类型判定。

（8）结果判定

①该批UHT灭菌乳食品经审查生产操作记录，属于正常；抽取样品经保温试验未涨袋或泄漏；保温后开袋，经感官检查、pH测定或涂片镜检，或接种培养，确证无微生物增殖现象，则为商业无菌。

②该批UHT灭菌乳食品经审查生产操作记录，未发现问题；抽取样品经保温试验有一袋及一袋以上发生涨袋或泄漏；或保温后开袋，经感官检查、pH测定或涂片镜检和接种培养，确证有微生物增殖现象，则为非商业无菌。

任务一 牛乳中菌落总数的测定

【学习目标】

1. 了解菌落总数的概念和意义。

2. 学会菌落计数的原则和报告方式。

【技能目标】

掌握测定牛乳中菌落总数的基本方法。

【任务实施】

牛乳中菌落总数测定的技能训练。

【试剂与器材】

1. 仪器与设备

恒温培养箱、托盘天平、电炉、吸管、三角瓶、平皿、试管、试管架、酒精灯、灭菌刀或剪刀、75%酒精棉球、玻璃蜡笔。

2. 培养基和试剂

75%乙醇、0.85%生理盐水、琼脂培养基：胰蛋白胨 5.0g、酵母浸膏 2.5g、葡萄糖 1.0g、琼脂 15.0g、蒸馏水 1000mL、pH 7.0 ±0.2。

3. 检样

利乐包装鲜牛乳 250mL。

【操作过程】

1. 检验程序

菌落总数检验程序：检样→做成几个适当倍数的稀释液→选择 2 ~ 3 个适宜稀释度各以 1mL 之量分别加入灭菌平皿内→每皿内加入 46℃ 15 ~ 20mL 营养琼脂→置（36 ±1）℃恒温箱内培养（48 ±2）h 取出→菌落数→报告。

2. 检样稀释及培养

（1）以无菌操作，将检样包装打开，用吸管取 25mL 鲜牛乳，放于含有 225mL 灭菌生理盐水的 500mL 灭菌玻璃三角瓶内（瓶内预先置适当数量的玻璃珠），经充分振摇做成 1∶10 的均匀稀释液。

（2）用 1mL 灭菌吸管吸取 1∶10 稀释液 1mL，沿管壁徐徐注入含有 9mL 灭菌生理盐水的试管内（注意吸管尖端不要触及管内稀释液，下同），振摇试管混合均匀，做成 1∶100 的稀释液。

（3）另取 1mL 的灭菌吸管，按上项操作顺序作 10 倍递增稀释液，如此每递增稀释一次，即换用 1 支 1mL 灭菌吸管。

（4）根据 GB 4789.2—2010 要求和检样的菌落数量，选择 3 个连续适宜稀释度即 10、10^{-1}、10^{-2}，分别在作 10 倍递增稀释的同时，即以吸取该稀释度的吸管移 1mL 稀释液于灭菌平皿内，每个稀释度作两个平皿。

（5）稀释液移入平皿后，应及时将凉至 46℃ 营养琼脂培养基注入平皿 15 ~ 20mL，并转动平皿使与稀释检样混合均匀，同时将营养琼脂培养基倾入加有 1mL 稀释液（不含样品）的灭菌平皿内作空白对照。

（6）等琼脂凝固后，翻转平板，置（36 ±1）℃恒温箱内培养（48 ±2）h 取出，计算平板内菌落数目乘以倍数，即得 1mL 样品所含菌落总数。

【结果处理】

1. 菌落计算方法

参考本模块项目一、三中的相关内容。

2. 实验结果与记录

皿号 \ 菌落数 \ 稀释度	10^{-1}	10^{-2}	10^{-3}	报告数
1				
2				
稀释液对照皿				
空白皿				

判定所检测样品菌落总数是否符合国家标准。

任务二 酸牛乳中大肠菌群的测定

【学习目标】

1. 了解大肠菌群在乳中卫生检验中的意义。
2. 学会大肠菌群测定的原则和报告方式。

【技能目标】

掌握大肠菌群测定和计数的方法。

【任务实施】

酸牛乳中大肠菌群的检验。

【试剂与器材】

1. 仪器与设备

恒温培养箱、恒温水浴锅、托盘天平、吸管、三角瓶、平皿、试管、试管架、酒精灯、灭菌刀或剪刀、75%酒精棉球、玻璃蜡笔。

2. 培养基

月桂基硫酸盐胰蛋白胨肉汤、煌绿乳糖胆盐肉汤、无菌生理盐水。

3. 检样

盒装原味酸奶100mL。

【操作过程】

（1）以无菌吸管吸取 25mL 样品置盛有 225mL 磷酸盐缓冲液或生理盐水的无菌锥形瓶中，充分混匀，制成 1:10 的样品匀液。样品匀液的 pH 应在 6.5～7.5，必要时分别用 1mol/L NaOH 或 1mol/L HCl 调节。

（2）1mL 无菌吸管或微量移液器吸取 1:10 样品匀液 1mL，沿管壁缓缓注入 9mL 磷酸盐缓冲液或生理盐水的无菌试管中，振摇试管或换用 1 支 1mL 无菌吸管反复吹打，使其混合均匀，制成 1:100 的样品匀液。

（3）根据对样品污染状况的估计，按上述操作，依次制成十倍递增系列稀释样品匀液。每递增稀释 1 次，换用 1 支 1mL 无菌吸管或吸头。从制备样品匀液至样品接种完毕，全过程不得超过 15min。

（4）初发酵试验：每个样品，选择 3 个适宜的连续稀释度的样品匀液（液体样品可以选择原液），每个稀释度接种 3 管月桂基硫酸盐胰蛋白胨（LST）肉汤，每管接种 1mL（如接种量超过 1mL，则用双料 LST 肉汤），(36±1)℃培养（24±2）h，观察倒管内是否有气泡产生，（24±2）h 产气者进行复发酵试验，如未产气则继续培养至（48±2）h，产气者进行复发酵试验。未产气者为大肠菌群阴性。

（5）复发酵试验：用接种环从产气的 LST 肉汤管中分别取培养物 1 环，移种于 BGLB 管中，(36±1)℃培养（48±2）h，观察产气情况。产气者，计为大肠菌群阳性管。

【结果处理】

大肠菌群最可能数（MPN）的报告：按 5 中复发酵实验中确证的大肠菌群 LST 阳性管数，检索 MPN 表，报告每 g（mL）样品中大肠菌群的 MPN 值。

【小结】

本项目主要阐述了牛乳中微生物种类及特征以及牛乳中微生物的检验方法。牛乳的微生物检验是为牛乳的安全性提供可靠的理论依据，同时是保证乳制品的质量的有效措施。通过本项目的学习和实践，使学生能够掌握牛乳中微生物检验的操作技能并达到独立对其进行检测的目的。

【知识考核】

一、名词解释

菌落总数、细菌总数、大肠菌群、沙门菌、志贺菌、金黄色葡萄球菌、溶血性链球菌、肉毒毒素中毒

二、选择题

1. 培养后，平皿菌落数的选择时，应选取菌落数在（　　）的平皿作为菌落总数的测定标准。

A. 50～100　　B. 30～300　　C. 30～100　　D. 50～300

2. 配制普通琼脂培养基的成分是（　　）。

A. 蛋白胨、琼脂、牛肉膏、氯化钠

B. 蛋白胨、酵母膏、琼脂、氢氧化钠

C. 蛋白胨、琼脂、葡萄糖、氯化钠

D. 蛋白胨、牛肉膏、乳糖、明胶

3. 下面不是菌落总数快速测定方法的是（　　）。

A. 旋转平皿计数方法　　B. ATP 荧光测定法

C. TTC 法　　D. 阻抗法

4. 下列对菌落总数测定的意义描述错误的是（　　）。

A. 作为判定食品被污染程度的标志

B. 了解从原料到包装受外界污染的情况

C. 菌落总数越多说明食品的卫生质量越高

D. 反映了食品的卫生质量

5. 下列能分解乳糖的细菌是（　　）。

A. 大肠埃希菌　　B. 变形杆菌

C. 伤寒沙门菌　　D. 铜绿假单胞菌

E. 猪霍乱沙门菌

6. 检查哪种细菌指数可判断水、食品是否被粪便污染？（　　）

A. 葡萄球菌　　B. 链球菌　　C. 志贺菌属　　D. 沙门菌属

E. 大肠菌群

7. 下列选项中对于大肠菌群和金黄色葡萄球菌革兰氏染色结果描述正确的是（　　）。

A. 金黄色葡萄球菌革兰阴性菌呈紫色，大肠菌群革兰阳性菌呈红色

B. 金黄色葡萄球菌革兰阳性菌呈紫色，大肠菌群革兰阴性菌呈红色

C. 金黄色葡萄球菌革兰阴性菌呈紫色，大肠菌群革兰阴性菌呈红色

D. 金黄色葡萄球菌革兰阳性菌呈紫色，大肠菌群革兰阳性菌呈红色

8. 下述不属于常见的致病菌的是（　　）。

A. 大肠杆菌　　B. 葡萄球菌　　C. 肉毒梭菌　　D. 沙门菌

9. 不是大肠菌群检验中经常使用抑菌剂的是（　　）。

A. 胆盐　　B. 洗衣粉　　C. 十二烷基硫酸钠　D. 甲基红

三、填空题

1. 在检样固体样品时，将__________检样剪碎，加入稀释液后置于均质器中以__________速度处理 1min。

2. 菌落总数快速测定的方法有__________、__________、__________、__________、__________。

3. 菌落总数的其他检验方法有__________、__________。

4. 大肠菌群主要有肠杆菌科中__________、__________、__________及克雷伯菌属的一部分及沙门菌属的Ⅲ亚属的细菌组成。

5. 大肠埃希菌Ⅰ型和Ⅲ型的特点是：对靛基质、甲基红、V-P和柠檬酸盐的生化反应结果是__________、__________、__________、__________。

6. 食品中大肠菌群快速测定的方法有__________、__________、__________。

四、简答题

1. 菌落总数的检测意义？

2. 涂布平板法的操作过程？

3. 菌落总数测定的过程？

4. 大肠菌群作为粪便指标菌的意义？

5. 粪便污染指标菌的选择依据？

6. 大肠菌群测定的方法与步骤？

项目二 抗生素的检验

【知识目标】

1. 了解食品中抗生素残留的危害性。

2. 掌握检测食品中抗生素残留的几种检测方法。

【技能目标】

学会使用快速检测的方法检测抗生素残留。

【知识必备】

一、概　　述

食品中常见的残留化学物质有如下数种：抗菌药物，主要是抗生素，也包括磺胺类和硝基呋喃衍生物；杀虫剂，如砷、铅；杀寄生虫剂，如马拉硫磷、氯丹；外源性激素，如己烯雌酚；工业化学物质，如汞；放射性同位素，如镭等。这些物质可通过不同途径进入的动物体内，残留于组织中，导致对摄入此种动物肌肉、组织、乳汁的人们产生危害作用。

上述物质中，危害性大但又不被人注意的是抗生素在食品中的残留，它不仅造成药物残留问题，更能导致一系列内外环境的生态学变化。

（一）抗生素污染食物的途径

抗生素进入动物组织来自三方面的途径：非治疗目的用药，治疗目的用药，非法掺杂。

1. 非治疗目的用药

（1）抗生素作为饲料添加剂，促进动物生长。我国常用饲料添加剂是土霉素、地霉素、金霉素和青霉素、链霉素，鸡饲料中几乎百分之百添加 0.005% 土霉素，其次是猪饲料。据报道，估计促进生长率 20% ~30% 。

（2）抗生素用于动物的人工授精。

（3）抗生素用于植物防病和刺激生长。

（4）抗生素用于食品保藏。

（5）抗生素通过挤乳器污染牛乳。

2. 治疗目的用药

兽医上应用抗生素不仅为了治疗牲畜疾病，也可防止人畜共患病传染给人。抗生素在牲畜中的用量不仅要达到有效的治疗剂量，还要考虑到可能的残留量对人类造成的公共卫生问题。

3. 非法掺杂

生产者为了防止牛乳酸败而非法掺入各种抗生素。

（二）食品中抗生素残留的危害性

食品中抗生素残留可称为“隐蔽性药物”，其危害很大。

1. 过敏反应

许多抗生素都可导致过敏，其中以青霉素 G、氨苄西林、链霉素、合霉素和新生霉素为多见。

2. 细菌产生耐药性

1959 年日本首先发现一种“传染性耐药性”，是通过质粒传递的，发展速度极快，敏感菌无需接触抗生素，只要和耐药菌相接触就可获得多种抗生素的耐药性，称为多能耐药性。现在知道人类所有肠道细菌都可发生这种耐药性传染，其来源之一是由于畜禽滥用抗生素产生传染性，耐药性病原菌并随畜禽进入食物链而污染人类，使人成为耐药菌疾病的宿主，给临床治疗带来不可估量的麻烦。这已引起各国科学家的重视。

3. 菌群失调

长期摄入含有抗生素的食物后，抑制了肠道中正常的敏感菌群，而使致病菌、条件致病菌及霉菌、念珠菌大量增殖而导致一系列全身或局部的感染。

4. 影响食品加工

特别是牛乳（羊乳）中含有微量抗生素，将给乳品加工带来如下问题：

（1）影响酸乳的正常凝结和乳酪的正常发酵成熟。

（2）降低白脱乳及同类产品的酸度和风味。

（3）抑制发酵菌种的繁殖。

（4）影响生产工艺中的质控试验。

二、乳中抗生素的检验

（一）嗜热链球菌抑制法

1. 原理

样品经过80℃杀菌后，添加嗜热链球菌菌液。培养一段时间后，嗜热链球菌开始增殖。这时加入代谢底物2，3，5－氯化三苯四氮唑（TTC），若该样品中不含有抗生素或抗生素的浓度低于检测限，嗜热链球菌将继续增殖，还原TTC成为红色物质；相反，如果样品中含有高于检测限的抑菌剂，则嗜热链球菌受到抑制，因此指示剂TTC不还原，保持原色。

2. 设备和材料

除微生物实验室常规灭菌及培养设备外，其它设备和材料如下：

（1）冰箱：2～5℃、－20～－5℃。

（2）恒温培养箱：(36±1)℃。

（3）带盖恒温水浴锅：(36±1)℃、(80±2)℃。

（4）天平：感量0.1g、0.001g。

（5）灭菌吸管：1mL（具0.01mL刻度）、10.0mL（具0.1mL刻度）或微量移液器及吸头。

（6）灭菌试管：18mm×180mm。

（7）温度计：0～100℃。

（8）漩涡混匀器。

3. 菌种、培养基和试剂

（1）菌种：嗜热链球菌。

（2）灭菌脱脂乳。

（3）4%2，3，5－氯化三苯四氮唑（TTC）水溶液。

（4）青霉素G参照溶液。

4. 检验程序

鲜乳中抗生素残留检验程序见图4－15。

5. 操作步骤

（1）活化菌种　取一接种环嗜热链球菌菌种，接种在9mL灭菌脱脂乳中，置(36±1)℃恒温培养箱中培养12～15h后，置2～5℃冰箱保存备用。每15d转种一次。

（2）测试菌液　将经过活化的嗜热链球菌菌种接种灭菌脱脂乳，(36±1)℃

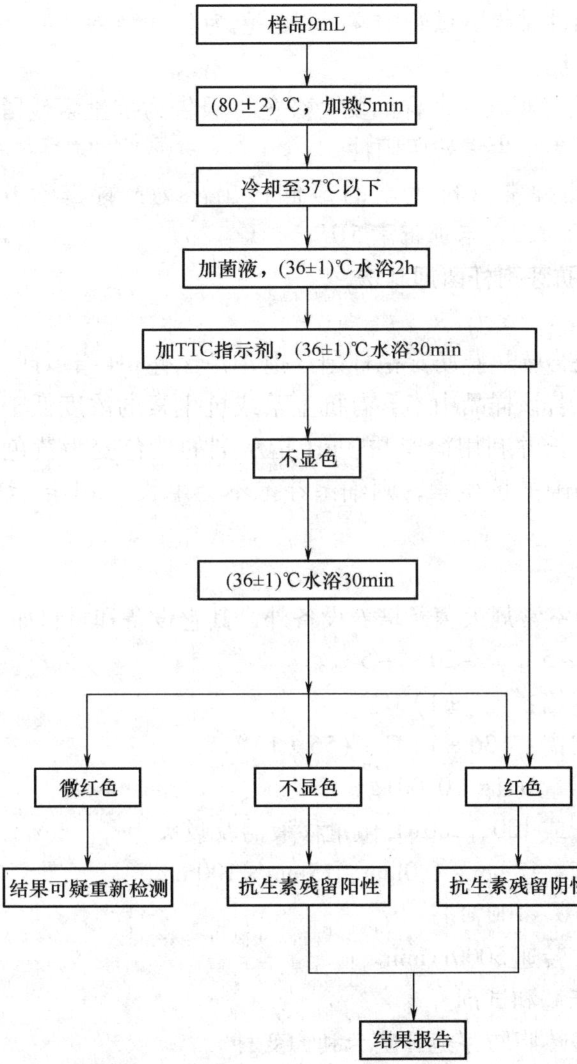

图4－15 鲜乳中抗生素检验流程

培养（15±1）h，加入相同体积的灭菌脱脂乳混匀稀释成为测试菌液。

（3）培养 取样品9mL，置18mm×180mm试管内，每份样品另外做一份平行样。同时再做阴性和阳性对照各一份，阳性对照管用9mL青霉素G参照溶液，阴性对照管用9mL灭菌脱脂乳。所有试管置（80±2）℃水浴加热5min，冷却至37℃以下，加入测试菌液1mL，轻轻旋转试管混匀。（36±1）℃水浴培养2h，加4% TTC水溶液0.3mL，在漩涡混匀器上混合15s或振动试管混匀。（36±1）℃水浴避光培养30min，观察颜色变化。如果颜色没有变化，于水浴中继续避光培养30min作最终观察。观察时要迅速，避免光照过久出现干扰。

（4）判断方法　在白色背景前观察，试管中样品呈乳的原色时，指示乳中有抗生素存在，为阳性结果。试管中样品呈红色为阴性结果。如最终观察现象仍为可疑，建议重新检测。

（5）报告　最终观察时，样品变为红色，报告为抗生素残留阴性。样品依然呈乳的原色，报告为抗生素残留阳性。

本方法检测几种常见抗生素的最低检出限为：青霉素 0.004IU，链霉素 0.5IU，庆大霉素 0.4IU，卡那霉素 5IU。

（二）嗜热脂肪芽孢杆菌抑制法

1. 原理

培养基预先混合嗜热脂肪芽孢杆菌芽孢，并含有 pH 指示剂（溴甲酚紫）。加入样品并孵育后，若该样品中不含有抗生素或抗生素的浓度低于检测限，细菌芽孢将在培养基中生长并利用糖产酸，pH 指示剂的紫色变为黄色；相反，如果样品中含有高于检测限的抗生素，则细菌芽孢不会生长，pH 指示剂的颜色保持不变，仍为紫色。

2. 设备和材料

除微生物实验室常规灭菌及培养设备外，其它设备和材料如下：

（1）冰箱：2～5℃、-20～-5℃。

（2）恒温培养箱：(36±1)℃。

（3）恒温水浴锅：(36±1)℃、(56±1)℃。

（4）天平：感量 0.1g、0.001g。

（5）灭菌吸管或 100、200μL 微量移液器及吸头。

（6）灭菌试管：18mm×180mm、15mm×100mm。

（7）温度计：0～100℃。

（8）离心机：转速 5000r/min。

3. 菌种、培养基和试剂

（1）菌种：嗜热脂肪芽孢杆菌卡利德变种。

（2）无菌磷酸盐缓冲液。

（3）无菌脱脂乳。

（4）溴甲酚紫葡萄糖蛋白胨培养基。

（5）青霉素 G 参照溶液。

4. 检验程序

样品中抗生素残留检验程序见图 4-16。

5. 操作步骤

（1）芽孢悬液　将嗜热脂肪芽孢杆菌菌种划线于营养琼脂平板表面，(56±1)℃培养 24h 后挑取乳白色搬透明圆形特征菌落，在营养琼脂平班上再次划线培养，(56±1)℃培养 24h 后转入（36±1）℃培养 3～4d，镜检芽孢产率达到 95%

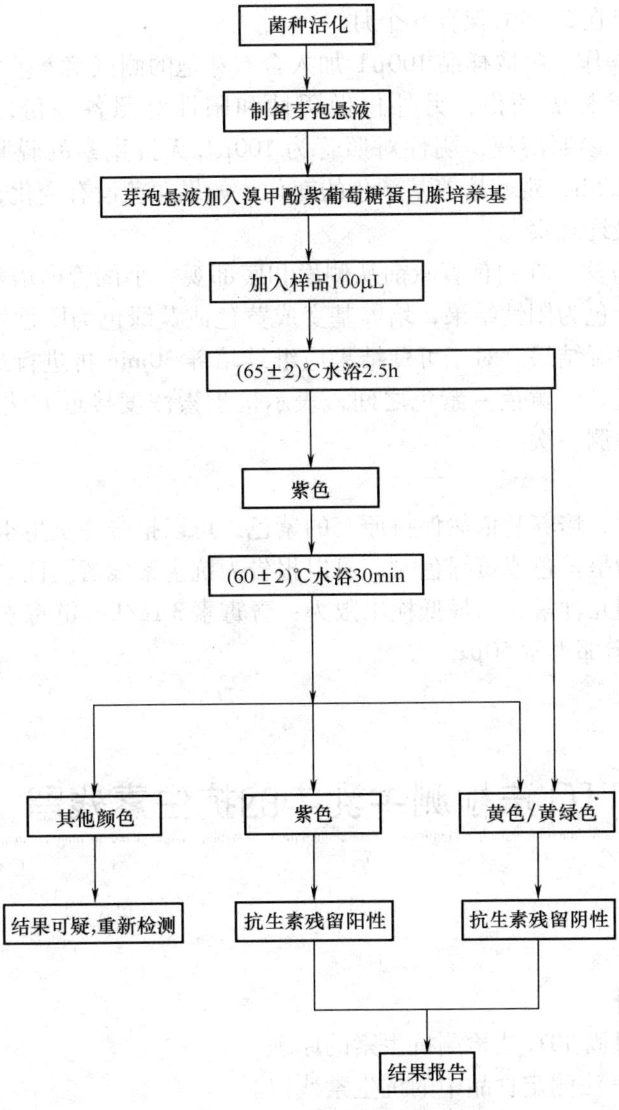

图 4－16　样品检验流程

以上时进行芽孢悬液的制备。每块平板用 1～3mL 无菌磷酸盐缓冲液洗脱培养基表面的菌苔（如果使用克氏瓶，每瓶使用无菌磷酸盐缓冲液 10～20mL）。将洗脱液 5000r/min 离心 15min。取沉淀物加 0.03mol/L 的无菌磷酸盐缓冲液（pH7.2），制成 10^9CFU/mL 芽孢悬液，置（80±2）℃恒温水浴中 10min 后，密封防止水分蒸发，置 2～5℃保存备用。

（2）测试培养基　在溴甲酚紫葡萄糖蛋白胨培养基中加入适量芽孢悬液，混合均匀，使最终的芽孢浓度为 8×10^5～2×10^6CFU/mL。混合芽孢悬液的溴甲酚紫葡萄糖蛋白胨培养基分装小试管，每管200μL，密封防止水分蒸发。配制好的测试培养基可以在2～5℃保存6个月。

（3）培养操作　吸取样品100μL加入含有芽孢的测试培养基中，轻轻旋转试管混匀。每份检样做两份，另外再做阴性和阳性对照各一份，阳性对照管为100μL青霉素G参照溶液，阴性对照管为100μL无抗生素的脱脂乳。于（65±2）℃水浴培养2.5h，观察培养基颜色的变化。如果颜色没有变化，须再于水浴中培养30min作最终观察。

（4）判断方法　在白色背景前从侧面和底部观察小试管内培养基颜色。保持培养基原有的紫色为阳性结果，培养基变成黄色或黄绿色为阴性结果，颜色处于二者之间，为可疑结果。对于可疑结果应继续培养30min再进行最终观察。如果培养基颜色仍然处于黄色－紫色之间，表示抗生素浓度接近方法的最低检出限，此时建议重新检测一次。

6. 报告

最终观察时，培养基依然保持原有的紫色，可以报告为抗生素残留阳性。

培养基变为呈黄色或黄绿色时，可以报告为抗生素残留阴性。

本方法检测几种常见的最低检出限为：青霉素3μg/L，链霉素50μg/L，庆大霉素30μg/L，卡那霉素50μg/L。

任务　TTC法检测牛乳中的抗生素残留

【学习目标】

1. 进一步巩固TTC法检测抗生素的原理。
2. 掌握TTC法测定食品中的抗生素残留。

【技能目标】

掌握使用TTC法测定食品中的抗生素残留操作技能。

【任务实施】

TTC法检测牛乳中的抗生素残留。

【操作内容】

本任务可在化验室或实验室中进行。

1. 设备和材料

冰箱、恒温培养箱、带盖恒温水浴锅、天平、灭菌吸管或微量移液器及吸头、灭菌试管、温度计、漩涡混匀器。

2. 菌种、培养基和试剂

(1) 菌种：嗜热链球菌。

(2) 灭菌脱脂乳。

(3) 4%2，3，5 - 氯化三苯四氮唑（TTC）水溶液。

(4) 青霉素 G 参照溶液。

【操作过程】

参见本模块“乳中抗生素的检验”相关内容。

【结果处理】

最终观察时，样品变为红色，报告为抗生素残留阴性。样品依然呈乳的原色，报告为抗生素残留阳性。

【小结】

本项目以介绍抗生素的检验方法为主要内容，对于抗生素如何残留于牛乳中进行了介绍。以期通过本任务的学习和实践，学生能够根据实际情况选用恰当的检验抗生素方法，达到能够独立对牛乳进行抗生素残留检验的目的。

【知识考核】

一、填空题

1. 食品中常见的残留化学物质有__________、__________、__________、__________。

2. 食品中抗生素残留检测的方法__________、__________、__________。

3. TTC 法测定抗生素残留，灭菌脱脂乳应稀释到__________备用。

4. 嗜热脂肪芽孢杆菌纸片法斜面保存菌种应在__________℃或__________℃培养。

二、简答题

1. 食品中抗生素残留的危害性？

2. 抗生素以非治疗目的用药包括哪几方面？

3. 嗜热脂肪芽孢杆菌纸片法的优点？

4. TTC 法检验抗生素的步骤？

模块五 乳与乳制品中功能性成分及矿物质元素的检测

项目一 乳与乳制品中功能性成分的测定

【知识目标】

1. 了解维生素的概念和分类。
2. 掌握检测乳与乳制品中不溶性膳食纤维的测定原理。
3. 掌握乳制品中脂溶性维生素和水溶性维生素的测定原理。

【技能目标】

1. 熟悉不溶性膳食纤维的测定基本技能。
2. 掌握乳制品中脂溶性维生素和水溶性维生素的测定方法。

【知识必备】

一、不溶性膳食纤维的测定

（一）概述

1. 膳食纤维的化学组成和特性

膳食纤维是指不易被人体消化吸收的，以多糖类为主的大分子物质的总称，是由纤维素、果胶类物质、半纤维素和糖蛋白等物质组成的聚合体。随着科学的进步，人们逐渐认识到，膳食纤维在食品营养上已不再是无用的物质，而是膳食中不可缺少的成分。

膳食纤维的化学组成包括三大部分：纤维状碳水化合物（纤维素）、基料碳水化合物（果胶类物质、半纤维素和糖蛋白）和填充类化合物（木质素）。

膳食纤维的化学组成决定其理化性质，虽然膳食纤维在人体内不能被消化吸收，但却有多种特殊功能和作用：具有很高的持水性、对阳离子有结合和交换能力、对有机化合物有吸附螯合作用、可改变肠道系统中的微生物组成和提高免疫力等。

2. 乳中的不溶性膳食纤维

乳与乳制品中的不溶性膳食纤维是指使用中性洗涤剂将试样中的糖、淀粉、蛋白质、果胶等物质溶解除去后，不能溶解的残渣，主要包括纤维素、半纤维素、木质素、角质和二氧化硅等，并包括不溶性灰分。

（二）不溶性膳食纤维的测定方法

1. 所用药品和试剂配制方法

（1）药品　无水亚硫酸钠、石油醚（沸程 30～60℃）、丙酮、甲苯、EDTA 二钠盐、四硼酸钠（含 10 个结晶水）、乙二醇单乙醚、月桂基硫酸钠、磷酸、无水磷酸氢二钠、磷酸二氢钠、α－淀粉酶、中性洗涤剂溶液、磷酸盐缓冲液、2.5%α－淀粉酶溶液。

（2）试剂配制方法

①中性洗涤剂溶液：将 18.61g EDTA 二钠盐和 6.81g 四硼酸钠（含 $10H_2O$）置于烧杯中，加水约 100mL，加热使之溶解，将 30.00g 月桂基硫酸钠（化学纯）和 10mL 乙二醇独乙醚（化学纯）溶于约 650mL 热水中，合并上述两种溶液，再将 4.56g 无水磷酸氢二钠溶 150mL 热水中，再并入上述溶液中，用磷酸调节上述混合液至 pH6.9～7.1，最后加水至 1000mL。

②磷酸盐缓冲液：由 38.7mL 0.1mol/L Na_2HPO_4 和 61.3mL 0.1mol/L NaH_2PO_4 混合而成，pH 为 7.0±0.2。

③2.5%α－淀粉酶溶液：称取 2.5g α－淀粉酶溶于 100mL 磷酸盐缓冲溶液中，离心、过滤，滤过的酶液备用。

2. 所用材料

耐热玻璃棉（耐热 130℃，需耐热并不易折断的玻璃棉）。

3. 所用仪器和设备

天平（感量为 0.1mg）、烘箱（110～130℃）、恒温箱［(37±2)℃］、纤维测定仪。

如没有纤维测定仪，可使用带控温装置电热板的 600mL 高型无嘴烧杯，容量为 60mL、孔径为 40～60μm 的坩埚式耐酸玻璃滤器，回流冷凝装置，由抽滤瓶、抽滤垫及水泵组成的抽滤装置，精度为 0.01 的 pH 计等部件来组成。

4. 测定方法

(1) 称取固体试样0.5~1.0g或液体试样8.0g（精确到0.1mg）置于高型无嘴烧杯中，如试样脂肪含量超过10%，需先去除脂肪。例如1.00g试样，用石油醚（30~60℃）提取3次，每次10mL。

(2) 加100mL中性洗涤剂溶液，再加0.5g无水亚硫酸钠，电炉加热，5~10min内使其煮沸，移至电热板上，保持微沸1h。

(3) 于耐酸玻璃滤器中，铺1~3g玻璃棉，移至烘箱内，110℃烘4h，取出置干燥器中冷至室温，称量，得 m_1（精确到0.0001g）。

(4) 将煮沸后试样趁热倒入滤器中，用水泵抽滤。用500mL热水（90~100℃），分数次洗烧杯及滤器，抽滤至干。洗净滤器下部的液体和泡沫，塞上橡皮塞。

(5) 于滤器中加入2.5%α-淀粉酶溶液，液面需覆盖纤维，用细针挤压掉其中气泡，加数滴甲苯，盖上表面皿，放于37℃恒温箱中过夜。

(6) 取出滤器，除去底部塞子，抽滤去酶液，并用300mL热水分数次洗去残留酶液，用碘液检查是否有淀粉残留，如有残留，继续加α-淀粉酶水解，如淀粉已除尽，抽干，再以丙酮洗涤2次。

(7) 将滤器置于110℃的烘箱中，烘4h后取出，置于干燥器中，冷至室温，称量，得 m_2（精确到0.0001g）。

5. 结果计算

$$X = \frac{m_2 - m_1}{m} \times 100$$

式中 X——试样中不溶性膳食纤维的含量，g/100g；

m_1——滤器加玻璃棉的质量，g；

m_2——滤器加玻璃棉及试样中纤维的质量，g；

m——试样质量，g。

6. 说明及注意事项

(1) 计算结果以重复性条件下获得的两次独立测定结果的算术平均值表示，结果保留三位有效数字。

(2) 要求在重复性条件下获得的两次独立测定结果的绝对差值不得超过算术平均值的10%。

二、维生素的测定

维生素是维持机体正常生命活动过程所必需的一类微量的低分子有机化合物，它担负着特殊的功能，是其它营养物质不可代替的。尽管机体对维生素的需要量极小，日需要量常以毫克（mg）或微克（μg）计算，但由于这类物质在体内不能合成或合成量不能满足机体的需要，所以必须从食物种获得。一旦缺乏某种维生素，就会引起人体代谢紊乱，以致引发相应的维生素缺乏病。

根据溶解性可将维生素分为脂溶性维生素和水溶性维生素。维生素 A、维生素 D、维生素 E、维生素 K 不溶于水，而溶于脂类及脂溶剂中，故将它们称为脂溶性维生素；B 族维生素和维生素 C 被称为水溶性维生素。B 族维生素包括维生素 B_1、维生素 B_2、维生素 PP、维生素 B_6、维生素 B_{12}、泛酸、生物素、叶酸等。

（一）维生素 A、维生素 E、维生素 D 的测定

维生素 A 又称抗干眼病维生素，严重缺乏时会引起角膜软化症、夜盲症。

维生素 E 又称生育酚，是一种天然抗氧化剂，常用做抗氧化剂添加到食品中。维生素 E 缺乏时，可引起肌肉萎缩及营养性退化。维生素 E 和维生素 C 复合使用具有一定的防癌作用。

维生素 D 为类固醇衍生物，具有抗佝偻病的作用，故称抗佝偻病维生素；又由于维生素 D 与骨骼钙化有关，故又称为钙化醇。维生素 D 有几种天然存在形式，其中最重要的是维生素 D_2 和维生素 D_3，它们皆为无色结晶，性质比较稳定，对热、氧、酸、碱均较稳定，不易破坏。维生素 D 主要促进小肠对钙、磷的吸收，提高血浆钙磷的含量，有利于骨的钙化。维生素 D 缺乏时，在幼儿时期可引起成骨作用障碍出现佝偻病，牙齿生长也迟缓。

1. 维生素 A、维生素 E 的测定

（1）原理　样品中脂溶性维生素在皂化过程中与脂肪分离，经石油醚萃取后，维生素 A、维生素 E 用反相色谱法分离，外标法定量。

（2）试剂　所用试剂均为分析纯或以上规格，水为 GB/T 6682—2008 规定的一级水。

①α-淀粉酶：酶活力≥1.5U/mg。

②无水硫酸钠。

③氢氧化钾。

④异丙醇、乙醇、甲醇、正己烷、环己烷（均为色谱纯）。

⑤石油醚：沸程 30~60℃。

⑥维生素 C 的乙醇溶液（15g/L）。

⑦维生素 A 标准贮藏液、维生素 E 标准贮藏液、维生素 A 标准工作液、维生素 E 标准工作液。

（3）试剂的配制

①维生素 A 标准贮备液（视黄醇）（100μg/mL）：精确称取 10mg 的维生素 A 标准品，用乙醇溶解并定容于 100mL 棕色容量瓶中。

②维生素 E 标准贮备液（α-生育酚）（500μg/mL）：精确称取 50mg 的维生素 E 标准品，用乙醇溶解并定容于 100mL 棕色容量瓶中。

③氢氧化钾水溶液：称取固体氢氧化钾 250g，加入 200mL 水溶解。

（4）仪器设备

①高效液相色谱仪：带紫外检测器。

②旋转蒸发器。

③恒温磁力搅拌器：20~80℃。

④氮吹仪。

⑤离心机：转速≥5000r/min。

⑥培养箱：(60±2)℃。

⑦天平：感量为0.1mg。

（5）样品的制备

①含淀粉的试样：称取混合均匀的固体试样约5g或液体试样约50g（精确到0.1mg）于250mL三角瓶中，加入1g α-淀粉酶，固体试样需用50mL 45~50℃的水使其溶解，混合均匀后充氮，盖上瓶塞，置于（60±2)℃培养箱内培养30min。

②不含淀粉的试样：称取混合均匀的固体试样约10g或液体试样约50g（精确到0.1mg）于250mL三角瓶中，固体试样需用约50mL 45~50℃水使其溶解，混合均匀。

（6）待测液的制备

①皂化：在上述处理的试样溶液中加入约100mL维生素C的乙醇溶液，充分混匀后加25mL氢氧化钾水溶液混匀，放入磁力搅拌棒，充氮排出空气，盖上胶塞。在1000mL的烧杯中加入约300mL的水，将烧杯放在恒温磁力搅拌器上，当水温控制在（53±2)℃时，将三角瓶放入烧杯中，磁力搅拌皂化约45min后，取出立刻冷却到室温。

②提取：用少量的水将皂化液全部转入500mL分液漏斗中，加入100mL石油醚，轻轻摇动，排气后盖好瓶塞，室温下振荡约10min后静置分层，将水相转入另一500mL分液漏斗中，按照上述方法进行第二次萃取。合并醚液，用水洗至近中性。醚液通过无水硫酸钠过滤脱水，滤液收入500mL圆底烧瓶中，于旋转蒸发器上在（40±2)℃充氮条件下蒸至近干（绝不允许蒸干）。残渣用石油醚转移至10mL容量瓶中，定容。

③从上述容量瓶中准确移取2.0mL石油醚溶液放入试管A中，再将试管置于(40±2)℃的氮吹仪中，将试管A中的石油醚吹干后向试管A中加5.0mL甲醇，振荡溶解残渣。再将试管A以不低于5000r/min的速度离心10min，取出静后置至室温，用来测定维生素A、维生素E。

（7）测定

①色谱参考条件：

检测波长：维生素A（325nm）；维生素E（294nm）。

色谱柱：C_{18}柱，250mm×4.6mm，5μm，或具同等性能的色谱柱。

流动相：甲醇。

进样量：20μL。

流速：1.0mL/min。

柱温：(35 ±1)℃。

②标准曲线的绘制：

a. 分别准确吸取维生素A标准贮备液0.50、1.00、1.50、2.00、2.50mL于50mL棕色容量瓶中，用乙醇定容至刻度混匀。此标准系列工作液浓度分别为1.00、2.00、3.00、4.00、5.00μg/mL。

b. 分别准确吸取维生素E标准贮备液1.00、2.00、3.00、4.00、5.00mL于50mL棕色容量瓶中，用乙醇定容至刻度混匀。此标准系列工作液浓度分别为10.0、20.0、30.0、40.0、50.0μg/mL。

c. 将维生素A标准工作液注入液相色谱仪中，得到峰高（或峰面积）。以峰高（或峰面积）为纵坐标，以维生素A标准工作液浓度为横坐标绘制维生素A标准曲线。

d. 将维生素E标准工作液注入液相色谱仪中，得到峰高（或峰面积）。以峰高（或峰面积）为纵坐标，以维生素E标准工作液浓度为横坐标绘制维生素E标准曲线。

③试样的测定：将试管A中的试液注入液相色谱仪中，得到峰高（或峰面积），根据各自标准曲线得到待测溶液中维生素A、维生素E的浓度。

（8）计算

①维生素A含量的计算：

$$X = \frac{\rho_s \times \frac{10}{2} \times 5 \times 100}{m}$$

式中 X——样品中维生素A的含量，μg/100g；

m——样品的质量，g；

ρ_s——从标准曲线得到的维生素A待测液的浓度，μg/mL。

②维生素E含量的计算：

$$X = \frac{\rho_s \times \frac{10}{2} \times 5 \times 100}{m}$$

式中 X——样品中维生素E（α－生育酚）的含量，μg/100g；

ρ_s——从标准曲线得到的维生素E待测液的浓度，μg/mL；

m——样品的质量，g。

（9）注意事项

①维生素A、维生素E标准贮备液均须在－10℃以下避光贮存，标准工作液临用前配制，标准贮备溶液使用前须校正。

②1μg视黄醇＝3.33IU维生素A。

③以重复性条件下获得的两次独立测定结果的算术平均值表示，结果保留三位有效数字。

④在重复性条件下获得的两次独立测定结果的绝对差值，维生素 A、维生素 E 不得超过算术平均值的5%。

⑤检出限：维生素 A 为 1μg/100g、维生素 E 为 10.00μg/100g。

2. 维生素 D 的测定

（1）原理　样品中脂溶性维生素在皂化过程中与脂肪分离，经石油醚萃取后，维生素 D 用正相色谱法分离，外标法进行定量。

（2）仪器、设备和试剂　与维生素 A、维生素 E 测定相同。

（3）试剂配制

①维生素 D_2 标准贮备液（100μg/mL）：精确称取 10mg 的维生素 D_2 标准品，用乙醇溶解并定容于100mL 棕色容量瓶中。

②维生素 D_3 标准贮备液（100μg/mL）：精确称取 10mg 的维生素 D_3 标准品，用乙醇溶解并定容于100mL 棕色容量瓶中。

（4）样品的制备　同维生素 A、维生素 E 测定。

（5）待测液的制备

①皂化：同维生素 A、维生素 E 测定。

②提取：同维生素 A、维生素 E 测定。

③从上述容量瓶中准确移取 7.0mL 石油醚溶液放入试管 B 中，再将试管置于 (40 ±2)℃的氮吹仪中，将 B 中的石油醚吹干后向试管 B 中加 2.0mL 正己烷，振荡溶解残渣。然后将试管 B 以不低于 5000r/min 的速度离心 10min，取出后静置至室温，用来测定维生素 D。

④测定维生素 D 的试样需要同时做回收率实验。

（6）测定

①维生素 D 待测液的净化。

a. 色谱参考条件：

色谱柱：硅胶柱，150mm ×4.6mm，或具同等性能的色谱柱。

流动相：环己烷与正己烷按体积比混合，并按体积分数 0.8% 加入异丙醇。

流速：1mL/min。

波长：264nm。

柱温：(35 ±1)℃。

进样量：500μL。

b. 维生素 D 测定液制备：取约 0.5mL 维生素 D 标准贮备液于 10mL 具塞试管中，在 (40 ±2)℃的氮吹仪上吹干，残渣用 5mL 正己烷振荡溶解。取该溶液 50μL 注入液相色谱仪中测定，确定维生素 D 保留时间。然后将 B 管中 500μL 待测液注入液相色谱仪中，根据维生素 D 标准溶液保留时间收集维生素 D 分馏于试管 C 中。将试管 C 置于 (40 ±2)℃条件下的氮吹仪中吹干，取出准确加入 1.0m 甲醇，残渣振荡溶解，即为维生素 D 测定液。

②维生素 D 测定液的测定。

a. 色谱参考条件：

色谱柱：C18 柱，250mm×4.6mm，5μm，或具同等性能的色谱柱。

流动相：甲醇（4.7）。

流速：1mL/min。

检测波长：264nm。

柱温：(35±1)℃。

进样量：100μL。

b. 标准曲线的绘制：分别准确吸取维生素 D_2（或 D_3）标准贮备液 0.20、0.40、0.60、0.80、1.00mL 于 100mL 棕色容量瓶中，用乙醇定容至刻度混匀。此标准系列工作液浓度分别为 0.200、0.400、0.600、0.800、1.000μg/mL。

c. 分别将维生素 D_2（或维生素 D_3）标准工作液注入液相色谱仪中，得到峰高（或峰面积）。以峰高或峰面积为纵坐标，以维生素 D_2（或维生素 D_3）标准工作液浓度为横坐标分别绘制标准曲线。

③维生素 D 试样的测定。

a. 吸取 C 管中维生素 D 测定液 100μL 注入液相色谱仪中，得到峰高或峰面积，根据标准曲线得到维生素 D 测定液中维生素 D_2（或维生素 D_3）的浓度。

b. 维生素 D 回收率测定结果记为回收率校正因子 f，代入下面公式，对维生素 D 含量测定结果进行校正。

（7）计算

$$X = \frac{\rho_s \times \frac{10}{7} \times 2 \times 2 \times 100}{m \times f}$$

式中 X——样品中维生素 D_2（或维生素 D_3）的含量，μg/100g；

m——样品的质量，g；

ρ_s——从标线得到的维生素 D_2（或维生素 D_3）待测液的浓度，μg/mL；

f——回收率校正因子。

（8）注意事项

①试样中维生素 D 的含量以维生素 D_2 和维生素 D_3 的含量总和计算。

②以重复性条件下获得的两次独立测定结果的算术平均值表示，结果保留三位有效数字。

③在重复性条件下获得的两次独立测定结果的绝对差值，维生素 D 不得超过算术平均值的 10%。

④检出限：维生素 D 为 0.20μg/100g。

（二）维生素 K 的测定

维生素 K 又称凝血维生素，常见的有维生素 K_1 和维生素 K_2。维生素 K 为黄色油状物，耐热，对光和碱不稳定，在空气中被氧缓慢地氧化而分解，维生素 K

具有还原性，可清除自由基。当缺乏维生素 K 时，血液中凝血因子活性降低，凝血时间延长，严重时发生皮下、肌肉和胃肠出血。

1. 原理

用脂肪酶降解试样中的脂肪和不饱和脂肪酸，对于含淀粉试样需先用淀粉酶降解试样中的淀粉，经碱皂化后，用正已烷提取维生素 K_1。通过液相色谱法分离，柱后还原维生素 K_1，荧光检测器检测，外标法定量。

2. 试剂

氢氧化钠溶液（10mol/L）、95%乙醇、饱和氯化钠溶液、正已烷（色谱纯）、无水硫酸钠、甲醇（色谱纯）、二氯甲烷（色谱纯）、冰醋酸、氯化锌、无水乙酸钠、酶活力≥1.5U/mg 的淀粉酶、酶活力≥700U/mg 的脂肪酶、粒度 50~70μm 的锌粉、维生素 K_1 标准溶液、维生素 K_1 标准贮备液（2mg/mL）、维生素 K_1 标准中间液（20μg/mL）。

3. 试剂配制

除非另有规定，本方法所用试剂均为分析纯，水为 GB/T 6682—2008 规定的一级水。

（1）10mol/L NaOH 溶液　临用前配制。

（2）维生素 K_1 标准浓度的标定　取维生素 K_1 标准工作溶液，按波长给定测定各维生素的吸光值，用比吸光系数计算出该维生素 K_1 的浓度。测定条件见表 5-1。

表 5-1　测定条件

标准	1%比吸光系数	波长 λ/nm
维生素 K_1	422	248

浓度按下面公式计算：

$$\rho_i = \frac{A}{E} \times \frac{1}{100}$$

式中　ρ_i——维生素 K_1 的浓度，g/mL；

A——维生素 K_1 的平均紫外吸光值；

E——维生素 $K_1$1%比色光系数。

（3）维生素 K_1 标准贮备液（2mg/mL）　称 0.05g 维生素 K_1 标准品（精确到 0.1mg），于 25mL 容量瓶中，用正已烷溶解定容。

（4）维生素 K_1 标准中间液（20μg/mL）　取标准贮备液 1mL 加正已烷定容至 100mL。

（5）流动相　甲醇 900mL，二氯甲烷 100mL，冰醋酸 0.3mL，氯化锌 1.5g，无水乙酸钠 0.5g，溶解后用 0.45μm 滤膜过滤。

4. 仪器和设备

（带有荧光检测器）高效液相色谱仪、感量为0.1mg的天平、250mL的分液漏斗、旋转蒸发器、恒温空气浴振荡器、转速≥3000r/min的离心机、氮吹仪。

5. 测定

（1）试样处理

①含淀粉的试样：称取混合均匀的固体试样约2.5g或液体试样约10g（精确到0.1mg）于三角瓶中，加入0.5g淀粉酶，用30mL温水溶解。

②不含淀粉的试样：称取混合均匀的固体试样约2.5g或液体试样约10g（精确到0.1mg）于三角瓶中，用30mL温水溶解。

（2）测定液的制备　向上述处理过的试样溶液中加入1g脂肪酶，于（37±5）℃恒温空气浴振荡器中振荡过夜，使其充分酶解。取出酶解好的试样，加入2mL氢氧化钠溶液，用50mL乙醇将溶液转入250mL的分液漏斗中，充分混匀（必要时加少量饱和氯化钠溶液）。加入50mL正己烷，充分振摇2min，静置分层。放出下层水相于另一个250mL分液漏斗中，留下有机相。向水相中再次加入50mL正己烷再次萃取，合并有机相。用适量蒸馏水洗有机相两次。将有机相通过无水硫酸钠脱水过滤到一个500mL的烧瓶中，在旋转蒸发器上于（40±2）℃下蒸发至近干。用正己烷转移残留物到一个10mL试管中，置氮吹仪上于（40±2）℃下吹干，准确加入1mL正己烷，充分振荡溶解残留物。将试管放入冰箱中在0℃以下冷冻1h备用。

（3）色谱参考条件

色谱柱：C18色谱柱，150mm×4.6mm，5μm，或具同等性能的色谱柱。

锌还原柱：4.6mm×50mm。

检测波长：激发波长为243nm，发射波长为430nm。

流动相：甲醇900mL，二氯甲烷100mL，冰醋酸0.3mL，氯化锌1.5g，无水乙酸钠0.5g，溶解后用0.45μm滤膜过滤。

流速：1mL/min。

进样量：10μL。

（4）维生素K_1标准曲线绘制　标准溶液配制后需要对所配制的标准溶液进行校正。分别准确吸取标准中间液0、0.5、1.0、1.5、2.0、2.5mL加正己烷定容至25mL，此标准系列工作液维生素K_1浓度分别为0、0.40、0.80、1.20、1.60、2.00μg/mL。将系列标准维生素K_1工作液分别注入高效液相色谱仪中，测定相应的峰面积或峰高，以峰面积或峰高为纵坐标，以标准测定液浓度为横坐标绘制标准曲线。

（5）测定液的测定　将制备好的测定液在暗处放至室温，于离心机中在3000r/min下离心5min，吸取上清液注入高效液相色谱仪中，测定相应的峰面积或峰高。从标准曲线上查得试样溶液中维生素K_1的浓度或通过回归方程计算出

试样溶液中维生素 K_1 的浓度。

6. 计算

$$X = \frac{\rho_i \times V_i \times n}{m_i}$$

式中 X——试样中维生素 K_1 的含量，μg/100g；

ρ_i——试样溶液的浓度，μg/mL；

V_i——试样溶液的体积，mL；

m_i——试样的质量，g；

n——样液稀释倍数。

7. 注意事项

（1）维生素 K_1 遇光易分解，整个操作应避光。

（2）以重复性条件下获得的两次独立测定结果的算术平均值表示，结果保留到小数点后一位。

（3）在重复性条件下获得的两次独立测定结果的绝对差值不得超过算术平均值的 10%。

（4）本标准检出限为 1μg/100g。

（三）维生素 B_1 的测定

维生素 B_1 又名硫胺素，为白色针状结晶，在中性及碱性溶液中易被氧化，但在酸性溶液中即使加热也不被破坏。维生素 B_1 缺乏时易出现两脚软弱无力、手足麻木、肌肉萎缩食欲不振等神经炎症状。

1. 原理

样品在稀盐酸环境中恒温水解，酶解，样液用碱性铁氰化钾衍生，正丁醇（或异丁醇）萃取后，经 C_{18} 反相色谱柱分离，用荧光检测器（E_x：375nm，E_m：435nm）检测，外标法定量。

2. 试剂和材料

除非另有规定，本方法所用试剂均为分析纯，水为 GB/T 6682—2008 规定的一级水。

正丁醇或异丁醇、铁氰化钾、氢氧化钠、浓盐酸、三水乙酸钠、冰乙酸、甲醇（色谱纯）、铁氰化钾溶液（20g/L）、氢氧化钠溶液（100g/L）、碱性铁氰化钾溶液、盐酸（0.1mol/L）、盐酸（0.01mol/L）、乙酸钠溶液（0.05mol/L）、混合酶溶液、维生素 B_1 标准贮备液（500μg/mL）、维生素 B_1 标准中间液、维生素 B_1 标准工作液。

3. 试剂配制

（1）维生素 B_1 标准品　硫胺素盐酸盐或硫胺素硝酸盐，纯度≥99%。

（2）铁氰化钾溶液（20g/L）　称取 2g 铁氰化钾，用水溶解并定容至 100mL，临用前配制。

（3）氢氧化钠溶液（100g/L） 称取25g氢氧化钠，用水溶解并定容至250mL。

（4）碱性铁氰化钾溶液 将5mL铁氰化钾溶液与200mL氢氧化钠溶液混合。临用前配制。

（5）盐酸（0.1mol/L） 吸取9mL浓盐酸，溶于1000mL水中。

（6）盐酸（0.01mol/L） 吸取0.1mol/L盐酸50mL，用水稀释并定容至500mL。

（7）乙酸钠溶液（0.05mol/L） 称取6.80g三水乙酸钠，加900mL水溶解，用冰乙酸调pH至4.0~5.0，定容至1000mL。经0.45μm微孔滤膜过滤。

（8）乙酸钠溶液（2.0mol/L） 称取27.22g三水乙酸钠，用水溶解并定容至100mL。

（9）混合酶溶液 称取2.345g木瓜蛋白酶（活力单位≥600U/g）、1.175g淀粉酶（活力单位≥4000U/g），用水溶解并定容至50mL。临用前配制。

（10）维生素B_1标准贮备液（500μg/mL） 称取相当于硫胺素50mg（精确至0.1mg）的维生素B_1标准品，用0.01mol/L盐酸溶解并定容于100mL。置于0~4℃冰箱中，保存期为3个月。

（11）维生素B_1标准中间液 准确吸取2.00mL标准贮备液，用水稀释并定容至100mL，此溶液中维生素B_1浓度为10μg/mL。临用前配制。

（12）维生素B_1标准工作液 分别吸取维生素B_1标准中间液0、0.50、1.00、2.00、5.00、10.00mL，用水溶解并定容至100mL。该标准系列浓度分别为0、0.05、0.10、0.20、0.5、1.00μg/mL。临用前配制。

4. 仪器和设备

带有荧光检测器的高效液相色谱仪、高压灭菌锅、转速≥4000r/min的离心机、精度0.01的pH计、组织捣碎机（转速在0~12000r/min可调）、0.45μm微孔有机滤膜、感量为0.001g和0.0001g的天平。

5. 分析步骤

（1）试样的处理

①试液提取：称取5~10g（精确至0.01g）试样（如有必要，将试样放入捣碎机中捣碎；试样中含维生素B_{15} μg以上）于100mL三角瓶中，加60mL 0.1mol/L HCl，充分摇匀，用棉花塞和牛皮纸封口，放入高压灭菌锅内，在121℃下保持30min，待冷却至40℃以下后取出，轻摇数次；用2.0mol/L乙酸钠溶液调pH至4.0左右，加入2.0mL（可根据酶活力不同适当调整用量）混合酶液，摇匀后，置于37℃的培养箱中过夜；将酶解液转移至100mL容量瓶中，用水定容至刻度，滤纸过滤，取滤液备用。此操作过程应在避免强光照射的环境下进行。

②试液衍生化：取上述滤液10.00mL于25mL具塞比色管中，加入5mL碱性

铁氰化钾，充分混匀后，加10.00mL正丁醇（或异丁醇），强烈振荡后静置约10min，充分分层，吸取正丁醇（或异丁醇）相（上层）于4000～6000r/min离心5min，取上清液经有机微孔滤膜过滤，供进样用。另取10.00mL标准工作液，与试液同步进行衍生化。室温条件下衍生产物在4h内稳定。此操作过程应在避免强光照射的环境下进行。

（2）测定

①色谱参考条件：

色谱柱：C_{18}反相色谱柱（粒径5μm，250mm×4.6mm）或相当者。

流动相：0.05mol/L乙酸钠溶液－甲醇=65+35。

流速：1.00mL/min。

检测波长：激发波长37nm，发射波长435nm。

进样量：20μL。

②标准曲线绘制：将维生素B_1标准系列工作液衍生物依次按上述推荐色谱条件上机测定，记录色谱峰面积。以峰面积为纵坐标，浓度为横坐标，绘制标准曲线。

③试液测定：将试液衍生物按上述推荐色谱条件进样测定，从标准曲线中查得试液相应的浓度。

6. 分析结果的表述

试样中维生素B_1的含量按下式计算：

$$X=\frac{\rho\times V\times 100}{m\times 1000}$$

式中 X——试样中维生素B_1的含量（以硫胺素计），mg/100g；

ρ——试液的进样浓度，μg/mL；

V——试样定容体积，mL；

m——试样质量，g。

7. 注意事项

（1）以重复性条件下获得的两次独立测定结果的算术平均值表示，结果保留三位有效数字。

（2）重复性条件下获得的两次独立测定结果的绝对差值不得超过算术平均值的10%。

（3）当取样量为10.00g时，本标准中方法定量限为0.05mg/100g。

（四）维生素B_2的测定

维生素B_2又名核黄素，为橘黄色针状结晶化合物，溶于水和乙醇，在碱性溶液中受光照射极易破坏，在酸性溶液中耐热、稳定。缺乏时易出现唇炎、口角炎等。

1. 原理

试样在稀盐酸环境中恒温水解，酶解，经C_{18}反相色谱柱分离，用荧光检测器（E_x：462nm，E_m：522nm）检测，外标法定量。

2. 药品和材料

盐酸、三水乙酸钠、冰乙酸、甲醇（色谱纯）、维生素 B_2（核黄素）标准品（纯度≥99%）。

3. 试剂配制

（1）盐酸（1+1） 量取100mL盐酸缓慢倒入100mL水中，混匀。

（2）盐酸（0.1mol/L） 吸取9mL盐酸，溶于1000mL水中。

（3）盐酸（0.01mol/L） 吸取0.1mol/L盐酸50mL，用水稀释并定容至500mL。

（4）乙酸钠溶液（0.05mol/L） 称取6.80g三水乙酸钠，加900mL水溶解，用冰乙酸调pH至4.0~5.0，用水定容至1000mL。经0.45μm微孔滤膜过滤。

（5）乙酸钠溶液（2.0mol/L） 称取27.22g三水乙酸钠，用水溶解并定容至100mL。

（6）混合酶溶液：称取2.345g木瓜蛋白酶（活力单位≥600U/g）、1.175g淀粉酶（活力单位≥4000U/g）和1.000g酸性磷酸酶（活力单位≥4000U/g），用水定容至50mL。临用前配制。

（7）维生素 B_2 标准贮备液（250μg/mL） 称取25mg（精确至0.1mg）维生素 B_2 标准品，加入盐酸2mL，超声溶解后，立即用水转移并定容至100mL。置于棕色玻璃容器中在0~4℃冰箱贮存，保存期为3个月。

（8）维生素 B_2 标准中间液 准确吸取4.00mL标准贮备液，用水稀释并定容至100mL，此溶液中维生素 B_2 浓度为10μg/mL。临用前配制。

（9）维生素 B_2 标准系列工作液 分别吸取维生素 B_2 标准中间液0、0.50、1.00、2.00、5.00、10.00mL，用水溶解并定容至100mL。该标准系列浓度分别为0、0.05、0.10、0.20、0.50、1.00μg/mL。临用前配制。

4. 仪器和设备

带有荧光检测器的高效液相色谱仪、高压灭菌锅、精度为0.01的pH计、组织捣碎机、0.45μm微孔水相滤膜、感量1mg和0.1mg的天平。

5. 测定

（1）试样的处理 称取5~10g（精确至0.01g）试样（如有必要，将试样放入捣碎机中捣碎；试样中含维生素 B_2 5μg以上）于100mL三角瓶中，加60mL 0.1mol/L HCl，充分摇匀，用棉花塞和牛皮纸封口，放入高压灭菌锅内，在121℃下保持30min，待冷却至40℃以下后取出，轻摇数次；用2.0mol/L乙酸钠溶液调pH至4.0左右，加入2.0mL混合酶溶液，摇匀后，置于37℃培养箱中过夜；将酶解液转移至100mL量瓶中，用水定容至刻度，用定量滤纸过滤，取滤液再经0.45μm滤膜过滤，取滤液备用。此操作过程应避免强光照射。

（2）参考色谱条件

色谱柱：C_{18}反相色谱柱（粒径5μm，250mm×4.6mm）或同等性能的色谱柱。

流动相：0.05mol/L 乙酸钠溶液 - 甲醇（体积比 65:35）。

流速：1.0mL/min。

检测波长：激发波长 462nm，发射波长 522nm。

进样量：20μL。

（3）标准曲线绘制　将维生素 B_2 标准系列工作液依次进行色谱测定，记录色谱峰面积。以峰面积为纵坐标，浓度为横坐标，绘制标准曲线。

（4）试液测定　将试液进行色谱测定，从标准曲线中查得试液相应的浓度。

（5）空白试验　除不加试样外，按上述操作步骤进行。

6. 结果计算

$$X = \frac{\rho \times V \times 100}{m \times 1000}$$

式中　X——试样中维生素 B_2 的含量（以核黄素计），mg/100g；

ρ——试液的进样浓度，μg/mL；

V——试样定容体积，mL；

m——试样质量，g。

7. 注意事项

（1）以重复性条件下获得的两次独立测定结果的算术平均值表示，结果保留三位有效数字。

（2）在重复性条件下获得的两次独立测定结果的绝对差值不得超过算术平均值的 10%。

（3）当取样量为 10.00g 时，本标准定量限为 0.05mg/100g。

（五）维生素 B_6 的测定

维生素 B_6 又称吡哆素，包括吡哆醇、吡哆醛、吡哆胺。维生素 B_6 都是无色晶体，在酸性溶液中稳定，在碱性溶液中加热已被破坏，对光敏感，受紫外线照射易被破坏。维生素 B_6 与人体蛋白质和脂肪的代谢有密切的关系，对氨基酸代谢十分重要。

1. 原理

试样经热水提取等前处理后，经 C_{18} 色谱柱分离，荧光检测器检测，外标法定量测定维生素 B_6（吡哆醇、吡哆醛、吡哆胺）的含量。

2. 药品和材料

除非另有规定，本方法所用试剂均为分析纯，水为 GB/T 6682—2008 规定的一级水

淀粉酶（酶活力≥1.5U/mg）、辛烷磺酸钠（优级纯）、冰乙酸（优级纯）、甲醇（色谱纯）、三乙胺（色谱纯）。

3. 试剂配制

（1）盐酸溶液（0.1mol/L）　吸取 9mL 盐酸，溶于 1000mL 水中。

（2）盐酸溶液（5.0mol/L）　吸取 450mL 盐酸，溶于 1000mL 水中。

（3）氢氧化钠溶液（0.1mol/L） 取4g氢氧化钠，溶解并定容至1000mL。

（4）氢氧化钠溶液（5.0mol/L） 取200g氢氧化钠，溶解并定容至1000mL。

（5）维生素 B_6（哆醇、吡哆醛、吡哆胺）标准贮备液（1mg/mL） 称取0.05g（精确至0.0001g）吡哆醇、吡哆醛、吡哆胺标准品，分别置于50mL容量瓶中，用水溶解定容。

（6）维生素 B_6（吡哆醇、吡哆醛、吡哆胺）混合标准中间液（20μg/mL） 分别准确吸取吡哆醇、吡哆醛、吡哆胺标准贮备液1mL至50mL容量瓶中，用水定容。

（7）维生素 B_6（吡哆醇、吡哆醛、吡哆胺）混合标准系列测定液 分别准确吸取维生素 B_6 混合标准中间液0、1.0、2.0、3.0、5.0mL，至100mL容量瓶中，用水定容。该标准系列浓度分别为0、0.20、0.40、0.60、1.00μg/mL。临用前配制。

4. 仪器与设备

带荧光检测器的声波振荡器高效液相色谱仪、感量为0.1mg天平、精度为0.01的pH计、30～80℃的培养箱。

5. 测定

（1）样品预处理

①淀粉的试样：称取混合均匀固体试样约5.0g（精确至0.0001g），加入约25mL45～50℃的水，或称取混合均匀液体试样约20.0g（精确至0.0001g）于150mL锥形瓶中。加入约0.5g淀粉酶，混匀后向锥形瓶中充氮，盖上瓶塞，置50～60℃培养箱内约30min。取出冷却至室温。

②不含淀粉的试样：称取混合均匀固体试样约5.0g（精确至0.0001g），加入约25mL45～50℃的水，或称取混合均匀液体试样约20.0g（精确至0.0001g）于150mL锥形瓶中。混匀并充分溶解，静置5～10min，冷却至室温。

（2）待测液的制备 先用5.0mol/L HCl溶液慢慢调节试样溶液的pH，当试样溶液的pH接近1.7时，用0.1mol/L HCl溶液调节试样溶液的pH最终为1.7±0.1，放置约1min。同样先用5.0mol/L NaOH溶液再用0.1mol/L NaOH溶液将试样溶液的pH调至4.5±0.1。然后将试样溶液转移至50mL容量瓶中，用水冲洗锥形瓶。洗液合并于50mL容量瓶中，用水定容至50mL。将此容量瓶放入超声波振荡器中，超声振荡约10min。另取50mL三角瓶，上面放入三角漏斗和滤纸，把超声波振荡的试样溶液倒入其中，自然过滤。所得滤液再经0.45μm微孔滤膜加压过滤，用试管收集，此时收集的滤液即为试样待测液。

（3）参考色谱条件

色谱柱：C_{18} 柱（粒径5μm，150mm×4.6mm）或同等性能的色谱柱。

流动相：甲醇50mL，辛烷磺酸钠2.0g，三乙胺2.5mL，用水溶解并定容到

1000mL 后，用冰乙酸调 pH 至 3.0 ±0.1，再经 0.45μm 微孔滤膜加压过滤。

流速：1.0mL/min。

检测波长：激发波长 293nm，发射波长 395nm。

进样量：10μL。

（4）标准曲线绘制　将维生素 B_6 混合标准系列测定液依次进行色谱测定。记录各组分的色谱峰面积或峰高，以峰面积或峰高为纵坐标，以标准测定液的浓度为横坐标，绘制标准曲线。

（5）试样测定　将试样待测液进行色谱测定。记录各组分色谱峰面积或峰高，根据标准曲线计算出试样待测液中维生素 B_6 各组分的浓度 ρ_i。

6. 计算

（1）试样中维生素 B_6 组分的含量的计算

$$X_i = \frac{\rho_i \times V \times 100}{m}$$

式中　X_i——试样中各组分的含量，μg/100g；

ρ_i——试样待测液中维生素 B_6 各组分的浓度，μg/mL；

m——试样的质量，g；

V——试样溶液的体积，mL。

（2）试样中维生素 B_6 的含量计算

$$X = X_{醇} + X_{醛} \times 1.012 + X_{胺} \times 1.006$$

式中　X——试样中维生素 B_6 含量，μg/100g；

$X_{醇}$——试样中吡哆醇含量，μg/100g；

$X_{醛}$——试样中吡哆醛含量，μg/100g；

$X_{胺}$——试样中吡哆胺含量，μg/100g；

1.012——吡哆醛的含量换算成吡哆醇的系数；

1.006——吡哆胺的含量换算成吡哆醇的系数。

7. 注意事项

（1）试样中维生素 B_6 含量以吡哆醇计。

（2）以重复性条件下获得的两次独立测定结果的算术平均值表示，结果保留三位有效数字。

（3）在重复性条件下获得的两次独立测定结果的绝对差值不得超过算术平均值的 10%。

（4）本标准检出限为：吡哆醇 1.5μg/100g、吡哆醛 1.3μg/100g、吡哆胺 1.6μg/100g。

（六）维生素 B_{12} 的测定

维生素 B_{12} 是唯一含金属元素钴的维生素，故称钴胺素。为粉红色针状晶体，水溶液在酸中相当稳定，强酸、强碱下极易分解。是一个抗恶性贫血的维生素，存在于肝中。维生素 B_{12} 又是一些微生物的生长因素。维生素 B_{12} 缺乏时，能引起恶性贫血。

1. 原理

利用莱士曼氏乳酸杆菌（*Lactobacillus leichmannii*）对维生素 B_{12} 的特异性和灵敏性，定量测定出试样中维生素 B_{12} 的含量。在测定用培养基中供给除维生素 B_{12} 以外的所有营养成分，这样微生物生长产生的透光率就会同标准曲线工作液及未知待测溶液中维生素 B_{12} 的含量相对应。以不同浓度标准溶液的透光率相对于各浓度水平标准物质的浓度绘制标准曲线，根据标准曲线即可计算出试样中维生素 B_{12} 的含量。

2. 试剂和材料

除非另有规定，本方法所用试剂均为分析纯，水为 GB/T 6682—2008 规定的二级水。

（1）菌株　莱士曼氏乳酸杆菌（*Lactobacillus leichmannii*）ATCC 7830。维生素 B_{12}（Vitamin B_{12} 或 Cyanocobalamin）标准品：分子式 $C_{63}H_{88}CoN_{14}O_{14}P$，纯度≥99%。

（2）培养基

①乳酸杆菌琼脂培养基：

成分：番茄汁 100mL、三号蛋白胨 7.5g、酵母浸膏 7.5g、葡萄糖 10.0g、磷酸二氢钾 2.0g、聚山梨糖单油酸酯 1.0g、琼脂 14.0g、水 1000mL、pH6.8±0.1（25℃±5℃）。

制法：先将除琼脂以外的其它成分溶解于蒸馏水中，调节 pH，再加入琼脂，加热煮沸至完全溶解。混合均匀后分装试管，每管 10mL。121℃高压灭菌 15min，备用。

②乳酸杆菌肉汤培养基：

成分：番茄汁 100mL、三号蛋白胨 7.5g、酵母浸膏 7.5g、葡萄糖 10.0g、磷酸二氢钾 2.0g、聚山梨糖单油酸酯 1.0g、水 100mL、pH6.8±0.1（25℃±5℃）。

制法：先将上述成分溶解于水中，调节 pH，加热煮沸，混合均匀后分装试管，每管 10mL。121℃高压灭菌 15min，备用。

③维生素 B_{12} 测定用培养基：

成分：无维生素酸水解酪蛋白 15.0g、葡萄糖 40.0g，天门冬酰胺 0.2g、醋酸钠 20.0g、抗坏血酸 4.0g、L－胱氨酸 0.4g、DL－色氨酸 0.4g、硫酸腺嘌呤 20.0mg、盐酸鸟嘌呤 20.0mg、尿嘧啶 20.0mg、黄嘌呤 20.0mg、核黄素 1.0mg、盐酸硫胺素 1.0mg、生物素 10.0μg、烟酸 2.0mL、*p*－氨基苯甲酸 2.0mg、泛酸钙 1.0mg、盐酸吡哆醇 4.0mg、盐酸吡哆醛 4.0mg、盐酸吡哆胺 800.0μg、叶酸 200.0μg、磷酸二氢钾 1.0g、磷酸氢二钾 1.0g、硫酸镁 0.4g、氯化钠 20.0mg、硫酸亚铁 20.0mg、硫酸锰 20.0mg、聚山梨单油酸油脂（吐温 80）2.0g、水

1000mL、pH6.0 ~0.1（25 ~5℃）。

制法：将上述成分溶解于水中，调节 pH 备用。

注：一些商品化合成培养基效果良好，商品化合成培养基按标签说明进行配制。

（3）乙醇溶液　体积分数为25%、无水偏重亚硫酸钠（$Na_2S_2O_5$）、无水磷酸氢二钠（Na_2HPO_4）、含一个结晶水的柠檬酸（$C_6H_8O_7 \cdot H_2O$）。

（4）9g/L 氯化钠溶液（生理盐水）　称取 9.0g 氯化钠溶解于 1000mL 水中，分装于具塞试管，每管 10mL。121℃灭菌 15min。

（5）维生素 B_{12}贮备液（10μg/mL）　精确称取维生素 B_{12}标准品，用乙醇溶液定容至维生素 B_{12}浓度为 10μg/mL。贮存于冰箱内

（6）维生素 B_{12}中间液（100ng/mL）　用乙醇溶液将 5.0mL 维生素 B_{12}贮备液定容至 500mL，贮存于冰箱内。

（7）维生素 B_{12}工作液（1ng/mL）　用乙醇溶液将 5.0mL 维生素 B_{12}中间液定容至 500mL，贮存于冰箱内。

（8）标准曲线工作液　分别吸取两个 5mL 维生素 B_{12}工作液于 250mL 和 500mL 容量瓶中，用水定容至刻度。高浓度溶液的浓度为 0.02ng/mL；低浓度溶液的浓度为 0.01ng/mL，贮存于冰箱内。临用前配制。

3. 仪器和设备

除微生物实验室常规灭菌及培养设备外，其它设备和材料如下：

（1）天平：感量为 0.1mg。

（2）pH 计：精度≤0.01。

（3）分光光度计。

（4）涡旋混合器。

（5）离心机：转速≥2000r/min。

（6）恒温培养箱：（36 ±1）℃。

（7）冰箱：2 ~5℃。

（8）无菌吸管：10mL（具 0.1mL 刻度）或微量移液器和吸头。

（9）瓶口分液器：0 ~10mL。

（10）锥形瓶：200mL。

（11）容量瓶：100、250、500mL。

（12）单刻度移液管：容量 5mL。

（13）漏斗：直径 90mm。

（14）定量滤纸：直径 90mm。

（15）试管：18mm ×180mm。

注：准备玻璃仪器时，使用活性剂对硬玻璃测定管及其它必要的玻璃器皿进行清洗，清洗之后要求在 200℃干热 2h。

4. 操作方法

（1）测试菌液的制备　将莱士曼氏乳酸杆菌（ATCC7830）的冻干菌株活化后，接种到乳酸杆菌琼脂培养基上，(36±1)℃培养24h。再转种2~3代来增强活力。置2~5℃冰箱保存备用。每15d转种一次。将活化后的菌株接种到乳酸杆菌肉汤培养基中，(36±1)℃培养18~24h，以2000r/min离心2~3min，弃去上清液，加入10mL生理盐水，混匀，再离心2~3min，弃去上清液，再加入10mL生理盐水，混匀。如前离心操作，弃去上清液。再加10mL，混匀。吸适量该菌悬液于10mL生理盐水，混匀制成测试菌液。用分光光度计，以生理盐水做空白，于550nm波长下测测试菌液的透光率，使其透光率在60%~80%。

（2）试样的处理

①称取无水磷酸氢二钠1.3g，无水偏重亚硫酸钠1.0g，含一个水晶的柠檬酸1.2g，用100mL水溶解。

②称一定量的样品（精确到0.0001g），含维生素B_{12} 50~100ng，用10mL的上述溶液混合后，再加150mL水，于121℃水解10min，冷却后调pH至4.5±0.2，再用水定容至250mL，过滤。移取滤液5mL，加入水20~30mL，调pH至6.8±0.2，用水定容至100mL。最终溶液中维生素B_{12}的质量浓度在0.01~0.02ng/mL，偏重亚硫酸钠的质量浓度小于0.03mg/mL。

（3）标准曲线的制作　按表5-2顺序加入水、标准曲线工作液和维生素B_{12}测定用培养基于培养管中，一式三份。

表5-2　标准曲线的制作

试管号	S_1	S_2	S_3	S_4	S_5	S_6	S_7	S_8	S_9	S_{10}
水用量/mL	5	5	4	3	2	1	0	2	1	0
0.01ng/mL标准曲线工作液用量/mL	0	0	1	2	3	4	5	0	0	0
0.02ng/mL标准曲线工作液用量/mL	0	0	0	0	0	0	0	3	4	5
培养基用量/mL	5	5	5	5	5	5	5	5	5	5

（4）待测液的制作　按表5-3顺序加水、样品溶液和维生素B_{12}测定用培养基于培养管内，一式三份。

表5-3　待测液的制作

试管号	1	2	3	4
水用量/mL	4	3	2	1
待测液用量/mL	1	2	3	4
培养基用量/mL	5	5	5	5

（5）灭菌　将表5－3、表5－4中所有的试管盖上试管帽，121℃灭菌15min（商品培养基按标签说明进行灭菌）。

（6）接种　将上述试管迅速冷却至30℃以下。用滴管或移液器向上述试管中各加1滴（约50μg）测试菌液（其中标准曲线管中空白S_1除外）。

（7）培养　将试管放入恒温培养箱内，(36±1)℃培养19～20h。

（8）测定　培养结束后，对每支试管进行目测检查，未接种试管S_1内培养液应是澄清的，如果出现浑浊，则测定无效。

①以接种空白管作对照，测定最高浓度标准曲线试管的透光率，2h后重新测定。两次结果透光率差值若小于2%，则取出全部检验管侧其透光率。

②用未接种空白试管（S_1）作空白，将分光光度计透光率调到100%（或吸光度为0），读出接种空白试管（S_2）的读数。再以接种空白试管（S_2）为空白，调节透光率为100%（或吸光度为0），依次读出其它试管的透光率（或吸光度）。

③用涡旋混合器充分混合每一支试管（也可以加一滴消泡剂）后，立即将培养液移入比色皿内进行测定，波长为550nm，待读数稳定30s后，读出透光率，每支试管稳定时间要相同，以维生素B_{12}标准液的含量为纵坐标，透光率为纵坐标曲线。

④根据待测液的透光率，从标准曲线中查得该待测液中的维生素B_{12}的浓度，再根据稀释因子和称样量计算出试样中维生素B_{12}的含量。透光率超出标准曲线管S_3～S_{10}范围的试样管要舍去。

⑤对每个编号的待测液的试管，用每支试管的透光率计算每毫升该编号待测液维生素B_{12}的浓度，并计算该编号待测液的维生素B_{12}浓度平均值，每支试管测得的该浓度不得超过该平均值的±15%，超过者要舍去。如果符合该要求的管数少于所有的四个编号的待测液的总管数的2/3，用于计算式样含量的数据是不充分的，需要重新检验。如果符合要求的管数超过原来管数的2/3，重新计算每一编号的有效试样管中每毫升测定液中维生素B_{12}含量的平均值，以此平均值计算全部编号试样管的总平均值为ρ_i用于计算试样中的维生素B_{12}含量。

注：绘制标准曲线，既可读取透光率（T%），也可读取吸光度（A）。

（9）计算　试样中维生素B_{12}的含量按下式计算：

$$X=\frac{\rho_i}{m}\times\frac{f}{1000}\times 100$$

式中　X——试样中维生素B_{12}的含量，μg/100g；

ρ_i——计算所得的平均值，ng；

m——试样的质量，g；

f——稀释倍数。

（10）注意事项

①以重复性条件下获得的两次独立测定结果的算术平均值表示，结果保留两位有效数字。

②在重复性条件下获得的两次独立测定结果的绝对值差值不得超过算术平均值的10%。

③维生素 B_{12} 贮备液、维生素 B_{12} 中间液、维生素 B_{12} 工作液可在冰箱里保存期3个月。

④本标准检出限为0.1。

任务 婴儿配方乳粉中维生素C的测定

【学习目标】

1. 学会乳品中维生素C测定的基本操作技能。
2. 学会乳品中维生素C含量的计算。

【技能目标】

1. 掌握婴幼儿乳品维生素C中试样的处理方法。
2. 掌握乳品中维生素C测定中待测液的制备方法。

【任务实施】

婴幼儿乳品中维生素C的测定。

【原理】

维生素C（抗坏血酸）在活性炭存在下氧化成脱氢抗坏血酸，与邻苯二胺反应生成荧光物质，用荧光分光光度计测定其荧光强度，其荧光强度与维生素C的浓度成正比，以外标法定量。

【操作内容】

1. 试剂和材料

除非另有规定，本方法所用试剂均为分析纯，水为GB/T6682规定的三级水。

（1）淀粉酶 酶活力1.5U/mg，根据活力单位大小调整用量。

（2）偏磷酸-乙酸溶液A 称取15g偏磷酸及40mL乙酸（36%）于200mL水中，溶解后稀释至500mL备用。

（3）偏磷酸-乙酸溶液B 称取15g偏磷酸及40mL乙酸（36%）于100mL水中，溶解后稀释至250mL备用。

（4）酸性活性炭 称取200g活性炭（化学纯）加入1L体积分数为10%的盐酸，加热至沸腾，真空过滤，取下结块于一个大烧杯中，用水清洗至滤液中无铁离子为止，在110～120℃烘箱中干燥过夜后使用。

检验铁离子的方法：普鲁士蓝反应。将20g/L亚铁氰化钾与体积分数为1%

的盐酸等量混合，将上述洗出滤液滴入，如有铁离子则产生蓝色沉淀。

（5）乙酸钠溶液　用水溶解500g三水乙酸钠，并稀释至1L。

（6）硼酸－乙酸钠溶液　称取3.0g硼酸，用乙酸钠溶液溶解并稀释至100mL，使用前现配。

（7）邻苯二胺溶液（400mg/L）　称取40mg邻苯二胺，用水溶解并稀释至100mL，现用现配。

（8）维生素C标准溶液（100μg/mL）　称取0.050g维生素C标准品，用偏磷酸－乙酸溶液A溶解并定容至50mL，取10.0mL该溶液用偏磷酸－乙酸溶液A稀释并定容至100mL，配制成标准溶液，现用现配。

2. 仪器和设备

荧光分光光度计、感量为0.1mg的天平、温度可调式烘箱、(45±1)℃的培养箱。

【操作过程】

1. 试样处理

（1）含淀粉的试样：称取混合均匀的固体试样约5g，液体试样约20g（精确至1mg），于150mL三角瓶中，加入0.1g淀粉酶，固体试样加入50mL 45～50℃的蒸馏水，液体试样加入30mL 45～50℃的蒸馏水，混合均匀后，用氮气排除瓶中空气，盖上瓶塞，置于（45±1)℃培养箱内30min，取出冷却至室温，用偏磷酸－乙酸溶液B转至100mL容量瓶中定容。

（2）不含淀粉的试样：称取混合均匀的固体试样约5g（精确至1mg），用偏磷酸－乙酸溶液A溶解，定容至100mL。称取混合均匀的液体试样约50g（精确至1mg），用偏磷酸－乙酸溶液B溶解，定容至100mL。

2. 待测液的制备

（1）将上述试样及维生素C标准溶液转至放有约2g酸性活性炭的250mL三角瓶中，剧烈振动，过滤（弃去约5mL最初滤液），即为试样及标准溶液的滤液。然后分别吸取5.0mL试样及标准溶液的滤液分别置于25mL及50mL放有5.0mL硼酸－乙酸钠溶液的容量瓶中，静置30min后，用蒸馏水定容。以此作为试样及标准溶液的空白溶液。

（2）在此30min内，吸取另5.0mL试样及标准溶液的滤液于另外的25mL及50mL放有5.0mL乙酸钠溶液和约15mL水的容量瓶中，用水稀释至刻度。以此作为试样溶液及标准溶液。

（3）分别吸取2.0mL试样溶液及试样的空白溶液于10.0mL试管中，向每支试管中加入5.0mL邻苯二胺溶液，摇匀，在避光条件下放置60min后待测。

（4）标准系列待测液　吸取上述标准溶液0.5、1.0、1.5和2.0mL，分别置于10mL试管中，再用水补充至2.0mL。同时吸取标准溶液的空白溶液2.0mL于10mL试管中。向每支试管中加入5.0mL邻苯二胺溶液，摇匀，在避光条件下放置60min后待测。

3. 测定

（1）标准曲线的绘制　将标准系列待测液立刻移入荧光分光光度计的石英杯中，于激发波长350nm、发射波长430nm条件下测定其荧光值。以标准系列荧光值分别减去标准空白荧光值为纵坐标，对应的维生素C质量浓度为横坐标，绘制标准曲线。

（2）试样待测液的测定　将试样待测液按立刻移入荧光分光光度计的石英杯中，于激发波长350nm、发射波长430nm条件下测定其荧光值。试样溶液荧光值减去试样空白溶液荧光值，后在标准曲线上查得对应的维生素C质量浓度。

4. 结果计算和表示

试样中维生素C的含量X以质量分数（mg/100g）表示，按下式计算：

$$X = \frac{\rho \times V \times f}{M} \times \frac{100}{1000}$$

式中　X——试样中维生素C的含量，mg/100g；

V——荧光反应所用的试样溶液的体积，mL；

ρ——由标准曲线查得的试样测定液中维生素C的质量浓度，μg/mL；

m——试样的质量，g；

f——试样稀释倍数。

5. 注意事项

（1）以重复性条件下获得的两次独立测定结果的算术平均值表示，计算结果保留至小数点后一位。

（2）在重复性条件下获得两次独立测定结果的绝对差值不得超过算术平均值的10%。

（3）本标准检出限为0.1mg/100g。

注：婴儿乳粉中应充分强化维生素，特别是维生素A、维生素C、维生素D、维生素K、叶酸、维生素B_1、维生素B_2和烟酸等。其中水溶性维生素的强化没有规定的上限，但脂溶性维生素A、维生素D长时间过量摄入时会引起中毒，因此必须按规定量加入。

乳基婴儿配方食品中维生素的卫生指标的检验项目和检验方法应符合表5-4。

表5-4　维生素指标

营养素	指标				检验方法
	每100kJ		每100kcal		
	最小值	最大值	最小值	最大值	
维生素A摄入量/μgRE	14	43	59	180	GB 5413.9—2010
维生素D摄入量/μg	0.25	0.60	1.05	2.51	
维生素E摄入量/mgαTE	0.12	1.20	0.50	5.02	

续表

营养素	指标				检验方法
	每 100kJ		每 100kcal		
	最小值	最大值	最小值	最大值	
维生素 K_1 摄入量/μg	1.0	6.5	4.2	27.2	GB 5413.10—2010
维生素 B_1 摄入量/μg	14	72	59	301	GB 5413.11—2010
维生素 B_2 摄入量/μg	19	119	80	498	GB 5413.12—2010
维生素 B_6 摄入量/μg	8.5	45.0	35.6	188.3	GB 5413.13—2010
叶酸摄入量/μg	2.5	12.0	10.5	50.2	GB 5413.16—2010
泛酸摄入量/μg	96	478	402	2000	GB 5413.17—2010
维生素 C 摄入量/mg	2.5	17.0	10.5	71.1	GB 5413.18—2010
生物素摄入量/μg	0.4	2.4	1.5	10.0	GB 5413.19—2010
维生素 B_{12} 摄入量/μg	0.025	0.360	0.105	1.506	GB 5413.14—2010
烟酸（烟酰胺）摄入量/μg	70	360	293	1506	GB 5413.15—2010

【小结】

本项目简单介绍了食品中膳食纤维的概念和特点以及乳与乳制品中不溶性膳食纤维的测定方法，食品中维生素的概念和分类。维生素根据其溶解性质可分为脂溶性维生素和水溶性维生素。机体缺乏维生素会对造成维生素缺乏症。

另外，本项目主要介绍乳与乳制品中脂溶性维生素维生素 A、维生素 E、维生素 D、维生素 K 及维生素 B_1、维生素 B_2、维生素 B_6、维生素 B_{12} 和维生素 C 的检测原理、测定方法及注意事项，还介绍了婴儿配方乳粉中维生素 C 测定的操作技能。通过本项目的学习和实践，使学生能够掌握乳与乳制品中维生素检测的操作技能。

【知识考核】

一、填空题

1. 维生素根据它们的溶解性质分为__________和__________。脂溶性维生素包括__________、__________、__________、__________，水溶性维生素包括__________、__________、__________、__________、__________。

2. 膳食纤维的化学组成包括三大部分：__________、__________、__________。

二、简答题

1. 什么是食品膳食纤维？其特点是什么？

2. 什么是维生素？
3. 简述乳与乳制品中维生素 A、维生素 E、维生素 D 测定的基本原理是什么。
4. 简述乳制品中维生素 B_2 检测中样品处理过程。
5. 简述乳制品中维生素 B_6 检测的测定。

三、论述题

论述婴儿配方乳粉中维生素 C 测定的操作过程。

项目二 乳制品中矿物质元素的测定

【知识目标】

1. 了解乳与乳制品中矿物质元素概念及种类。
2. 掌握用高锰酸钾滴定法测乳制品中钙的测定原理。

【技能目标】

1. 熟悉高锰酸钾滴定法和 EDTA 法测定乳制品钙的测定方法。
2. 掌握乳制品中铁的测定方法。
3. 掌握乳制品中铜、钾、钠、镁的测定方法。

【知识必备】

矿物质是人体基本营养素之一，是参与生命代谢的必需元素。乳制品中含有丰富的微量元素，有些微量元素参与调控人的生命活动中所必需的蛋白质、脂质、核酸、激素、多糖、维生素等物质合成与分解代谢。必需元素在膳食中的不足必将导致缺乏症。根据元素在食品中含量的高低，可将其分为以下四类：大量元素，包括碳、氢、氧、氮；常量元素，包括钾、钠、钙、镁、铁、硫、磷等元素；微量元素包括锰、锌、铜、钼、锂、铝、铬、镍、硅、氟、氯、碘等元素；痕量元素包括汞、铅、银、镉、硒、铍、砷等元素。

一、钙的测定

Ca 是人体中的重要元素之一，Ca 参与整个生长、发育过程并和各种有机物结合在一起，体内 Ca 总量 99% 存在于骨骼组织及牙齿内，是组成人体骨骼和牙齿的主要成分。婴儿、儿童、妊娠期的妇女及哺乳期的母亲都需要大量的钙。幼儿、青少年缺钙会引起生长停滞（骨骼畸形、佝偻病），机体抵抗力降低，成年人缺钙会引起骨质软化病及骨质疏松症。食物中钙最好的来源是牛乳及其乳制品。因此，测定食品中的钙具有非常重要的营养学意义。

Ca 的测定方法有高锰酸钾滴定法和乙二胺四乙酸滴定法。这两种方法比较简单，测定速度也快，是常用的方法。

1. 高锰酸钾滴定法

（1）原理　样品经过处理后，在酸性溶液（pH 在 3.5 ~4.5）中，用草酸铵沉淀草酸钙，然后以稀硫酸溶解，用高锰酸钾标准溶液滴定草酸离子，间接地求出钙的含量。

（2）试剂

①草酸铵饱和溶液、盐酸溶液（1+1）、盐酸溶液（1+3）、氨水溶液（1+1）、氨水溶液（1+50）、甲基红指示剂（5g/L）、硫酸。

②高锰酸钾标准溶液（0.05mol/L）：称取高锰酸钾 1.7g，溶于 1L 水中，加热至沸腾，保持微沸 20 ~30min，冷却后暗处保存 2 ~3d，用微孔玻璃漏斗过滤，滤液贮存于棕色试剂瓶中并按照下面方法标定。

③称取在 105 ~110℃下烘干质量恒定的基准草酸钠（$Na_2C_2O_4$）0.1000g，溶于 50mL 水中，加 8mL 硫酸，加热至 80℃左右，在不断搅拌下，用高锰酸钾标准溶液滴定至溶液呈淡粉红色，并在 30s 内不消失为滴定终点。按下式计算出高锰酸钾标准溶液的浓度：

$$c = \frac{m}{(V_1 - V_2) \times 0.06700}$$

式中　c——$1/5KMnO_4$ 标准溶液的浓度，mol/L；

m——草酸钠的质量，g；

V_1——高锰酸钾溶液的用量，mL；

V_2——空白高锰酸钾溶液的用量，mL；

0.06700——$\frac{1}{2}Na_2C_2O_4$ 的摩尔质量，g/mmol。

（3）测定方法

①样品处理：称取 50 ~100g（准确至 0.2mg）均匀样品于瓷皿中，先烘干水分，然后在 600℃以下灰化至无明显炭粒为止。冷却后加 20mL 水，小心加 10mL（1+1）盐酸，置水浴上蒸干。再加入 50mL10% 盐酸（1+3），在水浴上加热 15min 后滤入 200mL 容量瓶，用热水充分洗涤残渣和瓷皿，冷后定容。同时做空白试验，于瓷皿中不加样品，其他操作同样品的处理。

②测定：准确吸取制备好的样液及空白试液各 50mL，分别置于 250mL 烧杯中，加水至 100mL。加 2 滴甲基红指示剂，逐滴加氨水（1+1）调 pH 至 5.6（溶液介于褐色和橙色之间），再加 1 ~2 滴盐酸（1+3）调 pH 至 2.5 ~3.0（淡红色），用水稀释至 150mL。加热煮沸，在不断搅拌下缓慢加入 10mL 热饱和草酸铵溶液，溶液应为红色，否则须加盐酸（1+3）复至淡红色，放置过夜。清液以

定量滤纸过滤，并以氨水（1+50）充分洗涤沉淀和滤纸。把滤纸连同沉淀放回原烧杯中，加125mL水和5mL硫酸的混合液，在电炉上加热至80℃左右。在保温情况下，以高锰酸钾标准溶液滴至出现微红色并保持15s不消失为止。

（4）计算

$$X = \frac{5c \times V \times V_2 \times 40.08}{2m \times V_1 \times 10^{-3}}$$

式中 X——样品中钙的含量，mg/kg；

c——$1/5KMnO_4$ 标准溶液的浓度，mol/L；

V_1——滴定样液所耗高锰酸钾溶液的体积，mL；

V_2——滴定空白所耗高锰酸钾溶液的体积，mL；

m——样品的质量，g；

50/200——从定容200mL的样品中取出50mL进行分析；

20.04——钙离子的浓度，g/mol。

2. EDTA法测定钙

（1）原理 钙与氨羧络合剂能定量地形成金属络合物，其稳定性较钙与指示剂所形成的络合物强。在适当的pH范围内，以氨羧络合剂EDTA滴定，在达到当量点时，EDTA就自指示剂络合物中夺取钙离子，使溶液呈现游离指示剂的颜色（终点）。根据EDTA络合剂用量，可计算钙的含量。

（2）试剂

①硝酸（GB），高氯酸（GB）。

②混合酸消化液：硝酸+高氯酸按4∶1混合。

③1.25mol/L KOH溶液：称取70.13g氢氧化钾，用去离子水定容至1000mL。

④10g/L氰化钠溶液：称取1.0g氰化钠，用去离子水定容至100mL。

⑤0.05mol/L柠檬酸钠溶液：称取14.7g柠檬酸钠，用去离子水定容至1000mL。

⑥EDTA溶液：准确称取4.50gEDTA（乙二胺四乙酸二钠），用去离子水定容至1000mL，贮存于聚乙烯瓶中，4℃保存，使用时稀释10倍即可。

⑦钙红指示剂：称取0.1g钙红指示剂，用去离子水使其溶解并定容至100mL，此指示剂在4℃冰箱中可保存1个月。

⑧钙标准液：准确称取0.1248g碳酸钙（纯度大于99.99%，105~110℃烘干2h）加20mL水及3mL 0.5mol/L盐酸溶解，移入500mL容量瓶中，加水稀释至刻度，贮存于聚乙烯瓶中，4℃保存，此溶液每毫升相当于100μg钙。

（3）仪器 微量滴定管（1~2mL）、碱式滴定管（50mL）、刻度吸管（0.5~1mL）、试管。

（4）测定方法

①样品处理：精确称取均匀干试样0.5~1.5g或液体样品5.0~10.0g于

250mL烧杯中，加混合酸消化液20～30mL，上盖表面皿，置于电热板上加热消化，如未消化好而酸液过少时，再补加几毫升混合酸消化液，继续加热消化，直至无色透明为止，加几毫升水，加热以除去多余的硝酸，待烧杯中液体接近2～3mL时，取下冷却，用20g/L的氧化镧溶液洗并转移于10mL刻度试管中，并定容至刻度。

取与消化试样相同量的混合酸消化液，按上述操作做试剂空白试验测定。

②标定EDTA浓度：吸取0.5mL钙标准溶液，用EDTA溶液滴定，标定其EDTA的浓度，根据滴定结果计算出每毫升EDTA相当于钙的质量（mg），即滴定度（T）。

③试样及空白滴定：分别吸取0.1～0.5mL（根据钙的含量而定）试样消化液及空白液于试管中，加1滴氰化钠溶液和0.1mL柠檬酸钠溶液，用滴定管加1.5mL的1.25mol/L氢氧化钾溶液，再加3滴钙红指示剂，立即以稀释10倍的EDTA溶液滴定。至指示剂由紫红色变蓝为止。

（5）计算

$$X = \frac{T \times (V - V_0) \times f \times 1000}{m}$$

式中 X——试样中钙物质的量，mg/100g；

T——EDTA滴定度，mg；

V——滴定样品时所用EDTA量，mL；

V_0——滴定空白时所用EDTA量，mL；

f——样品稀释倍数。

m——样品的用量（固体重量为g、液体为mL）。

说明：本方法的检测范围为：5～50μg。

二、铁的测定

铁是人体中最丰富的一种常量元素，是血红素和一些酶的成分。人体缺铁时会引起缺铁性贫血。婴儿出生时体内贮备的铁只够使用6个月，之后若未及时添加含铁食物，就会发生营养性缺铁性贫血。在我国3岁前儿童缺铁性贫血占30%，所以小儿补铁非常重要。铁的测定常采用硫氰酸盐光度法。

1. 原理

在酸性溶液中，三价铁离子与硫氰酸根离子作用，生成血红色的硫氰酸。溶液颜色的深浅与铁离子的浓度成正比，于485nm处测溶液的吸光度，与标准曲线比较进行定量。

2. 试剂

①200g/L硫氰酸钾溶液。

②200g/L过硫酸钾溶液。

③硫酸。

④铁标准贮备液（1mg/mL）：称取纯铁0.1000g溶于10mL10%硫酸中，加热至铁完全溶解。冷却，加30mL水，移入100mL容量瓶中，用水定容，摇匀。

⑤铁标准工作液（1μg/mL）：准确吸取铁标准贮备液10.00mL于100mL容量瓶中，用水稀释至刻度，每毫升相当于100μg铁。吸取上述溶液10.00mL于100mL容量瓶中，用水定容，每毫升相当于10μg铁，现用现配。

3. 测定方法

（1）样品处理　称取均匀样品10～20g（称准至0.01g）于瓷坩埚中，烘干水分后，小心碳化，移入550℃马弗炉中碳化。灰化完全后取出冷却，加入2mL盐酸（1+1），在水浴上蒸干，加入5mL水，加热煮沸（防止溅出）后，移入100mL容量瓶中，用水定容，摇匀备用。同时做空白试验（瓷坩埚中不加样品，以下操作同样品的处理）。

（2）标准曲线　准确吸取铁标准工作液溶液0.0、0.20、0.40、0.60、0.80、1.00mL，分别移入25mL比色管中，各加入5mL水，加浓硫酸0.5mL，再加入20g/L过硫酸钾溶液0.2mL和200g/L硫氰酸钾溶液2mL。混匀后定容至25mL，摇匀。在485nm波长处，以试剂溶液为参比，测定各溶液的吸光度，以铁的浓度为横坐标，吸光度为纵坐标，绘制工作曲线。

（3）测定　准确吸取空白及样液5mL于25mL比色管中，各加0.5mL硫酸、0.2mL 200g/L过硫酸钾溶液、2mL200g/L硫氰酸钾溶液，用水稀释至25mL，摇匀。以空白为参比，在485nm波长处进行吸光度测定。

4. 计算

$$X = \frac{m_1 \times V}{m \times V_1}$$

式中　X——样品中铁的含量，mg/kg；

m_1——测定时扣除空白后样液中铁的质量，μg；

V_1——测定时吸取样液的体积，mL；

V——样品溶液的体积，mL；

m——样品的质量，g。

三、锌的测定

锌是人和动物体内重要的微量元素，它参与体内多种酶的作用。缺锌会引起食欲不振，少年期性功能发育不良，味觉、嗅觉迟钝，创伤愈合率低等症状。为了防止膳食中锌的摄入不足，在我国可对某些食品进行营养强化，如食品中加入葡萄糖酸锌、乳酸锌、硫酸锌等。下面介绍常用的方法——二硫腙光度法测定锌。

1. 原理

样品经消化后，在pH为4.0～5.5时，锌离子与二硫腙形成紫红色络合物，溶于四氯化碳，加入硫代硫酸钠、盐酸羟胺溶液，防止铜、汞、铅、铋、银、和镉等离子干扰，与标准系列比较定量。

2. 仪器设备

分光光度计。

3. 试剂及配制

（1）乙酸钠溶液（2mol/L） 取乙酸钠（$CH_3COONa \cdot 3H_2O$）68g，溶于水并定容至250mL。

（2）乙酸溶液（2mol/L） 取10.0mL冰醋酸，加水稀释至85mL。

（3）乙酸－乙酸盐缓冲液（pH为4.75） 2mol/L的乙酸钠溶液与2mol/L的乙酸溶液等量混合，用0.1g/L的二硫腙－四氯化碳溶液提取数次，每次10mL，除去其中的锌，至四氯化碳层绿色不变为止，弃去四氯化碳层，再用四氯化碳提取乙酸－乙酸盐缓冲液中过剩的二硫腙，至四氯化碳无色，弃去四氯化碳层。

（4）酚红指示剂（1g/L） 0.1g酚红溶解于100mL95%的乙醇溶液中。

（5）盐酸羟胺溶液（200g/L） 取盐酸羟胺20g，加60mL水，滴加氨水（1+1），调节pH至4.5~5.5，用二硫腙－四氯化碳溶液（0.1g/L）溶液提取数次，每次10mL，至二硫腙溶液绿色不变为止。弃去四氯化碳层，再用四氯化碳洗去残留在水溶液中的二硫腙。

（6）硫代硫酸钠溶液（250g/L） 用2mol/L的乙酸调节pH至4.0~5.5。用0.1g/L的二硫腙－四氧化碳溶液除去重金属。

（7）二硫腙－四氯化碳溶液（0.1g/L） 也可以用透光率为70%的二硫腙应用液。

（8）二硫腙应用液（透光率70%） 用1cm比色杯，以四氯化碳调节零点，于波长530nm处测吸光度D，根据下式算出配制100mL二硫腙应用液需用的0.1g/L二硫腙－四氯化碳溶液体积（V）。

$$V = \frac{10 \times (2 - \lg 70)}{D} = \frac{1.55}{D}\ (\text{mL})$$

即取0.01g/L的二硫腙－四氯化碳溶液1.55/D，加四氯化碳至100mL。即可得透光率为70%的二硫腙应用液。

（9）锌标准溶液 称取锌粒（纯度为99.99%）0.1000g，加2mol/L盐酸10mL，溶解后移入1000mL容量瓶中，加水稀释至刻度，混匀。吸取1mL上述溶液于100mL容量瓶中，加2mol/L HCl1mL，加水稀释至刻度，混匀。此溶液锌的浓度为1μg/mL。

（10）氨水（1+1）。

（11）0.02mol/L HCl、2mol/L HCl。

4. 操作方法

（1）样品处理

①湿法处理：取样品5~10g（称准至0.01g，称样量视含锌量而定）于

500mL或250mL凯氏烧杯中，先加少许水润湿，加入浓硝酸20mL、硫酸20mL、玻璃珠数粒，先以小火加热，剧烈反应停止后，加大火力，分4次加入20mL过氧化氢直至溶液透明或呈淡绿色为止。继续加热数分钟至冒白烟，冷却，加25mL饱和草酸铵溶液，继续加热到冒白烟后20min为止，冷却内容物，移入50mL容量瓶中，以二次蒸馏水稀释至刻度。同时做空白试验。

②干法处理：取5~10g（称准至0.01g）样品于瓷坩埚中，加氧化镁1g及0.15g/mL硝酸镁溶液10mL，混匀，于水浴上蒸干，先用微火碳化，至无烟后移至550℃马弗炉中，灼烧3~4h，冷却后取出。加水5mL润湿灰分，用玻璃棒搅拌，用少量水冲洗玻璃棒上附着的灰分至坩埚内。置水浴上蒸干后移入马弗炉中于550℃灰化2h，冷却后加水至5mL润湿灰分，慢慢加入6mol/L盐酸10mL，最后将溶液转至50mL容量瓶内，用6mol/L盐酸洗涤坩埚3次，每次5mL，再用水洗涤3次，每次5mL，洗液并入容量瓶中，加水至刻度，摇匀。同时做空白实验。

（2）测定

①准确吸取样品溶液5.00~10.00mL和同等数量的试剂空白液，分别置于125mL分液漏斗中，加5mL水、0.5mL盐酸羟铵溶液（200g/L）、酚红指示剂2滴，用氨水（1+1）调节至红色，再多加2滴，加入5mL二硫腙-四氯化碳溶液（0.1g/L），剧烈振摇2min，静置分层。将四氯化碳层分入另一分液漏斗中，水层再用少量二硫腙溶液振摇提取，每次2~3mL，直至二硫腙溶液绿色不变为止。合并提取液，用5mL水洗涤，四氯化碳层用0.02mol/L盐酸溶液提取2次，每次10mL，提取时剧烈振摇2min，合并0.02mol/L盐酸提取液，并用少量四氯化碳洗去残留的二硫腙。

②准确吸取1μg/mL锌标准溶液0.00、1.00、2.00、3.00、4.00、5.00mL，分别置于125mL分液漏斗中，各加0.02mol/L盐酸溶液至20mL。

③在样品溶液、试剂空白液及锌标准溶液各分液漏斗中加10mL乙酸-乙酸盐缓冲液、1mL硫代硫酸钠溶液（250g/L），混匀，再各加入10mL二硫腙使用液，剧烈振摇2min。静置分层后，经脱脂棉将四氯化碳层滤入1cm比色杯中，以零管调节零点，于波长530nm出测吸光度，以锌的浓度为横坐标，以吸光度为纵坐标绘制标准曲线。

5. 计算

$$X = \frac{m_1 \times V_1}{m \times V_2}$$

式中 X——样品中锌的含量，mg/kg或mg/L；

m——样品的质量，g；

m_1——测定时扣除空白液中锌的质量，μg；

V_1——样品溶液的体积，mL；

V_2——测定用样品溶液的体积，mL。

四、铜的测定

测定乳与乳制品中的铜有二乙基二硫代氨基甲酸钠光度法、二甲苯二氮非、联喹啉等光度法、原子吸收光度法、选择性电极法和中子活化法等。下面主要介绍二乙基二六代氨基甲酸钠（简称铜试剂或DDTC）光度法，此方法已被定为标准方法，该法比较稳定，易于掌握，但须用有机溶剂提取。

1. 原理

在碱性溶液中，铜离子与铜试剂作用，生成黄色络合物，溶于四氯化碳进行比色。

2. 试剂

（1）氨水（1+1）。

（2）四氯化碳。

（3）2mol/L硫酸。

（4）酚红指示剂（1g/L乙醇溶液）。

（5）柠檬酸铵-乙二胺四乙酸二钠溶液：取柠檬酸铵20g及乙二胺四乙酸二钠5g溶于水中，稀释至100mL。

（6）铜试剂溶液：二乙基二硫代氨基甲酸钠（1g/L），过滤贮于冰箱中，可用一周。

（7）铜标准溶液：称取含5个结晶水的硫酸铜0.1964g，加2mol/L的硫酸溶液溶解，移入500mL容量瓶中，用2mol/L硫酸溶液稀释至刻度，混匀（此溶液浓度为0.1mg/mL）。临用时准确吸取此液10mL于100mL容量瓶中，加2mol/L硫酸溶液稀释至刻度，摇匀。此溶液浓度为10μg/mL。

3. 仪器设备

分光光度计。

4. 测定方法

（1）样品处理

①湿法处理：取样品5~10g（称准至0.01g，称样量视含铜量而定）于500mL或250mL凯氏烧杯中，先加少许水润湿，加入浓硝酸20mL、硫酸20mL、玻璃珠数粒，先以小火加热，剧烈反应停止后，加大火力，分4次加入20mL过氧化氢直至溶液透明或呈淡绿色为止。继续加热数分钟至冒白烟，冷却，加25mL饱和草酸铵溶液，继续加热到冒白烟后20min为止，冷却内容物，移入50mL容量瓶中，以二次蒸馏水稀释至刻度。同时做空白试验。

②干法处理：取5~10g（称准至0.01g）样品于瓷坩埚中，加氧化镁1g及0.15g/mL硝酸镁溶液10mL，混匀，于水浴上蒸干，先用微火碳化，至无烟后移至550℃马弗炉中，灼烧3~4h，冷却后取出。加水5mL润湿灰分，用玻璃棒搅拌，用少量水冲洗玻璃棒上附着的灰分至坩埚内。置水浴上蒸干后移入马弗炉中

于550℃灰化2h，冷却后加水至5mL润湿灰分，慢慢加入6mol/L盐酸10mL，最后将溶液转至50mL容量瓶内，用6mol/L盐酸洗涤坩埚3次，每次5mL，再用水洗涤3次，每次5mL，洗液并入容量瓶中，加水至刻度，摇匀。同时做空白实验。

（2）测定步骤

①选取样品溶液剂空白溶液各10mL置于125mL分液漏斗中。准确吸取10μg/mL铜标准溶液0.00、0.20、0.40、0.60、0.80、1.00mL，分别置于125mL分液漏斗中，各加2mol/L硫酸溶液20mL。

②于吸取的样液、空白试剂及标准系列中，各加入柠檬酸铵－乙二胺四乙酸二钠溶液5mL及酚红指示剂3滴，混匀；滴加氨水至溶液pH为9~9.2，溶液由红变黄在变红后，再多加2滴氨水；加铜试剂溶液1mL，四氯化碳10mL，猛烈振摇1min，静置分层。

③将四氯化碳层通过脱脂棉滤入2cm比色杯中，以零管调节零点，于波长440nm处测吸光度。以标准系列中铜的浓度为横坐标，吸光度为纵坐标，绘制标准曲线。

5. 结果计算

$$X = \frac{m_1 \times V_1}{m \times V_2}$$

式中 X——样品中铜的含量，mg/kg；

m——样品的质量，g；

m_1——测定时扣除空白后样液中铜的质量，μg；

V_1——样品溶液的总体积，mL；

V_2——测定用样品溶液的体积，mL。

五、钾和钠的测定

1. 原理

样品经干法灰化，分解有机质后，加酸使灰分中的无机离子全部溶解，直接吸入空气－乙炔火焰中原子化，并在光路中分别测定钾、钠原子对特征波长谱线的吸收。

2. 试剂

实验用水均为去离子水，可采用离子交换、电渗析、反渗透或超滤等法制得，其电阻一般在$80\times10^4\Omega$以上。

（1）盐酸（1+50）。

（2）盐酸（1+4）。

（3）硝酸（1+1）。

（4）1000μg/mL钾标准贮备液　称取干燥的氯化钾（相对分子质量74.55，光谱纯）1.9067g，用盐酸（1+50）溶解，并定容于1000mL容量瓶中。

（5）1000μg/mL 钠标准贮备液　称取干燥的氯化钠（相对分子质量 58.44，光谱纯）2.5420g，用盐酸（1+50）溶解，并定容于 1000mL 容量瓶中。

（6）100μg/mL 各离子的标准中间液　分别吸取 2 种标准贮备液 25mL 于 2 个 250mL 容量瓶中，用盐酸（1+50）定容，得到钾、钠离子的标准中间液。

3. 仪器设备

原子吸收分光光度计；钾、钠空心阴极灯；钢瓶乙炔气和空气压缩机；石英坩埚（或瓷坩埚）；高温炉。

4. 测定方法

（1）标准混合溶液的配制　按表 5-5 吸取钾、钠标准中间液于 100mL 容量瓶中，用盐酸（1+50）定容。

表 5-5　混合标准溶液各元素的浓度　单位：μg/mL

名称	1	2	3	4	5
K	1	2	3	4	5
Na	1	2	3	4	5
Mg	0.5	1.0	1.5	2.0	2.5

（2）标准曲线的绘制　按照仪器说明书将仪器工作条件（如灯电流、狭缝宽度、空气-乙炔流量比、火焰高度、放大器增益等）调整到测定各元素最佳状态，各元素选用的灵敏吸收线见表 5-6。

表 5-6　各元素的灵敏吸收线

元素	灵敏吸收线波长/nm
K	766.56
Na	588.9
Mg	285.2

将仪器调好预热后，用毛细管吸喷盐酸（1+50）溶液。分别测定混合标准液中各元素的吸光度，绘制各元素的标准曲线［以吸光度为纵坐标，浓度（μg/mL）为横坐标］或计算回归方程。

（3）样品处理　准确称取 5g 样品，精确至 0.0001g，置于坩埚中，在电炉上微火炭化至不冒烟，在移入高温炉中升温至 490℃ 使样品炭化呈白色灰烬。如有黑色炭粒，冷却后，则滴加少许硝酸（1+1）湿润。在电炉上加热使灰烬充分溶解，冷却至温室后，移入 50mL 容量瓶中，用去离子水定容。同时处理一个空白样品。

（4）样品的测定　调整好仪器最佳状态，用相应的 2% 盐酸溶液调零后，按下面的方式测定样品的吸光度及试剂空白：

①钠的测定：从50mL样液中吸取1mL于100mL容量瓶中，用盐酸（1+50）定容，上机测定。

②钾的测定：从测定钠的100mL容量瓶中吸取10mL样液于50mL容量瓶中，用盐酸（1+50）定容，上机测定。

5. 结果计算

$$x = \frac{(\rho_1 - \rho_2) \times V \times A \times 100}{m \times 1000}$$

式中 x——样品中元素含量，mg/100g；

ρ_1——测定液中元素的浓度，μg/mL；

ρ_2——测定空白液中元素的浓度，μg/mL；

V——样液体积，mL；

A——样液稀释倍数；

m——样品质量，g。

六、镁的测定

镁是许多酶的激活剂，对维持心肌正常生理功能有重要作用。人体缺镁会导致心肌坏死，出现抑郁、肌肉软弱无力和晕眩等症状。因此测定乳制品中的镁含量具有一定的意义。

1. 原理

样品经干法灰化，分解有机质后，加酸使灰分中的无机离子全部溶解，直接吸入空气-乙炔火焰中原子化，并在光路中分别测定镁原子对特征波长谱线的吸收。测定镁时，需用镧作释放剂，以消除磷酸盐等干扰。

2. 仪器和试剂

（1）仪器设备 原子吸收分光光度计，镁空心阴极灯，钢瓶乙炔气和空气压缩机，石英坩埚（或瓷坩埚），高温炉。

（2）试剂与配制

①实验用水均为去离子水，可采用离子交换、电渗析、反渗透或超滤等法制得，其电阻一般在80Ω以上。

②盐酸（1+50）。

③盐酸（1+4）。

④硝酸（1+1）。

⑤50g/L镧溶液：准确称取29.32g氧化镧（La_2O_3），用去离子水润湿后，慢慢仔细地添加125mL浓盐酸使氧化镧溶解后用去水离子稀释至500mL。

⑥1000μg/mL镁标准贮备液：准确称取纯镁（光谱纯）1.0000g，用硝酸（1+1）40mL溶解，用水定容于1000mL容量瓶中。

⑦100μg/mL标准中间液：吸取上述标准贮备液25mL于250mL容量瓶中，

用盐酸（1+50）定容。

3. 仪器

原子吸收分光光度计；钾、钠空心阴极灯；钢瓶乙炔气和空气压缩机；石英坩埚（或瓷坩埚）；高温炉。

4. 测定方法

（1）标准混合液的配制　测定镁时，按表5-7吸取标准中间液于100mL容量瓶中，加入2mL镧溶液，用盐酸（1+50）定容。

表5-7　配制混合标准溶液所取各元素标准中间液的体积　单位：mL

序号	K	Na	Mg
1	1.0	2	2.0
2	2.0	4	4.0
3	3.0	6	6.0
4	4.0	8	8.0
5	5.0	10	10.0

（2）标准曲线的绘制　按照仪器说明书将仪器工作条件（如灯电流、狭缝宽度、空气-乙炔流量比、火焰高度、放大器增益等）调整到测定各元素最佳状态，选用的灵敏吸收线285.2nm。

将仪器调好预热后，用毛细管吸喷盐酸（1+50）溶液，先吸取（50g/L）的镧溶液2.0mL，用水定容至100mL。并用该溶液调零。分别测定混合标准液中各元素的吸光度，绘制各元素的标准曲线［以吸光度为纵坐标，浓度（μg/mL）为横坐标］或计算回归方程。

（3）样品处理　准确称取固体样品5g或液体样品15g，精确至0.0001g，置于坩埚中，在电炉上微火炭化至不冒烟，在移入高温炉中升温至（490±5）℃使样品炭化呈白色灰烬。如有黑色炭粒，冷却后，则滴加少许硝酸（1+1）湿润。在电炉上加热使灰烬充分溶解，冷却至温室后，移入50mL容量瓶中，用去离子水定容。同时处理一个空白样品。

（4）样品的测定　调整好仪器最佳状态，用标准曲线中的镧溶液调零后，从50mL处理样液中吸取1mL于50mL容量瓶中，加镧溶液1mL，用盐酸（1+50）定容，上机测定。

5. 结果计算

$$x = \frac{(\rho_1 - \rho_2) \times V \times A \times 100}{m \times 1000}$$

式中 x——样品中元素含量，mg/100g；

ρ_1——测定液中元素的浓度，μg/mL；

ρ_2——测定空白液中元素的浓度，μg/mL；

V——样液体积，mL；

A——样液稀释倍数；

m——样品质量，g。

6. 注意事项

测量镁时，易受样液中共存元素的干扰，须加氯化锶消除其影响；也可加入氯化镧（样液中氯化镧浓度保持为0.5%）消除干扰。

任务一 婴儿配方乳粉中磷的测定

【学习目标】

1. 能够掌握检测乳粉中磷含量的测定原理。
2. 了解乳粉中磷含量测定过程中的注意事项。
3. 掌握测定乳粉中磷含量的允许限量。

【技能目标】

1. 能够掌握乳粉中磷含量检测中标准贮备液制备的操作方法。
2. 熟练掌测定乳粉中磷含量检测中的测定方法。

【任务实施】

婴儿配方乳粉中磷的测定。

【原理】

试样经酸氧化，使磷在硝酸溶液中与钒钼酸铵生成黄色络合物。用分光光度计在波长440nm处测定吸光度，其颜色的深浅与磷的含量成正比。

【操作过程】

1. 试剂和材料

除非另有规定，本方法所用试剂均为分析纯，水为GB/T 6682—2008规定的三级水。

（1）硝酸：优级纯。

（2）高氯酸：优级纯。

（3）硫酸：优级纯。

（4）钼酸铵［$(NH_4)_6Mo_7O_{24}\cdot 4H_2O$］。

（5）偏钒酸铵（NH_4VO_3）。

（6）氢氧化钠（NaOH）。

（7）磷酸二氢钾标准品（KH_2PO_4）。

（8）2，6－二硝基酚或2，4－二硝基酚［$C_6H_3OH(NO_2)_2$］。

（9）钒钼酸铵试剂

A液：25g钼酸铵［$(NH_4)_6Mo_7O_{24} \cdot 4H_2O$］，溶于400mL水中。

B液：1.25g偏钒酸铵（NH_4VO_3）溶于300mL沸水中，冷却后加250mL硝酸，将A液缓缓倾入B液中，不断搅匀，并用水稀释至1L，贮于棕色瓶中。

（10）氢氧化钠溶液（6mol/L）：称取240g氢氧化钠，溶于1000mL水中。

（11）氢氧化钠溶液（0.1mol/L）：称取4g氢氧化钠，溶于1000mL水中。

（12）硝酸溶液（0.2mol/L）：吸取12.5mL硝酸，用水稀释至1000mL。

（13）磷的标准贮备液（50μg/mL）：称取在（105±1）℃烘干至恒重的磷酸二氢钾标准品0.2197g，溶于400mL水中，加8mL硫酸，定容至1L。可长久贮存。

（14）二硝基酚指示剂（2g/L）：称取0.2g2，6－二硝基酚或2，4－二硝基酚溶于100mL水中。

2. 仪器和设备

（1）天平：感量为0.1mg。

（2）电热板。

（3）分光光度计。

3. 分析步骤

（1）试样处理　固体试样称取0.5g，液体试样称取2.5g（精确至0.1mg），于125mL三角瓶中，放入几粒玻璃球，加10mL硝酸，然后放在电热板上加热。待剧烈反应结束后取下，稍冷却，再加入10mL高氯酸，重新放于电热板上加热。若消化液变黑，需取下再加入5mL硝酸继续消化，直到消化液变成无色或淡黄色，且冒出白烟，在消化液剩下3～5mL时取下，冷却，转入50mL容量瓶中，定容。同时做空白试验。

（2）标准曲线的制作

①分别吸取磷的标准贮备液0、2.5、5.0、7.5、10.0、15.0mL，分别放入50mL容量瓶中。

②加入10.00mL钒钼酸铵试剂，用水定容至刻度。该系列标准溶液中磷的浓度分别为0、2.5、5、7.5、10、15μg/mL。在25～30℃下显色15min。用1cm光径比色皿，于波长440nm处测定吸光值。以吸光值为纵坐标，以磷的浓度为横坐标，绘制标准曲线。

（3）试样测定　吸取试液10mL于50mL容量瓶中，加少量水后，加2滴二硝基酚指示剂，先用氢氧化钠溶液调至黄色，再用硝酸溶液调至无色，最后用氢氧化钠溶液调至微黄色。以下按“标准曲线的制作的②”依法操作。以空白溶液调零。从标准曲线上查得试样溶液中磷的浓度。

【结果处理】

试样中磷的含量按下式计算：

$$X = \frac{\rho \times V \times V_2}{m \times V_1 \times 1000} \times 100$$

式中 X——试样中磷的含量，mg/100g；

ρ——从标准曲线中查得试样溶液中磷的浓度，μg/mL；

V——试样消化后定容体积，mL；

V_1——吸取样液体积，mL；

V_2——比色液定容体积，mL；

m——样品的质量，g。

【注意事项】

（1）在重复性条件下获得的两次独立测定结果的绝对差值不得超过算术平均值的5%。

（2）本标准的检出限为2mg/100g。

任务二 乳粉中铜含量的测定

【学习目标】

1. 能够掌握检测乳粉中铜含量的测定原理。
2. 掌握测定乳粉中铜含量的允许限量。
3. 了解乳粉中铜含量测定过程中的注意事项。

【技能目标】

1. 能够掌握乳粉中铜含量检测中铜元素的标准贮备液制备的操作方法。
2. 熟练掌测定检验的操作方法。

【任务实施】

乳粉中铜含量的测定。

【原理】

试样经干法灰化，分解有机质后，加酸使灰分中的无机离子全部溶解，直接吸入空气－乙炔火焰中原子化，并在光路中分别测定铜原子对特定波长谱线的吸收。

【操作过程】

1. 药品和试剂

除非另有规定，本方法所用试剂均为优级纯，水为 GB/T 6682—2008 规定的二级水。

（1）盐酸。

（2）硝酸（HNO_3）。

（3）金属铜：光谱纯。

（4）盐酸 A（2%）：取 2mL 盐酸，用水稀释至 100mL。

（5）盐酸 B（20%）：取 20mL 盐酸，用水稀释至 100mL。

（6）硝酸溶液（50%）：取 50mL 硝酸，用水稀释至 100mL。

（7）铜标准溶液（1000μg/mL）：称取金属铜 1.0000g，用硝酸 40mL 溶解，并用水定容于 1000mL 容量瓶中。可以直接购买该元素的有证国家标准物质作为标准溶液。

（8）铜元素的标准贮备液：准确吸取铜标准溶 10.0mL，用盐酸 A 定容 100mL，再从定容后溶液中准确吸取 6.0mL，用盐酸 A 定容到 100mL，得到铜标准贮备液。质量浓度为 6.0μg/mL。

（9）50g/L 的镧溶液：称取 29.32g 氧化镧，用 25mL 去离子水湿润后，缓慢添加 125mL 使氧化镧溶解后，用去离子水稀释至 500mL。

2. 仪器和设备

（1）原子吸收分光光度计。

（2）铜空心阴极灯。

（3）分析用钢瓶乙炔气和空气压缩机。

（4）石英坩埚或瓷坩埚。

（5）马弗炉。

（6）天平：感量为 0.1mg。

3. 测定方法

（1）试样处理　称取混合均匀的固体试样约 5.0g 或液体试样约 15.0g（精确到0.0001g）于坩埚中，在电炉上微火炭化至不再放烟，再移入马弗炉中，(490 ±5)℃灰化约 5h。如果有黑色炭粒，冷却后，则滴加少许硝酸溶液湿润。在电炉上小火蒸干后，再移入 490℃高温炉中继续灰化成白色灰烬。冷却至室温后取出，加入 5mL 盐酸 B，在电炉上加热使灰烬充分溶解。冷却至室温后，移入 50mL 容量瓶中，用水定容。同时处理至少两个空白试样。

（2）试样待测液的制备

①用 50mL 的试液（试样处理备用液）直接上机测定。同时测定空白试液。

②为保证试样待测试液浓度在标准曲线线性范围内，可以适当调整试液定容体积和稀释倍数。

（3）测定

①标准系列使用液的配制：按表 5－8 给出的体积分别准确吸取铜元素的标准贮备液于 100mL 容量瓶中，铜使用液，用盐酸 A 定容。此为铜元素不同浓度的标

准使用液，其质量浓度见表5-9。

表5-8 配制标准系列使用液所吸取铜元素标准贮备液的体积 单位：mL

序号/名称	1	2	3	4	5
Cu	2.0	4.0	6.0	8.0	10.0

表5-9 铜元素标准系列使用液浓度 单位：μg/mL

序号/名称	1	2	3	4	5
Cu	0.12	0.24	0.63	0.48	0.60

②标准曲线的绘制：按照仪器说明书将仪器工作条件调整到测定铜元素的最佳状态，选用灵敏吸收线Cu324.8nm将仪器调整好预热后，测定铜时用毛细管吸喷盐酸A调零。测定铜元素标准工作液的吸光度。以标准系列使用液浓度为横坐标，对应的吸光度为纵坐标绘制标准曲线。

【结果处理】

试样中铜的含量按下式计算：

$$X = \frac{(\rho_1 - \rho_2) \times V}{D} \times \frac{f}{m} \times 100$$

式中 X——试样中元素的含量，μg/100g；

ρ_1——测定液中元素的浓度，μg/mL；

ρ_2——测定空白液中元素的浓度，μg/mL；

V——样液体积，mL；

f——样液稀释倍数；

m——试样的质量，g。

【注意事项】

(1) 以重复性条件下获得的两次独立测定结果的算术平均值表示，结果保留三位有效数字。

(2) 在重复性条件下获得两次独立测定结果的绝对差值不得超过算术平均值的15%。

备注：乳基婴儿配方食品中矿物质卫生指标的检验项目和检验方法应符合表5-10中的规定。

表 5－10　矿物质指标

营养素	指标				检验方法
	每 100kJ		每 100kcal		
	最小值	最大值	最小值	最大值	
钠摄入量/mg	5	14	21	59	GB 5413.21—2010
钾摄入量/mg	14	43	59	180	
铜摄入量/μg	8.5	29.0	35.6	121.3	
镁摄入量/mg	1.2	3.6 *	5.0	15.1 *	
铁摄入量/mg	0.10	0.36	0.42	1.51	
锰摄入量/μg	1.2	24.0	5.0	100.4	
锌摄入量/mg	0.12	0.36	0.50	1.51	
钙摄入量/mg	12	35	50	146	
磷摄入量/mg	6	24 *	25	100 *	GB 5413.22—2010
钙磷比值	1:1	2:1	1:1	2:1	—
碘摄入量/μg	2.5	14.0	10.5	58.6	GB 5413.23—2010
氯摄入量/mg	12	38	50	159	GB 5413.24—2010
硒摄入量/μg	0.48	1.90	2.01	7.95	GB 5009.93—2010

* 仅适用于乳基婴儿配方食品。

【小结】

本项目主要介绍了乳与乳制品中矿物质元素的概念及种类。乳与乳制品中钙检测的方法检测的方法，主要包括高锰酸钾测定法和 EDTA 法测定钙检测的原理和测定方法；乳与乳制品中铁、铜、镁的测定原理和测定方法，乳与乳制品中钾和钠的测定原理和测定方法的测定。

通过本项目的学习和实践使学生能掌握婴儿配方乳粉中磷和铜的测定原理和操作技能。

【知识考核】

一、简答题

1. 简述高锰酸钾法测定乳制品中钙的测定原理。
2. 简述乳制品中铁的测定方法。

二、论述题

1. 论述婴儿配方乳粉中磷的测定。
2. 论述乳粉中铜含量的测定方法。

模块六 乳与乳制品中添加剂及有害物质的测定

项目一 乳与乳制品中有害物质的测定

【知识目标】

1. 了解乳与乳制品中有害物质的概念及种类。
2. 了解乳与乳制品中有害物质汞、铅、砷的测定原理。
3. 掌握乳与乳制品中硝酸盐、亚硝酸盐的测定原理。
4. 掌握乳与乳制品中有机磷和有机氯农药残留检测的注意事项。

【技能目标】

1. 掌握二硫腙光度法测定乳与乳制品中汞、铅含量检测的基本技能。
2. 掌握乳与乳制品中硝酸盐、亚硝酸盐检测的基本技能。
3. 掌握乳与乳制品中农药残留检测的基本技能。
4. 掌握冰淇淋中总砷含量测定的基本技能。
5. 掌握石墨炉原子吸收光谱法测定冰淇淋中铅含量的基本技能。

【知识必备】

一、概　　述

乳与乳制品中含有一些微量的有害物质，如重金属汞、铅、砷等（相对密度在4.0以上的金属统称为重金属）。有些金属，正常情况下人体只需极少的数量或者人体可以耐受极小的数量，剂量稍高，即可出现毒性作用，这些金属称为有毒金属或金属毒物。

从食品安全学角度讲，汞、铬、铅、砷等对食品安全性较为重要。重金属对机体损害的一般机制是与蛋白质、酶结合成不溶性盐而使蛋白质变性。它们对人体健康有着严重的危害，如铅进入人体后大部分可以排出体外，但部分仍残留在体内，长期积累可造成慢性中毒，引起血色素缺少性贫血、腰肢酸痛、高血压等症状。长期摄入微量砷化物，在体内有积累中毒作用，能引起多发性神经炎、皮肤痛觉和触觉减退等症状，对人体损害严重。汞及其化合物可以通过呼吸道、消化道、皮肤进入人体，汞对蛋白质有凝固作用，以致细胞表面的酶系统阻碍葡萄糖进入细胞，进而阻碍细胞中呼吸酶，使细胞窒息坏死。

这些元素有的作为天然组分而存在，有的是由环境污染和食品生产、加工、贮藏、运输、销售等过程中的污染带入乳与乳制品中的。另外，大量施用各种无机、有机农药及化肥、生长调节剂等有残毒的农药和生长调节剂也造成了食用动植物组织中的残留污染。它们大多数是油溶性化学毒素，在人体内不能代谢分解，多数蓄积于人体脂肪组织中而不能排出体外。

食品中有毒有害金属的污染量通常较微小，但由于经常食用，常导致慢性中毒和远期或潜在的健康危害。当出现意外事故污染或故意投毒，也可引起急性中毒。根据食品中各种元素进入人体后的作用，常见有害元素包括汞、铅、铬、镉、砷等元素。对这些微量元素进行测定从营养学和医学上讲都具有重要的意义。

二、汞的测定

汞俗称水银，在室温下为银白色液体。汞的毒性主要取决于其化学状态，有机汞，特别是甲基汞（CH_3-HgCl），比无机汞的毒性强得多，且对机体的损伤是不可逆的。两种形式的汞均损害中枢神经系统。人体若吸入汞会引起汞中毒现象，破坏神经系统，引起口腔炎、神经过敏等症状，对人体危害极大。

对于乳与乳制品来说，汞的主要来源是由于牛吃了含有汞的饲料，接触了含有汞的水源及周围环境中的汞等，因此，对牛乳中汞的检测是一项重要的卫生指标。乳品中汞的允许限量要求≤0.01mg/kg。

测定乳品中汞含量的主要方法有二硫腙光度法和冷原子吸收法。

（一）二硫腙光度法

1. 原理

用硫酸、硝酸将样品消化，使汞转为离子状态，用氯化亚锡还原为单质汞，蒸馏至高锰酸钾吸收液中，被氧化为离子汞。汞离子在酸性溶液中与二硫腙生成橙色络合物，用有机溶剂提取后与汞标准溶液比较定量。

2. 仪器设备

消化装置：1000mL 全玻璃蒸馏器。

3. 药品及试剂配制

（1）硝酸、硫酸、二硫腙 - 氯仿溶液（70% 透光度）、氯仿（优级纯）。

（2）40% 氯化亚锡溶液　取氯化亚锡 80g，溶于盐酸（优级纯）50mL 中，再加水至 200mL。

（3）吸收液　于水中慢慢加入硫酸 50mL，混匀，放冷后，加高锰酸钾（优级纯）6g，溶解后加水至 1000mL。

（4）20% 盐酸羟胺溶液　取盐酸羟胺 20g，加水溶解至 100mL，加二硫腙 - 氯仿溶液 5mL，振摇洗涤，弃去氯仿层，再加氯仿 10mL，洗涤至氯仿层无色，弃去氯仿层备用。

（5）二硫腙贮备液　5μg/mL 氯仿溶液，保存于暗处。必要时用下述方法处理：取二硫腙于研钵中研细，称取 0.5g 溶于 50mL 氯仿中，如不全溶，可用滤纸过滤于 250mL 分液漏斗中，用氨水（1 + 99）提取 3 次，每次 100mL。将提取液用脱脂棉过滤至 500mL 分液漏斗中，用 6mol/L HCl 调至酸性，将沉淀的二硫腙用氯仿提取 2 ~ 3 次，每次用 20mL。合并氯仿，用等量水洗涤 2 次，弃去洗涤液，在 50℃ 水浴上蒸去氯仿。精制的二硫腙置于硫酸干燥器中，干燥备用。或将沉淀出的二硫腙用 200、200、200mL 氯仿提取 3 次，合并氯仿液作为贮备液。

（6）二硫腙 A 液　用二硫腙贮备液稀释成 50μg/mL 氯仿溶液。

（7）二硫腙应用液（透光率 70%）　取二硫腙 A 液 1mL，加氯仿 10mL，混匀。用 1cm 比色杯以氯仿调零点，于波长 490nm 下测定吸光度（D），用下式计算出配制 100mL 二硫腙应用液（70% 透光率）所需二硫腙 A 液的体积（V）：

$$V = \frac{10 \times (2 - \lg 70)}{D} = \frac{1.55}{D}$$

即取二硫腙贮备液 1.55/D mL，加氯仿至 100mL 即可。

（8）汞标准溶液　精密吸取 105℃ 干燥过的二氧化汞 0.1354g，加 1mol/L H_2SO_4 使其溶解后，移入 100mL 容量瓶中，并稀释至刻度，混匀。精密吸取此液 1mL 于 100mL 容量瓶中，加 1mol/L H_2SO_4 稀释至刻度，混匀。临用时精密吸取此稀释液 5.0mL 于 50mL 容量瓶中，加 1mol/L H_2SO_4 稀释至刻度，混匀。此溶液每毫升相当于含汞 1μg。

（9）1mol/L H_2SO_4 溶液　取硫酸（优级纯）5mL，慢慢倒入 150mL 水中，冷却后再加水至 180mL。

（10）淀粉指示剂　取可溶性淀粉 0.5g，加水 5mL，搅匀后慢慢倒入沸水 100mL，随倒随搅拌，煮沸成稀薄半透明液，现用现配。

4. 测定

称取乳粉样品约6g（测其它产品的取样量：牛乳、酸牛乳50g，甜炼乳20g，淡炼乳12.5g，干酪9g）于消化装置的烧瓶中，加数粒玻璃珠、45mL硝酸、10mL硫酸（牛乳加15mL硫酸），装上冷凝管，小心加热，待开始发泡即停止加热，发泡停止后，加热回流2h。如加热过程中溶液变棕色，再加硝酸5mL，继续回流2h，放冷，用适量水洗涤冷凝管，洗液和消化液并入蒸馏瓶中。同时做试剂空白试验。

向蒸馏瓶中加40%氯化亚锡溶液30mL，摇匀，立即连接冷凝管器下端，插入50mL吸收液中，加热蒸馏，吸收液体积增至约100mL为止。取下吸收液，加盐酸羟胺溶液2mL，待高锰酸钾颜色消失后，将溶液移入250mL分液漏斗中，用少量水洗涤吸收瓶，洗液并入分液漏斗中，放置40min，并时时振摇。另取250mL分液漏斗6只，加吸收液50mL及水60mL，再精密吸取汞标准液0、0.5、1.0、1.5、2.0、2.5mL（相当于含汞0、0.5、1.0、1.5、2.0、2.5μg），分别加入分液漏斗中，摇匀，再各加盐酸羟胺溶液2mL，放置20min，并时时摇动。于样品及标准品内分别准确加入二硫腙-氯仿溶液5mL，用力振摇2min，静置分层后，经脱脂棉将氯仿层滤入1cm比色管中，以氯仿调零点，于波长490nm下测吸光度。

标准管各光度减去零管吸光度后绘制标准曲线。样品吸光度减去零管吸光度与标准比较，或与标准色列目测比较。同时做试剂空白试验。

5. 计算

$$X = \frac{(m_1 - m_2) \times 1000}{m \times 1000}$$

式中 X——试样中汞元素的含量，mg/kg；

m_1——样品管相当汞的质量，μg；

m_2——试剂空白相当汞的质量，μg；

m——样品质量，g。

6. 注意事项

（1）以氯仿调节零点可使吸光度增高而减少误差。

（2）使用后的二硫腙-氯仿溶液可集中蒸馏，除去二硫腙再经处理后使用。

（3）所用仪器必须以10%硝酸溶液冲洗干净。

（4）蒸馏瓶壁可用热氢氧化钠溶液清洗，除去氯化亚锡。

（5）绘制标准曲线时标准双色管吸光度也可不减去零管吸光度，其样品做比较的标准比色管吸光度也不减去零管吸光度。

（二）冷原子吸收法

1. 原理

汞蒸气对波长253.7nm的只振线具有强烈的吸收作用，在强酸性溶液中，用氯化亚锡将汞离子还原为汞，以氮气或干燥清洁空气作为载体，将汞吸出，进行冷原子吸收测定，与标准系列比较定量。

2. 仪器设备

测汞仪（附气体干燥和抽气装置）；消化装置；汞蒸气发生器（见图6－1）。

图6－1 60mL汞蒸气发生器

3. 试剂

（1）硝酸（优级纯）。

（2）硫酸（优级纯）

（3）300g/L氯化亚锡溶液 称取30g氯化亚锡（$SnCl_2 \cdot 2H_2O$）加少量水，再加2mL硫酸使溶解后，加水稀释至100mL，放置冰箱保存。

（4）无水氯化钙，干燥用。

（5）5mol/L混合酸液 量取硫酸10mL，再加入10mL硝酸，慢慢倒入50mL水中，冷却后加水稀释至100mL。

（6）0.1μg/mL汞标准溶液 取105℃干燥过的分析纯二氯化汞0.1354g，加混合酸溶解后，稀释至100mL，混匀。临用时准确吸取此液1mL于100mL容量瓶中，加混合酸稀释至刻度，混匀。再准确吸取此稀释液1mL于100mL容量瓶中，加混合酸至刻度，混匀。

4. 测定

（1）样品处理 称取乳粉25g（牛乳、酸牛乳20g，干酪4g）（准确至0.01g）于500mL圆底烧瓶中，加玻璃球数粒，连接冷凝管，通水冷却。从冷凝管上端加硝酸30mL、硫酸5mL（牛乳、酸牛乳加10mL），小心转动烧瓶，防止局部炭化。小火加热，待开始发泡时停止加热。发泡停止后，加热回流2h。如加热过程中变棕色，再加硝酸5mL，继续回流2h，放冷后从冷凝管上端小心加入水20mL，继续加热回流100min，放冷后用适量水冲洗冷凝管，将消化液经玻璃棉滤至100mL容量瓶中，并用少量水洗烧瓶及过滤器，洗液并入容量瓶中，加水定容，混匀。同时做空白试验。

（2）标准曲线 准确吸取汞标准液0、0.10、0.20、0.30、0.40mL，分别置于试管中，各加混合酸至10mL。

（3）测量步骤 准确吸取样液、空白试液各10mL，分别于汞蒸气发生器内，连接抽气装置，沿发生器内壁迅速加入氯化亚锡溶液2mL，立即通入流量为1.5L/min的氮气或经活性炭处理的空气，将汞蒸气经氯化钙干燥管吹入测汞仪中，读取测汞仪上最大读数。

标准系列也按上述操作，并以汞的浓度为横坐标，以吸光度为纵坐标绘制标准曲线。

5. 计算

$$X=\frac{m'}{m\times\frac{10}{100}}$$

式中 X——样品中汞的含量，mg/kg；

m'——测定时扣除空白样液中汞的含量，μg；

m——样品的质量，g；

10/100——样品定容到100，从其中取出10样品测定。

三、铅的测定

铅是一种有代表性的重金属。乳中的铅污染主要来源于乳品加工、贮藏、运输过程中使用的含铅器皿的污染，如铅合陶瓷；含铅农药的使用，如乳砷酸铅；工业“三废”的排放，污染附近生长的农作物；大气中含铅尘、废气、铅污染的水源、脱落的油漆都可以直接或间接污染乳与乳制品。

铅是一种具有蓄积性、多亲和性的毒物，对各种组织多有毒性作用，主要损害人体的神经、造血、消化系统和肾脏，同时还损害人体的免疫系统，使机体抵抗力下降。婴幼儿和学龄前儿童是铅的易感人群。对于一般人群，人体内的铅主要来自食物、饮水、空气等其它来源，儿童还可以通过吃非食品物件接触铅。

铅不是人体必需的，铅通过食品、消化道进入人体，积累则会产生铅中毒。常见症状是食欲不振、胃肠炎、口腔金属味、失眠、头昏、头痛、关节肌肉酸痛、腰痛、贫血等。预防铅危害的重要措施是控制饮食中的摄入量，因而制定各类食品中铅的允许限量十分重要。

测定乳制品中铅的主要方法有二硫腙光度法和火焰原子吸收光度法。二硫腙光度法已作为测定铅的标准和常规方法；原子吸收测定铅，手续简单，结果可靠。下面介绍二硫腙光度法测定铅。

1. 原理

在碱性溶液（pH为8.5~9.0）中，铅离子与二硫腙生成红色络合物，溶于氯仿或四氯化碳，加入柠檬酸铵、氰化钾和盐酸胺等，消除铁、铜、锌等离子干扰，与标准系列比较定量。

2. 试剂

（1）氨水（1+1）。

（2）1g/L酚红指示剂　0.1g酚红溶解于100mL 95%的乙醇溶液中。

（3）200g/L的盐酸羟胺溶液　取盐酸羟胺20g，加60mL水，滴加氨水（1+1），调节pH至4.5~5.5，用二硫腙-四氯化碳溶液（0.1g/L）溶液提取数次，每次10mL，至二硫腙溶液绿色不变为止。弃去四氯化碳层，再用四氯化碳洗去残留在水溶液中的二硫腙。

（4）硝酸溶液（1+100） 不含氧化物氯仿或四氯化碳，检查处理方法如下：

①检查方法：取氯仿10mL，加新煮沸过的水25mL，振摇3min，静置分层，水液10mL，加165g/L碘化钾溶液及5g/L淀粉指示剂各数滴，振摇后不显蓝色。否则按下面方法处理。

②处理方法：于氯仿中加入1/10～1/20体积的200g/L硫代硫酸钠溶液洗涤，再用水洗，然后加入少量无水氯化钙脱水，进行蒸馏，弃去最初及最后的1/10蒸馏液，收集中间蒸馏液备用。

（5）氰化钾溶液 取50g氰化钾，加水溶解并稀释至100mL，必要时用二硫腙-氯仿溶液除铅，方法同柠檬酸铵溶液。为了除去残留在氰化钾溶液中的二硫腙，必须用氯仿提取10～20次，分别制成100g/L和10g/L的氰化钾溶液。

（6）柠檬酸铵溶液（200mg/mL） 取50g柠檬酸铵于100mL二次蒸馏水中，加酚红指示液2滴，滴加氨水使pH为8.5～9.0，即溶液呈微红色。将溶液倾入250mL分液漏斗中，加10mL（100μg/mL）二硫腙溶液，振摇分出有基层，重复此操作直至二腙硫不变色为止，再用氯仿抽取残留在水溶液中的二硫腙，二次弃去氯仿层，转入容量瓶中，加水定容至250mL。

（7）铅标准溶液 准确称取硝酸铅0.1598g，加1%硝酸10mL，全部溶解后，移入100mL容量瓶中，加水至刻度，混匀，此溶液铅的浓度为1mg/mL。临用时准确吸取此液1mL于100mL容量瓶中，加水至刻度，此液铅的浓度为10μg/mL。

（8）二硫腙贮备液 5μg/mL氯仿溶液，保存于暗处。必要时用下述方法处理：取二硫腙于研钵中研细，称取0.5g溶于50mL氯仿中，如不全溶，可用滤纸过滤于250mL分液漏斗中，用氨水（1+99）提取3次，每次100mL。将提取液用脱脂棉过滤至500mL分液漏斗中，用6mol/L盐酸调至酸性，将沉淀的二硫腙用氯仿提取2～3次，每次20mL。合并氯仿，用等量水洗涤2次，弃去洗涤液，在50℃水浴上蒸去氯仿。精制的二硫腙置于硫酸干燥器中，干燥备用。或将沉淀出的二硫腙用200、200、100mL氯仿提取3次，合并氯仿液作为贮备液。

（9）二硫腙A液 用二硫腙贮备液稀释成50μg/mL氯仿溶液。

（10）二硫腙B液 用二硫腙贮备液稀释成10μg/mL氯仿溶液。

（11）二硫腙应用液 取二硫腙A液1mL，加氯仿至10mL，混匀。用1cm比色杯以氯仿调节零点，于波长510nm处测吸光度（D），用公式算出配制100mL二硫腙应用液（70%透光率）所需二硫腙A液的体积（V）。

3. 测定方法

（1）样品处理 同锌的测定中二硫腙光度法。

（2）标准曲线 准确吸取标准铅液0、0.10、0.30、0.50、0.70、0.90mL分别置于125mL分液漏斗中，各加1%的硝酸溶液至20mL，各加柠檬酸铵溶液

2mL、盐酸羟胺溶液1mL、酚红指示剂2滴，用氨水（1+1）调节pH至9.0～9.5（颜色由黄变红），再加氰化钾溶液2mL混匀，各准确加二硫腙B液或二硫腙应用液10mL，强烈振摇1min、静置分层后，弃去水层。氯仿层用100g/L氰化钾溶液洗涤，每次10～20mL，至氯仿层没有二硫腙颜色为止。经脱脂棉将氯仿层滤至1cm比色杯中，以零管调节零点，于波长510nm处测吸光度，以铅的浓度为横坐标，吸光度为纵坐标，做出标准曲线。

（3）样品测定　准确吸取样品溶液10～20mL（相当于1～2g样品）和相同量的试剂空白液，分别置于125mL分液漏斗中，各加水至20mL，以下与做标准曲线的步骤相同。最后也在同样条件下测试吸光度，在标准曲线上查出铅含量。

4. 计算

$$X = \frac{m_1 \times V_1}{m \times V_2}$$

式中　X——样品中铅的含量，mg/kg；

m——样品的质量，g；

m_1——测定用扣除空白后样液中铅的质量，μg；

V_1——样品溶液的体积，mL；

V_2——测定用样品溶液的体积，mL。

5. 排除干扰离子的方法

（1）调溶液的pH（最理想的方法）。

（2）改变金属离子的价数。

（3）加入掩蔽剂使干扰元素不与双硫腙反应，使干扰离子生成稳定的络合物。

对于这三种方法可同时使用，也可单独使用。理想的方法是两种以上配合使用。

四、硝酸盐、亚硝酸盐的测定

硝酸盐、亚硝酸盐非人体所必需，摄入过多对人体健康产生危害，体内过量的亚硝酸盐，可使血液中的二价铁离子氧化为三价铁离子，使正常血红蛋白转变为高铁血红蛋白，失去携氧能力，出现亚硝酸盐中毒症状。婴幼儿体内高铁血红蛋白还原酶不足，急性中毒症状特别明显，呕吐、心悸，严重时血压下降、虚脱、呼吸麻痹，甚至导致死亡。亚硝酸盐又是致癌物N-亚硝基化合物的前体物，人体内和食物中的亚硝酸盐只要与胺类或酰胺类同时存在，就有可能形成致癌性的亚硝基化合物。这种化学性的危害因素通过食物进入人体对健康造成伤害，因此，控制其使用量、残留量和摄入量已引起国内外的重视，所以说硝酸盐、亚硝酸盐含量的准确检出是预防硝酸盐、亚硝酸盐对人体潜在危害的重要措施。

目前，以使用比色法测定其含量较为普遍，因为该法简便，其灵敏度能满足测定残留量的要求。

（一）亚硝酸盐的测定——盐酸萘乙二胺比色法

1. 原理

样品经处理，沉淀蛋白质，去除脂肪后，亚硝酸盐与对氨基苯磺酸在弱酸性条件下重氮化，再与盐酸萘乙二胺偶合，形成紫红色偶变染料，在538nm处有最大的吸收，其颜色的深浅与亚硝酸盐含量成正比。测定吸光度与标准进行定量比较。

2. 试剂

（1）亚铁氰化钾溶液　称取106.0g亚铁氰化钾［$K_4Fe(CN)_6 \cdot 3H_2O$］，溶于水并稀释至1000mL。

（2）乙酸锌溶液　称取220.0g乙酸锌［$Zn(CH_3COO)_2 \cdot 2H_2O$］，加30mL冰乙酸溶解，用蒸馏水稀释至1000mL。

（3）对氨基苯磺酸溶液（4g/L）　称取0.4g对氨基苯磺酸，溶于100mL 20%（体积分数）的盐酸溶液中，置棕色瓶中混匀，避光保存。通常一周内有效。

（4）盐酸萘乙二胺溶液（2g/L）　称取0.2g盐酸萘乙二胺，溶解于100mL水中，置棕色瓶中，避光保存。

（5）亚硝酸钠标准液　准确称取0.1000g于硅胶干燥器中干燥24h的亚硝酸钠，用熏蒸馏水溶解并定容至500mL。此液的质量浓度为200μg/mL。

（6）亚硝酸钠标准使用液　吸取标准液5.00mL于200mL容量瓶中，用熏蒸馏水定容。此液的质量浓度为5μg/mL。临用时配制。

3. 仪器和设备

分光光度计、分析天平、粉碎机（组织捣碎机）、电炉、水浴锅。移液管、玻璃棒、烧杯、漏斗、滤纸、容量瓶、带有铁圈的铁架台。

4. 测定方法

（1）样品处理

①称取乳粉10.0g（精确至0.001g）放入50mL小烧杯中（90mL液态乳放入500mL锥形瓶中）。

②加热蒸馏水、开启水浴锅；与此同时，打开水浴锅加热。在500mL烧杯内加入约400mL蒸馏水，在电炉上加热到50～55℃。

③转移：在盛有10.0g样品的50mL小烧杯（90mL液态乳的500mL锥形瓶）中再用300mL 50～55℃的水分次将样品全部洗入500mL容量瓶中，在沸水浴中加热15min（将容量瓶盖打开）。

④冷却：从水浴锅中取出500mL容量瓶，冷却至室温。然后一边转动一边加入5mL亚铁氰化钾溶液，摇匀，再加入5mL乙酸锌溶液，以沉淀蛋白质，加水定容至刻度，摇匀、静置0.5h。

⑤过滤：除去上层脂肪，清液用滤纸过滤，弃去初滤液30mL，所得滤液备用。

（2）标准曲线绘制　吸取0、0.20、0.40、0.60、0.80、1.00、1.50、2.00、2.50mL亚硝酸钠标准使用液（相当于0、1、2、3、4、5、10、12.5μg亚硝酸钠），分别置于50mL容量瓶中，加入2.00mL对氨基苯磺酸溶液（4g/L），混匀；静置3~5min后，各加入1.00mL盐酸萘乙二胺溶液（2g/L），加水至刻度，混匀；静置15min，用2cm比色杯，以零管调节零点，于分光光度计538nm波长处测定吸光度，绘制标准曲线。

（3）试样测定　吸取40mL样品处理液于50mL容量瓶中，其余操作同标准曲线绘制，于538nm处测定吸光度，从标准曲线上查出样品液中亚硝酸盐的含量。

5. 结果计算

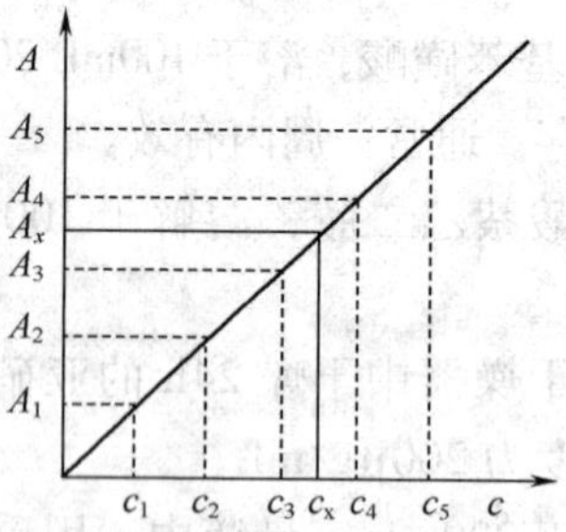

图6-2　标准曲线

（1）标准曲线法（工作曲线法）　用标准样品（即待测成分纯品），按一定程序配制一系列（5~10个）浓度递增的标准溶液。用分光光度计在一定波长下分别测出各标准溶液的吸光度A。以各标准溶液浓度为横坐标，吸光度为纵坐标，绘制吸光度A与浓度c的关系曲线，即标准曲线，如图6-2所示。

在同样条件下配制样品溶液，测定样品溶液的吸光度A_x，根据样品溶液的吸光度值，在标准曲线上读出相应的浓度值。

样品中亚硝酸盐含量的计算公式为：

$$X = \frac{m_1 \times 1000}{m \times \frac{V_2}{V_1} \times 1000}$$

式中　X——样品中亚硝酸钠含量，mg/kg；

m——试样质量，g；

m_1——测定用样液中亚硝酸钠的质量，μg；

V_1——试样处理液的总体积，mL；

V_2——测定用样液的体积，mL。

计算结果保留两位有效数字。在重复性条件下获得的两次独立测定结果的绝对差值不得超过算术平均值的10%。

（2）直线回归方程式的计算（最小二乘法）　设直线回归方程式为：

$$y = ax + b$$

$$a = \frac{n\sum_{i=1}^{n} x_i y_i - \sum_{i=1}^{n} x_i \sum_{i=1}^{n} y_i}{n\sum_{i=1}^{n} x_i^2 - (\sum_{i=1}^{n} x_i)^2}$$

$$b = \frac{n\sum_{i=1}^{n} x_i^2 \sum_{i=1}^{n} y_i - \sum_{i=1}^{n} x_i y_i \sum_{i=1}^{n} x_i}{n\sum_{i=1}^{n} x_i^2 - (\sum_{i=1}^{n} x_i)^2}$$

式中　a——直线斜率；

B——直线在 Y 轴上的截距；

N——测定次数；

X——标准液相当于亚硝酸钠的质量，μg；

Y——相应的吸光度值。

得出回归方程后，将样品对应的吸光度值代入方程即为被测样品中的亚硝酸钠量，μg。

6. 注意事项

（1）本法测得的是样品中亚硝酸盐（以亚硝酸钠计）的含量，不包括硝酸盐含量。

（2）亚硝酸盐容易氧化为硝酸盐，样品处理时，加热的时间与温度均要控制。配制标准溶液的固体亚硝酸钠可长期保存在硅胶干燥器中，若有必要，可在80℃烘去水分后称量。

（3）本实验显色的 pH 以 1.9～3.0 为好。显色后的稳定性与室温有关，在10℃时放置 24h，吸光度降低 2%～3%；20℃时放置 24h，吸光度开始下降；30℃时，1h 颜色开始变浅；在 40℃的室温下，显色 45min 后吸光度迅速下降。一般认为显色温度 15～30℃、在 20～30min 内比色为宜。

（二）硝酸盐的测定——镉柱法

1. 原理

样品经沉淀蛋白质、除去脂肪后，在 pH9.6～9.7 的氨缓冲溶液中，通过镉柱，使其中的硝酸根离子还原成亚硝酸根离子。在弱酸性条件下，亚硝酸根与对氨苯磺酸重氮化后，再与盐酸萘乙二胺偶合形成红紫色染料，颜色与深浅亚硝酸盐含量成正比关系，可直接比色测得亚硝酸盐总量。另取样品溶液不经镉柱直接比色测定亚硝酸根离子含量，由总量减去亚硝酸盐含量，即可算出硝酸盐含量。

2. 试剂

（1）氨缓冲溶液（pH 为 9.6～9.7）　量取 20mL 盐酸，加 50mL 水，混匀后加 50mL 氨水，再加水稀释至 1000mL，混匀。

（2）稀氨缓冲液　量取 50mL 氨缓冲溶液，加水稀释至 500mL，混匀。

（3）盐酸溶液（0.1mol/L）　取 5mL 盐酸，用水稀释至 600mL。

（4）硝酸钠标准液　准确称取 0.1232g 于 110～120℃干燥恒重的硝酸钠，加水溶解，移入500mL容量瓶中，并稀释至刻度。此溶液的质量浓度为20μg/mL。

（5）硝酸钠标准使用液　吸取硝酸钠标准液2.50mL，置于100mL容量瓶中，加水稀释至刻度。此溶液的质量浓度为5μg/mL。临用时配制。

（6）亚硝酸钠标准使用液　同亚硝酸盐测定（盐酸萘乙二胺法）。

3. 仪器和设备

（1）分光光度计。

（2）镉柱：如图6－3所示。①贮液漏斗：内径35mm，外径37mm；②进液毛细管：内径0.4mm，外径6mm；③橡皮塞；④镉柱玻璃管：内径12mm，外径16mm；⑤玻璃棉；⑥海绵状镉；⑦出液毛细管：内径2mm，外径8mm。

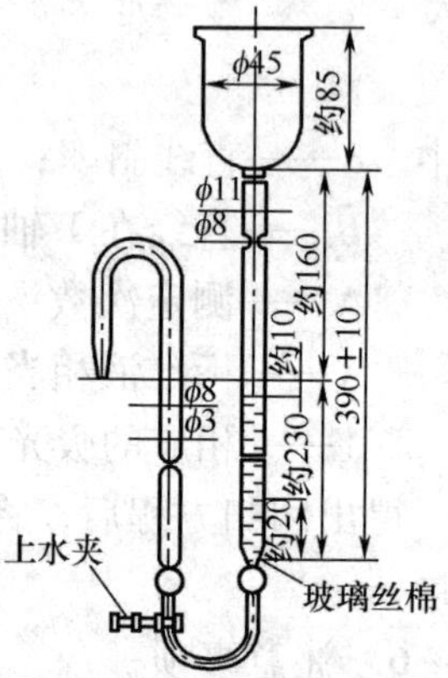

图6－3　镉柱装置图

（3）制备海绵状镉　投入足够的锌皮或锌棒于500mL硫酸镉溶液（200g/L）中，经3～4h，当其中的镉全部被锌置换后，用玻璃棒轻轻刮下，取出残余锌皮，使镉沉底，倾去上层清液，以水用倾泻法多次洗涤。然后移入组织捣碎机中，加500mL水，捣碎约2s，用水将金属细粒洗至标准筛上，取20～40目的部分。

（4）镉柱的装填　如图6－3所示。用水装满镉柱玻璃管（也可用25mL酸式滴定管代替），并用2cm高的玻璃棉作垫，将玻璃棉压向柱底时，应将其中所包含的空气全部排出。在轻轻敲击下装入海绵状镉至8～10cm高。上面用1cm高玻璃棉覆盖，上置一贮液漏斗，末端要穿过橡皮塞与镉柱玻璃管紧密连接。

当镉柱装填好后，将柱内的水缓缓放出，当水面到达上层玻璃棉时，先用25mL盐酸（0.1mol/L）洗涤，再用水洗两次，每次25mL，镉柱不用时用水封盖，随时都要保持水平面在镉层之上，不得使镉层夹有气泡。

4. 测定

（1）试样处理　同亚硝酸盐测定（盐酸萘乙二胺法）。

（2）样品测定

①先以25mL稀氨缓冲液冲洗镉柱，流速控制在3～5mL/min（以滴定管代替的可控制在2～3mL/min）。

②吸取20mL处理过的样液于50mL烧杯中，加5mL氨缓冲溶液，混合后注入贮液漏斗，使流经镉柱还原，以原烧杯收集流出液，当贮液漏斗中的样液流完后，再加5mL水置换柱内留存的样液。

③将全部收集液如前再经镉柱还原一次，第二次流出液收集于100mL容量瓶中，继续以水流经镉柱洗涤三次，每次20mL，洗液一并收集于同一容量瓶中。加水至刻度，混匀。

④亚硝酸钠总量的测定：吸取10～20mL还原后的样液于50mL比色管中，另

吸取0、0.20、0.40、0.60、0.80、1.00、1.50、2.00、2.50mL亚硝酸钠标准使用液（相当于0、1、2、3、4、5、7.5、10、12.5μg亚硝酸钠），分别置于50mL带塞比色管中。于标准管与试样管中分别加入2mL对氨基苯磺酸溶液（4g/L），混匀，静止3~5min后各加入1mL盐酸萘乙二胺溶液（2g/L），加水至刻度，混匀，静止15min。用2cm比色杯，以零管调节零点，于波长538nm处测吸光度，绘制标准曲线比较，同时做试剂空白。

⑤亚硝酸盐的测定：吸取40mL处理样液于50mL比色管中，以下按亚硝酸盐测定自“另吸取0、0.20、0.40、0.60……”起依法操作，绘制标准曲线，进行试样测定。

5. 结果计算

$$X_2 = \left[\frac{m_1 \times 1000}{m \times \frac{V_1}{V_2} \times \frac{V_4}{V_3} \times 1000} - \frac{m_2 \times 1000}{m \times \frac{V_6}{V_5} \times 1000}\right] \times 1.232$$

式中 X_2——样品中硝酸盐的含量，mg/kg；

m——试样的质量，g；

m_1——经镉粉还原后测得的亚硝酸钠的质量，μg；

m_2——直接测得的亚硝酸钠的质量，μg；

1.232——亚硝酸钠换算成硝酸钠系数；

V_1——测总亚硝酸钠的试样处理液总体积，mL；

V_2——测总亚硝酸钠的测定用样液体积，mL；

V_3——经镉柱还原后样液总体积，mL；

V_4——经镉柱还原后样液的测定用样液体积，mL；

V_5——直接测亚硝酸钠的试样处理液总体积，mL；

V_6——直接测亚硝酸钠的试样处理液的测定用样液体积，mL。

6. 注意事项

（1）在制做海绵状镉或处理镉柱时，不要用手直接接触，注意不要弄到皮肤上。一旦接触应立即用水冲洗。

（2）在制做海绵状镉和装填镉柱时最好在水中进行，以免镉粒暴露于空气而氧化。

（3）计算结果保留两位有效数字。

（4）在重复性条件下获得的2次独立测定结果的绝对差值不得超过算术平均值的10%。

（5）镉柱每次使用完毕后，应先以25mL盐酸（0.1mol/L），再用水洗2次，每次25mL，最后用水覆盖镉柱。

（6）镉柱还原效率的测定：吸取20mL硝酸钠标准使用液、5mL稀氨缓冲液，于50mL烧杯中，混匀后，先以稀氨缓冲液冲洗镉柱，流速控制在3~5mL/min（以滴定管代替的可控制在2~3mL/min）；吸取20mL处理过的样液于50mL烧杯中，加5mL氨缓冲液，混合后注入贮液漏斗中，使流经镉柱还原，以原烧杯收集流出液，当贮液漏斗中的溶液流完后，再加5mL水置换柱内留存的溶液。

取10.0mL还原后的溶液（相当于10μg亚硝酸钠）于50mL比色管中，另取0、0.20、0.40、0.60、0.80、1.00、1.50、2.00、2.50mL亚硝酸钠标准使用液（相当于0、1、2、3、4、5、10、12.5μg亚硝酸钠），分别置50mL比色管中，于标准管与试样比色管中分别加入2.00mL对氨基苯磺酸溶液（4g/L），混匀，静置3~5min后，各加入1.00mL盐酸萘乙二胺溶液（2g/L），加水到刻度，混匀，静置15min，用2cm比色杯，以零管调节零点，于538nm波长测定吸光度，绘制标准曲线比较。同时做试剂空白试验。

根据标准曲线计算测得结果，与加入量一致，还原率应大于98%为符合要求。

（7）还原效率的计算

$$X = \frac{m}{10} \times 100\%$$

式中 X——还原效率,%；

m——测得亚硝酸盐的质量，μg；

10——测定用溶液相当亚硝酸盐的质量，μg。

五、砷的测定

砷为非金属元素，砷化物毒性很强，最常见的砷化合物有三氧化二砷。三氧化二砷为白色、无味无嗅的粉末，若含量不纯，三氧化二砷为橘红色，俗称砒霜。砷的分布很广，如天然颜料、矿石、土壤、食盐、水、动植物体内。

砷污染来源于环境及食品加工中使用不纯的酸、碱类和不纯的食品添加剂等。亚砷酸离子可与细胞中含巯基的酶类结合，使其失活而干扰代谢；砷亦能麻痹血管运动中枢和直接作用于毛细血管，使内脏毛细血管麻痹、扩张及透性增加；食品添加剂中污染杂质引起的毒害，如1955年，日本“森永”牌奶粉中由于加入了含砷达3%~9%的磷酸氢二钠做稳定剂，酿成了“森永砷乳”中毒事件，全国中毒婴儿达12131名，死亡131名。

砷的中毒有以下几种类型。如胃肠型，中毒后1~2h即出现症状，快者几十分钟即可出现。开始咽喉有灼烧感觉、口渴、流涎、恶心，接着出现腹痛、呕吐，同时出现腹泻、小便稀少、心慌、眩晕、休克。神经型砷中毒头痛、头晕、抽搐、知觉丧失、出现昏迷状态，最后因呼吸麻痹及心血管中枢麻痹而死亡。

As的测定方法目前有古蔡氏砷斑法、二乙基二硫代氨基甲酸银比色法（DDC-Ag）、二乙基二硫代氨基甲酸银测定砷器发生比色法、原子吸收光度法，在此主要介绍前两种方法。

（一）砷斑法

1. 原理

在酸性溶液中，以碘化砷、氯化亚锡将高价砷还原成三价砷，然后与锌粒和酸生成的原子态氢生成砷化氢气体，在溴化汞试纸上形成由黄至橙色的砷斑，与标准砷斑比较定量。

2. 试剂

（1）盐酸；无砷锌粒；氧化镁。

（2）0.1g/mL 乙酸铅溶液。

（3）50g/L 溴化汞乙醇溶液。

（4）200g/L 碘化钾溶液。

（5）100g/L 硝酸镁溶液。

（6）1mol/L NaOH 溶液；1mol/L H_2SO_4 溶液。

（7）400g/L 氯化亚锡溶液　取 20g 氯化亚锡，溶于 12.5mL 盐酸中，用水稀至 50mL，加 2 粒锡于溶液中。

（8）乙酸铅棉花　将脱脂棉浸泡于 0.1g/mL 乙酸铅溶液 1h 后，取出，并使之疏松，在 100℃烘箱中干燥后，放入玻璃瓶保存，备用。

（9）乙酸铅试纸　将普通滤纸浸入 0.1g/mL 乙酸铅溶液中，1h 后取出，自然晾干，剪成条状（8cm × 5cm）。

（10）砷标准溶液　称取预先在硫酸干燥器中干燥的三氧化二砷 0.1320g，溶于 10mL NaOH 溶液（1mol/L）中加 1mol/L H_2SO_4 10mL，将此溶液移入 1000mL 容量瓶中，并用水定容。该砷溶液浓度为 100μg/mL。临用时将此液稀释成每毫升含 1μg 或 10μg 的砷。

3. 仪器设备

溴化汞试纸，将滤纸剪成直径为 2cm 的圆片，浸泡于溴化汞乙醇溶液中，用前取出使其自然干燥后备用；砷斑法测定器（见图 6 - 4）。

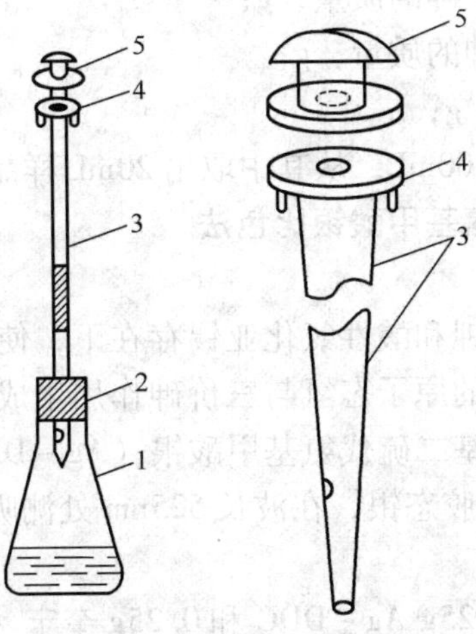

图 6 - 4　测砷装置

1—锥形瓶　2—橡皮塞　3—测砷管　4—管口　5—玻璃帽

4. 操作方法

（1）样品处理　称取样品10g（称准至0.01g）于瓷坩埚中，加入氧化镁2g、100mg/mL硝酸镁溶液10mL，水浴上蒸干，小火炭化后移入550℃马弗炉中，灰化至灰烬呈白色，冷却，加10mL盐酸溶解残渣，然后移入100mL容量瓶中，并稀释至刻度，混匀。同时做空白试验。

（2）标准曲线　分别吸取1μg/mL的砷标准溶液0、1.00、2.00、3.00、4.00、5.00mL于锥型瓶中，以下操作按测量步骤进行。

（3）测量步骤　准确吸取标准液、样液及空白试液各20mL于砷斑法测定器的锥形瓶中，在空白试液、样液及标准系列中分别加200g/L碘化钾溶液5mL、400g/L氯化亚锡溶液2mL，样液中加13mL盐酸，标准液加15mL盐酸，分别加水使总体积为45mL。放置10min后，加5锌粒，迅速装上已有溴化汞纸片、乙酸铅棉花和滤纸的测砷管，在25～30℃下避光放置45min。取出溴化汞试纸，将样品和标准色斑目测比较，求出样品中含砷量。

具体方法如下；将标准系列按色斑由浅到深排列，然后将样品及试剂空白的溴化汞试纸于标准色斑进行比较，若样品及试剂空白与标准系列中某色斑的颜色深度分别相同，则样品与试剂空白的溶液浓度分别等于标准系列中色斑颜色相同的溶液浓度；若样品及试剂空白的溴化汞试纸颜色深度分别介于相邻两个标准色斑之间，则样品及试剂空白溶液的浓度就分别介于这两个标准溶液的浓度之间。

5. 计算

$$X = \frac{m_1 - m_0}{m \times \frac{20}{100}}$$

式中　X——样品溶液中砷的含量，g；

m_1——测定用样液中砷的质量，g；

m_0——试剂空白中砷的质量，g；

m——样品的质量，g；

20/100——样品定容到100mL，从其中取出20mL样品测定。

（二）二乙基二硫代氨基甲酸银比色法

1. 原理

在酸性液中，在碘化钾和酸性氯化亚锡存在下，使样液中五价砷还原成三价砷。利用锌与酸作用生成的原子态氢与三价砷作用生成砷化氢气体，然后通过乙酸铅棉花，进入含有二乙基二硫代氨基甲酸银（Ag－DDC）的吸收液，砷化氢与Ag－DDC作用，生成红色胶态银，在波长525nm处测吸光度。

2. 试剂

（1）砷吸收液　取0.25g Ag－DDC和0.25g奎宁（$C_{20}H_{24}O_2N_2$）溶于100mL氯仿中静置过夜，必要时过滤。澄清的吸收液应贮于棕色瓶中保存。

一般奎宁呈盐类形式存在，如硫酸奎宁。将其溶于沸水中，加入1mol/L

NaOH 溶液使溶液呈碱性，此时有大量奎宁析出。过滤，滤渣用水洗涤数次，然后溶于氯仿中，此氯仿液置于分液漏斗中，用水洗至水层呈中性。氯仿层用无水硫酸钠干燥后，蒸发氯仿，残渣以少许丙酮处理，即得到奎宁粉末。

（2）其它试剂的配制同砷斑法。

注：砷吸收液中加奎宁可使吸收液呈碱性，能加速胶态银稳定地形成。

3. 仪器设备

分光光度计；砷化氢吸收装置（见图 6－5）。

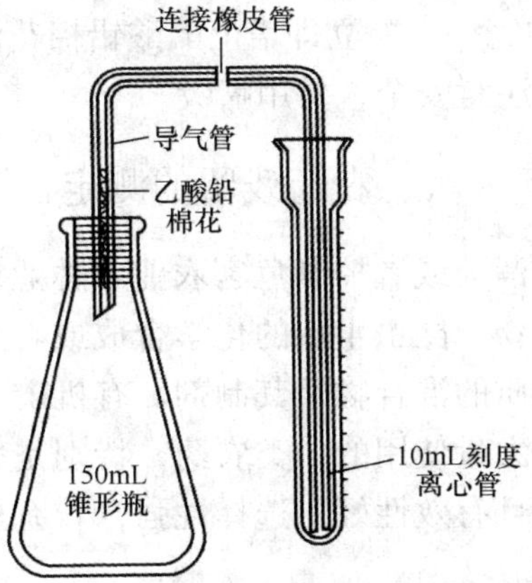

图 6－5 砷化氢吸收装置

4. 操作方法

（1）样品处理 按砷斑法的样品处理，所得灰分加水 10mL，硫酸溶液（1＋1）10mL，使残渣溶解，并过滤于 100mL 容量瓶中，用水稀释至刻度。同时做空白试验。

（2）样品分析 分别吸取 20.00mL 样液、空白试液于锥形瓶中。另准确吸取 1μg/mL 砷标准溶液 0、1.00、2.00、3.00、4.00、5.00mL，分别置于锥形瓶中。于各锥形瓶中分别加入水 50mL、硫酸 15mL、150mg/mL 碘化钾溶液 5mL、400g/L 氯化亚锡溶液 2mL，摇匀，放置 10min，然后加入锌粒 6g，立刻塞上带玻璃弯管的橡皮塞，将砷化氢吸收装置出口的尖管插入预先加有 5mL 吸收液的比色管中。在室温下（25℃左右）反应吸收 40min。取下吸收管，用氯仿补足吸收液体积至 5mL。用分光光度计于波长 530nm 处测吸光度，绘制标准曲线。根据样品液的吸光度，从标准曲线查得相应的砷的含量。

5. 计算

$$X = \frac{m'}{m \times \frac{20}{100}}$$

式中 X——样品溶液中砷含量，mg/kg；

m'——测定用扣除空白后样液中砷的质量，μg；

m——样品的质量，g；

20/100——样品定容到100mL，从其中取出20mL样品测定。

6. 注意事项：

（1）砷的反应吸收尽量控制在25℃左右进行。天热时测定，吸收管应放在冰水中，避免吸收液挥发。

（2）使用无砷锌粒时，最好加入2颗颗粒较大的锌粒，其余仍用细锌粒。如全部用细锌粒，反应太激烈。

（3）装入醋酸铅棉花时不要太紧和太松，松紧要合适。

（4）加入锌粒时，加完一个，立即盖上醋酸铅棉花溴化汞试纸的玻璃管。

（5）As_2O_3为剧毒，注意安全，勿用嘴吸。

六、农药残留的测定

农药是指用于预防、消灭或者控制危害农业、林业的病、虫、草和其它有害生物以及有目的地调节植物、昆虫生长的化学合成或者来源于生物、其它天然物质的一种物质或者几种物质的混合物及其制剂。有机磷和氨基甲酸酯类农药在六六六禁用之后已成为我国大量使用的一类农药，特别是氨基甲酸酯类生产量非常大，适用范围非常广，而且有效性好、选择性强，较有机磷恢复得快，其毒作用表现为抑制乙酰胆碱酯酶。

（一）气相色谱法测定有机氯残留

1. 原理

样品中六六六、DDT经提取净化后用气相色谱测定，与标准比较定量。电子捕获检测器对于负电荷性强的化合物具有较高的灵敏度，利用这一点，可分别测出微量的六六六、DDT。不同异构体和代谢物可同时分别测定。

2. 试剂

（1）丙酮、苯、无水硫酸钠、草酸钾、硫酸、乙醚。

（2）95%乙醇。

（3）石油醚：沸程30~60℃。

（4）六六六、DDT标准溶液　准确称取甲、乙、丙、丁六六六四种异构体各10mL，溶于苯，分别移入100mL容量瓶中，加苯至刻度，混匀，每毫升含农药100μg，作为贮备液存于冰箱中。

（5）六六六、DDT标准使用溶液　临用时各吸取2mL分别移入10mL容量瓶中，各加苯至刻度，混匀。每毫升相当于农药为20μg。用气相色谱法时，根据仪器灵敏度还需以己烷稀释至适宜浓度，一般为0.01μg/mL。

（6）载体：硅藻土80~100目，气相色谱用。

（7）固定液：OV-17及QF-1。

3. 仪器设备

气相色谱仪：具有电子捕获检测器。

4. 测定方法

(1) 气相色谱条件

①氚源电子捕获检测器：

汽化室温度：190℃。

色谱柱温度：160℃。

检测器温度：165℃。

载气（氮气）流量：60mL/min。

极化电压：30V。

②Ni^{63}电子捕获检测器：

汽化室温度：215℃。

色谱柱温度：195℃。

检测器温度：225℃。

载气（氮气）流量：90mL/min。

③色谱柱：内径为3～4mm、长1.2～2m的玻璃柱，内装涂以固定液1.5% OV－17和2% QF－1的80～100目藻土。

(2) 提取　称取100g鲜乳（乳制品取样量按鲜乳折算），移入500mL分液漏斗中，加100mL乙醇、1g草酸钾，振摇1min（牛乳的脂肪存在于小脂肪球中，球的外面包有一层由磷脂类和蛋白质组成的膜，处理后使球膜破坏，便于脂肪和有机氯农药提取）。加100mL乙醚，摇匀，加100mL石油醚，振摇2min，静置10min，弃去下层，将有机溶剂层经盛有约20g无水硫酸钠的漏斗小心缓慢地滤入250mL锥形瓶中，再用少量石油醚分三次洗涤漏斗及内容物，洗液并入滤液中。用提取器除有机溶剂，残渣为黄色透明油状物。再以石油醚溶解，移入150mL分液漏斗中，以石油醚稀释至100mL。

(3) 净化　取上述石油醚提取液100mL于分液漏斗中，加10mL浓硫酸（提取液与浓硫酸体积之比为10:1）振摇后，打开活塞放气，然后振摇半分钟，静置分层。弃去下层溶液，上层溶液由分液漏斗上口倒至另一250mL分液漏斗中，加10mL浓硫酸，振摇，直至下层溶液无色为止。用少量石油醚洗原分液漏斗，洗液并入同一分液漏斗中。再加2%硫酸钠10mL，振摇后静置分层。弃去下层水溶液，用滤纸吸除分液漏斗内外的水分，然后将石油醚层放出，并经盛有约15g无水硫酸钠漏斗过滤，用石油醚洗3次，每次10mL左右，洗液并入滤液，将全部滤液浓缩至1mL，或将滤液稀释至一定体积，供气相色谱法用或供薄层色谱测定。

经上述净化步骤处理过的样品液，如在测定时出现干扰，可再用硫酸处理。

5. 计算

电子捕获检测器的线性范围狭窄，为了便于定量，适合各组分的线性范围。根据样品中六六六、DDT存在形式，相应地制备各组分的标准曲线。从而计算样品中的含量。选择样品进样量使之六六六、DDT及其异构体或代谢物含量按下式计算：

$$X = \frac{m_1 \times 1000}{m \times 1000 \times \frac{V_2}{V_1}}$$

式中　X——样品中六六六或DDT及其异构体或代谢物的单一含量，mg/kg；

m_1——被测样品液中六六六或DDT及其异构体或代谢物的单一质量，ng；

V_1——样品净化液体积，mL；

V_2——样液进样体积，μL；

m——样品质量，g。

（二）气相色谱法测定有机磷残留

1. 原理

试样经提取、净化、浓缩、定容，用毛细管柱气相色谱分离，火焰光度检测器检测，以保留时间定性，外标法定量。出峰顺序：甲胺磷、敌敌畏、乙酰甲胺磷、久效磷、乐果、乙拌磷、甲基对硫磷、杀螟硫磷、甲基嘧啶磷、马拉硫磷、倍硫磷、对硫磷、乙硫磷。本方法各种农药检出限（μg/kg）为：甲胺磷5.7、敌敌畏3.5、乙酰胺甲胺磷10.0、久效磷12.0、乐果2.6、乙拌磷1.2、甲基对硫磷2.6、杀螟硫磷2.9、甲基嘧啶磷2.5、马拉硫磷2.8、倍硫磷2.1、对硫磷2.6、乙硫磷1.7。

2. 试剂

（1）丙酮、二氯甲烷、乙酸乙酯、环己烷、氯化钠、无水硫酸钠、凝胶（Bio - Beads S - $X_3$200 ~400 目）。

（2）有机磷农药标准溶液配制

①单体有机磷农药标准贮备液：准确称取各有机磷农药标准品0.0100g，分别置于25mL容量瓶中，用乙酸乙酯溶解、定容（浓度为400μg/mL）。

②混合有机磷农药标准应用液：测定前，量取不同体积的各单体有机磷农药贮备于10mL容量瓶中，氮气吹进溶剂，用经提取、净化处理的鲜牛乳提取液稀释、定容。此混合标准应用液中各有机磷农药浓度（μg/kg）为；甲胺磷16、敌敌畏80、乙酰甲胺磷24、久效磷80、乐果16、乙拌磷24、甲基对硫磷16、杀螟硫磷16、甲基嘧啶磷16、马拉硫磷16、倍硫磷24、对硫磷16、乙硫磷8。

3. 仪器

气相色谱：具有火焰光度检测器，毛细管色谱柱；旋转蒸发器；凝胶净化柱，长30cm，内径2.5cm，具活塞玻璃色谱柱，柱底垫少许玻璃棉。用洗脱乙酸乙酯 - 环己烷（1 +1）浸泡的凝胶以湿法装入柱中，柱床高2626cm，胶床始终保持在洗脱液中。

4. 测定方法

（1）提取与分配　称取乳样品20.00g于100mL具塞锥形瓶中，加水5mL

（视样品水分含量加水，质量约20g），加40mL丙酮，摇30min，加氯化钠6g，摇匀，加30mL二氢甲烷，振摇30min。取35mL上清液，经无水硫酸钠滤于旋转蒸发瓶中，浓缩至1mL，加2mL乙酸乙酯-环己烷溶液再浓缩，重复3次，浓缩至1mL左右。

（2）净化　将此浓缩液经凝胶柱，以乙酸乙酯-环已烷溶液洗脱，弃去0~35mL流分。收集35~70mL流分。将其旋转蒸发浓缩至1mL左右，经凝胶柱净化收集35~70mL流分，旋转蒸发浓缩，氮气吹至1mL左右，以乙酸乙酯定容至1mL，进行GC分析。

（3）气相色谱测定

①色谱条件：

色谱柱：涂以SE-540.25μm，30m×0.30mm（内径）石英弹性毛细管柱。

柱温：程序升温。

进样口温度：270℃。

检测器：火焰光度检测器检测（FPD-P）。

气体流速：氮气（载气），1mL/min；尾吹，50mL/min；氢气，50mL/min；空气，50mL/min。

②色谱分析：分别量取1μL混合标准液及样品净化液注入色谱仪中，以保留时间定性，以样品和标准的峰高或峰面积比较定量。

5. 计算

$$X = \frac{m_1 \times V_2 \times 1000}{m \times V_1 \times 1000}$$

式中　X——样品中有机磷农药的含量，mg/kg；

m_1——被测样液中有机磷农药的含量，ng；

m——样品质量，g；

V_1——样液进样体积，μL；

V_2——样品最后定容体积，mL。

6. 注意事项

重复实验得到结果绝对差值不超过算术平均值的15%。

（三）酶抑制法测定有机磷类或甲酸酯类农药

1. 原理

胆碱酯酶可催化靛酚乙酸脂（红色）水解为乙酸与靛酚（蓝色），有机磷或氨基甲酸酯类农药对胆碱酯酶有抑制作用，使催化、水解、变色的过程发生改变，由此可判断样品中是否含有有机磷或氨基甲酸酯类农药的残留。

2. 试剂

丙酮、DDV标准溶液、洗脱液、速测卡、乙酸乙酯。

3. 仪器

离心机、水浴锅、蒸发皿、恒温箱［(37±2)℃］。

4. 测定

（1）提取　取固体或半固体样品 2.5g 或液体样品 2.5mL 置比色管中，加入 5mL 丙酮振摇混匀后在离心机中以 1000r/min 离心 3min。

（2）取上层丙酮提取液 1.5mL 于蒸发皿中，在 70～80℃水浴上加热，挥干丙酮。

（3）丙酮完全挥干后滴 3 滴洗脱液于蒸发皿中，轻轻摇晃 1～2min。

（4）取一片速测卡，把蒸发皿中的液滴滴在白色药片上。

（5）放置 10min 以上进行预反应，有条件时在 37℃恒温装置中放置。预反应后的药片表面必须保持湿润。

（6）将速测卡对折，用手捏 3min 或用恒温装置恒温 3min，使红色药片与白色药片叠合反应。可同时做空白或阳性对照。

（7）结果判定　与空白对照卡比较，白色药片不变色为阳性结果，略有浅蓝色为弱阳性结果，白色药片变为天蓝色或与空白对照卡相同，为阴性结果。

5. 注意事项

（1）蒸发皿中的丙酮完全挥干后滴 3 滴洗脱液，轻轻摇晃 1～2min 冲洗皿壁，否则与做空白试验没有区别。

（2）将蒸发皿中的液滴滴在白色药片时必须保证滴饱满的 1 滴，不可以太多而溢出白色药片的现象。如果 10min 的预反应结束后白色药片出现干的现象，将速测卡对折前滴一点洗脱液，保证白色药片湿润，再对折速测卡。

（3）最后结果判定时白色药片显色反应结束后可以再滴洗脱液，判定结果。

（4）每批不同产品做实验时以相同产品的阴性结果为对照，可判定结果。

（5）如果化验室使用农药快速仪，则必须注意快速仪的使用方法及进行维护。

备注：可将以上实验中所用丙酮改为乙酸乙酯。

任务一　冰淇淋中总砷含量的测定

【学习目标】

1. 了解乳制品中砷测定的相关基础理论知识。
2. 掌握乳制品中总砷含量测定的原理。

【技能目标】

1. 掌握原子荧光光度法检测乳制品中总砷含量的测定方法。
2. 熟练掌握乳制品中砷含量测定样品的湿消解法和干灰化法。

【任务实施】

乳制品中总砷含量的测定。

【原理】

食品试样经湿消解或干灰化后，加入硫脲使五价砷还原为三价砷，再加入硼氢化钠或硼氢化钾使还原生成砷化氢，由氩气载入石英原子化器中分解为原子态砷，在特制砷空心阴极灯的发射光激发下产生原子荧光，其荧光强度在固定条件下与被测液中的砷浓度呈正比，与标准系列比较定量。

【操作内容】

本任务可在化验室或实验室中进行。

1. 仪器

原子荧光光度计。

2. 试剂

（1）氢氧化钠溶液（2g/L）。

（2）硫脲溶液（50g/L）。

（3）氢氧化钠溶液（100g/L） 供配制砷标准溶液用，少量即够。

（4）硫酸溶液（1+9） 量取硫酸100mL，小心倒入水900mL中，混匀。

（5）10g/L硼氢化钠（$NaBH_4$）溶液 称取硼氢化钠10.0g，溶于2g/L氢氧化钠液1000mL中，混匀。此液于冰箱可保存10d，取出后应当日使用（也可称取14g硼氢化钾代替10g硼氢化钠）。

（6）砷标准贮备液（含砷0.1mg/mL） 准确称取于100℃干燥2h以上的三氧化二砷（As_2O_3）0.1320g，加100g/L氢氧化钠溶液10mL溶解，用适量水转入1000mL容量瓶中，加（1+9）硫酸25mL，用水定容至刻度。

（7）砷使用标准液（含砷1μg/mL） 吸取1.00mL砷标准贮备液于100mL容量瓶中，用水稀释至刻度。此液应当日配制使用。

（8）湿消解试剂 硝酸、硫酸、高氯酸。

（9）干灰化试剂 六水硝酸镁（150g/L）、氯化镁、盐酸（1+1）。

【操作过程】

1. 试样消解

（1）湿消解 试样称样1~2g（精确至0.01g），置入50~100mL锥形瓶中，同时做两份试剂空白。加硝酸20~40mL，硫酸1.25mL，摇匀后放置过夜，置于电热板上加热消解。若消解液处理至10mL左右时仍有未分解物质或色泽变深，取下放冷，补加硝酸5~10mL，再消解至10mL左右观察，如此反复两、三次，注意避免炭化。如仍不能消解完全，则加入高氯酸1~2mL，继续加热至消解完全后，再持续蒸发至高氯酸的白烟散尽，硫酸的白烟开始冒出。冷却，加水25mL，再蒸发至冒硫酸白烟。冷却，用水将内容物转入25mL容量瓶或比色管中，加入50g/L硫脲2.5mL，补水至刻度并混匀，放置30min后备测。

（2）干灰化　一般应用于固体试样。称取 1 ~ 2.5g（精确至 0.01g）于 50mL 坩埚中，同时做两份试剂空白。加 150g/L 硝酸镁 10mL 混匀，低热蒸干，将氧化镁 1g 仔细覆盖在干渣上，于电炉上炭化至无黑烟，移入 550℃高温炉灰化 4h。取出放冷，小心加入（1 + 1）盐酸 10mL 以中和氧化镁并溶解灰化，转入 25mL 容量瓶或比色管中，向容量瓶或比色管中加入 50g/L 硫脲 2.5mL，另用（1 + 9）硫酸分次洗涤坩埚后转出合并，直至 25mL 刻度并混匀，放置 30min 后备测。

2. 标准系列制备

取 25mL 容量瓶或比色管 6 支，依次准确加入 1μg/mL 砷使用标准液 0、0.05、0.2、0.5、2.0、5.0mL（各相当于砷浓度 0、2.0、8.0、20.0、80.0、200.0ng/mL），各加（1 + 9）硫酸 12.5mL，50g/L 硫脲 2.5mL，补加水至刻度，混匀备测。

3. 测定

（1）仪器参考条件　光电倍增管电压：400V；砷空心阴极灯电流：35mA；原子化器：温度 820 ~ 850℃；高度 7mm；氩气流速：载气 600mL/min；测量方法：荧光强度或浓度直读，读数方式：峰面积；读数延迟时间：1s；读数时间：15s；硼氢化钠溶液加入时间：5s；标液或样液加入体积：2mL。

（2）浓度方式测量　如直接测荧光强度，则在开机并设定好仪器条件后，预热稳定约 20min。按"B"键进入空白值测量状态，连续用标准系列的"0"管进样，待读数稳定后，空档键记录下空白值（即让仪器自动扣底）即可开始测量。先依次测标准系列（可不再测"0"管）。标准系列测完后应仔细清洗进样器（或更换一支），并再用"0"管测试使读数基本回零后，才能测试剂空白和试样，每测不同的试样前都应清洗进样器，记录（或打印）下测量数据。

（3）仪器自动方式　利用仪器提供的软件功能可进行浓度直读测定，为此在开机、设定条件和预热后，还需输入必要的参数，即：试样量（g 或 mL）、稀释体积（mL）、进样体积（mL）、结果的浓度单位、标准系列各点的重复测量次数、标准系列的点数（不计零点）及各点的浓度值。首先进入空白值测量状态，连续用标准系列的"0"管进样以获得稳定的空白值并执行自动扣底后，再依次测标准系列（此时"0"管需再测一次）。在测样液前，需再进入空白值测量状态，先用标准系列"0"管测试使读数复原并稳定后，再用两个试剂空白各进一次样，让仪器取其均值作为扣底的空白值，随后即可依次测试样。测定完毕后退回主菜单，选择"打印报告"即可将测定结果打出。

【结果处理】

如果采用荧光强度测量方式，则需先对标准系列的结果进行回归运算（由于测量时"0"管强制为 0，故零点值应该输入以占据一个点位），然后根据回归方程求出试剂空白液和试样被测液的砷浓度，再按下式计算试样的砷含量：

$$X = \frac{\rho_1 - \rho_0}{m} \times \frac{25}{1000}$$

式中　X——试样的砷含量，mg/kg 或 mg/L；

ρ_1——试样被测液的浓度，ng/mL；

ρ_0——试剂空白液的浓度，ng/mL；

m——试样的质量或体积，g 或 mL。

注：计算结果保留两位有效数字。

【注意事项】

(1) 湿消解法在重复性条件下获得的两次独立测定结果的绝对差值不得超过算术平均值的 10%。

(2) 干灰化法在重复性条件下获得的两次独立测定结果的绝对差值不得超过算术平均值的 15%。

(3) 湿消解法测定的回收率为 90% ~ 105%；干灰化法测定的回收率为85% ~ 100%。

任务二 冰淇淋中铅含量的测定——石墨炉原子吸收光谱法

【学习目标】

1. 掌握冰淇淋中铅检测的相关基础理论知识。

2. 熟练掌握石墨炉原子吸收光谱法的原理。

【技能目标】

1. 掌握冰淇淋中铅含量的测定原理。

2. 熟练掌握石墨炉原子吸收光谱法测定乳制品中铅的操作方法。

【任务实施】

石墨炉原子吸收光谱法检测冰淇淋中铅含量。

【原理】

试样经灰化或酸消解后，注入原子吸收分光光度计石墨炉中，电热原子化后吸收 283.3nm 共振线，在一定浓度范围，其吸收值与铅含量成正比，与标准系列比较定量。

【操作内容】

1. 试剂

除非另有规定，本方法所使用试剂均为分析纯，水为 GB/T6682—2008 规定的一级水。

(1) 硝酸：优级纯，过硫酸铵、高氯酸：优级纯。

(2) 过氧化氢（30%）。

（3）硝酸（1+1）：取50mL硝酸慢慢加入50mL水中。

（4）硝酸（0.5mol/L）：取3.2mL硝酸加入50mL水中，稀释至100mL。

（5）硝酸（lmo1/L）：取6.4mL硝酸加入50mL水中，稀释至100mL。

（6）磷酸二氢铵溶液（20g/L）：称取2.0g磷酸二氢铵，以水溶解稀释至100mL。

（7）混合酸：硝酸+高氯酸（9+1）。取9份硝酸与1份高氯酸混合。

（8）石墨炉原子吸收光谱法铅标准贮备液：准确称取1.000g金属铅（99.99%），分次加少量硝酸，加热溶解，总量不超过37mL，移入1000mL容量瓶，加水至刻度。混匀。此溶液每毫升含1.0mg铅。

（9）铅标准使用液：每次吸取铅标准贮备液1.0mL于100mL容量瓶中，加硝酸至刻度。如此经多次稀释成每毫升含10.0，20.0，40.0，60.0，80.0ng铅的标准使用液（可根据样品所含浓度进行配制）。

2. 仪器

（1）原子吸收分光光度计（附石墨炉及铅空心阴极灯）。

（2）马弗炉。

（3）天平：感量为1mg。

（4）干燥恒温箱。

（5）瓷坩埚。

（6）压力消解器、压力消解罐或压力溶弹。

（7）可调式电热板、可调式电炉。

【操作过程】

1. 试样预处理

在采样和制备过程中，应注意不使试样污染。将乳粉过20目筛，贮于塑料瓶中，保存备用。

2. 试样消解（可根据实验室条件选用以下任何一种方法消解）

（1）压力消解罐消解法　称取1~2g试样（精确到0.001g，干样、含脂肪高的试样<1g，鲜样<2g或按压力消解罐使用说明书称取试样）于聚四氟乙烯内罐，加硝酸2~4mL浸泡过夜。再加过氧化氢2~3mL（总量不能超过罐容积的1/3）。盖好内盖，旋紧不锈钢外套，放入恒温干燥箱，120~140℃保持3~4h，在箱内自然冷却至室温，用滴管将消化液洗入或过滤入（视消化后试样的盐分而定）10~25mL容量瓶中，用水少量多次洗涤罐，洗液合并于容量瓶中并定容至刻度，混匀备用。同时做试剂空白。

（2）干法灰化　称取1~5g试样（精确到0.001g，根据铅含量而定）于瓷坩埚中，先小火在可调式电热板上炭化至无烟，移入马弗炉（500±25）℃灰化6~8h，冷却。若个别试样灰化不彻底，则加1mL混合酸在可调式电炉上小火加热，反复多次直到消化完全，放冷，用硝酸将灰分溶解，用滴管将试样消化液洗入或过滤入（视消化后试样的盐分而定）10~25mL容量瓶中，用水少量多次洗涤瓷坩埚，洗液合并于容量瓶中并定容至刻度，混匀备用。同时做试剂空白。

（3）过硫酸铵灰化法　称取1～5g试样（精确到0.001g）于瓷坩埚中，加2～4mL硝酸浸泡1h以上，先小火炭化，冷却后加2.00～3.00g过硫酸铵盖于上面，继续炭化至不冒烟，转入马弗炉，(500±25)℃恒温2h，再升至800℃，保持20min，冷却，加2～3mL硝酸，用滴管将试样消化液洗入或过滤入（视消化后试样的盐分而定）10～25mL容量瓶中，用水少量多次洗涤瓷坩埚，洗液合并于容量瓶中并定容至刻度，混匀备用。同时做试剂空白。

（4）湿式消解法　称取试样1～5g（精确到0.001g）于锥形瓶或高脚烧杯中，放数粒玻璃珠，加10mL混合酸，加盖浸泡过夜，加一小漏斗于电炉上消解，若变棕黑色，再加混合酸，直至冒白烟，消化液呈无色透明或略带黄色，放冷，用滴管将试样消化液洗入或过滤入（视消化后试样的盐分而定）10～25mL容量瓶中，用水少量多次洗涤锥形瓶或高脚烧杯，洗液合并于容量瓶中并定容至刻度，混匀备用。同时做试剂空白。

3. 测定

（1）仪器条件　根据各自仪器性能调至最佳状态。参考条件为波长283.3nm，狭缝0.2～1.0nm，灯电流5～7mA，干燥温度120℃，20s；灰化温度450℃，持续15～20s，原子化温度：1700～2300℃，持续4～5s，背景校正为氘灯或塞曼效应。

（2）标准曲线绘制　吸取上面配制的铅标准使用液10.0、20.0、40.0、60.0、80.0ng/mL各10μL，注入石墨炉，测得其吸光值并求得吸光值与浓度关系的一元线性回归方程。

（3）试样测定　分别吸取样液和试剂空白液各10μL，注入石墨炉，测得其吸光值，代入标准系列的一元线性回归方程中求得样液中铅含量。

（4）基体改进剂的使用　对有干扰试样，则注入适量的基体改进剂磷酸二氢铵溶液（一般为5μL或与试样同量）消除干扰。绘制铅标准曲线时也要加入与试样测定时等量的基体改进剂磷酸二氢铵溶液。

【结果处理】

$$X = \frac{(\rho_1 - \rho_0) \times V \times 1000}{m \times 1000 \times 1000}$$

式中　X——试样中铅含量，mg/kg或mg/L；

ρ_1——测定样液中铅含量，ng/mL；

ρ_0——空白液中铅含量，ng/mL；

V——试样消化液定量总体积，mL；

m——试样质量或体积，g或mL。

【注意事项】

（1）以重复性条件下获得的两次独立测定结果的算术平均值表示，结果保留两位有效数字。

（2）精密度要求在重复性条件下获得的两次独立测定结果的绝对差值不得超过算术平均值的20%。

备注：污染物限量应符合表6－1的规定。

表6－1 污染物限量（以粉状产品计）

项目		限量（mLs）	检验方法
铅含量/（mg/kg）	≤	0.15	GB 5009.12
硝酸盐（以 $NaNO_2$ 计）/（mg/kg）	≤	100	
亚硝酸盐 mLS/（以 $NaNO_2$ 计）/（mg/kg）		2.0	GB 5009.33

【小结】

本项目主要介绍了乳与乳制品中有害物质的概念及种类。讲述二硫腙光度法和冷原子吸收法检测汞的方法，二硫腙光度法和检测铅的方法，镉柱法测定硝酸盐的方法，盐酸萘乙二胺比色法亚测定硝酸盐的方法，砷斑法和二乙基二硫代氨基甲酸银比色法测定砷的方法气相色谱法测定有机磷和有机氯农药残留的操作方法以及注意事项，冰淇淋中总砷含量的测定方法；石墨炉原子吸收光谱法测定冰淇淋中铅含量检测的操作技能。通过本项目的学习和实践，使学生能够掌握乳与乳制品中有害物质检验的操作技能。

【知识考核】

一、填空题

1. 测定乳品总汞量的主要方法有__________和__________。
2. 乳品中汞的允许限量__________。
3. 双硫腙可与许多金属元素反应，在周期表中可与20多种金属反应，所以我们就应该排除__________，否则会影响测定效果。
4. 测定乳制品中铅的主要方法有__________和__________。
5. 进行砷的测定主要有__________、__________、__________方法等。

二、简答题

1. 简述农药残留测定的注意事项。
2. 简述硝酸盐、亚硝酸盐的测定原理。
3. 砷斑法的基本原理是什么？
4. 加醋酸铅棉花的目的？
5. 乳制品的铅测定中排除干扰离子的方法有哪些？

三、论述题

1. 论述冰淇淋中总砷含量的测定方法。
2. 论述冰淇淋中铅含量的测定方法。

项目二 乳制品中食品添加剂的测定

【知识目标】

1. 熟悉食品添加剂的概念及分类。
2. 了解各类食品添加剂使用的测定方法。
3. 乳酸含量的测定原理。

【技能目标】

1. 熟练运用食品添加剂相关知识，能对乳制品中的甜味剂进行检测。
2. 熟练运用食品添加剂相关知识，能对乳制品中的酸味剂进行检测。
3. 了解增稠剂和抗氧化剂测定的操作方法。
4. 掌握乳制品中防腐剂的测定方法。

【知识必备】

一、概　　述

（一）食品添加剂的概念及分类

《中华人民共和国食品安全法》规定：“食品添加剂是指为改善食品品质和色、香、味以及为防腐和加工工艺的需要而加入食品中的化学物质或天然物质”。我国把营养强化剂（为增加营养而加入食品中的天然或者人工合成的属于天然营养素范畴的食品添加剂）列入食品添加剂的范畴。

根据其来源，国际上通常将食品添加剂分为三大类：一是天然提取物，如甜菜红、姜黄素、辣椒红素等；二是用发酵等方法制取的物质，如柠檬酸、红曲米和红曲色素等；三是纯化学合成物，如苯甲酸钠、山梨酸钠、苋菜红和胭脂红等。

在乳制品中加入适量的食品添加剂是为了改善乳制品在加工工艺中难以解决的乳油层上浮、蛋白质沉淀等问题；加入适量的乳化剂、增稠剂等食品添加剂，以保持产品稳定性；在生产调配乳制品时，为了改善和提高感官指标的问题，而加入一些酸味剂、甜味剂等，以改善和提高食品色、香、味及口感等感官等指标。此外，食品添加剂还可以增加乳制品的花色品种。

（二）食品添加剂的应用

食品添加剂是用于改善食品品质、延长食品保存期、便于食品加工和增加食品营养成分的一类化学合成或天然物质，可以起到提高食品质量和营养价值、改善食品感官性质、防止食品腐败变质、延长食品保藏期、便于食品加工和提高原料利用率等作用。

食品添加剂在食品生产加工中不可或缺。例如防腐剂亚硝酸盐，在肉制品中，正确使用它能有效地抑制肉毒梭菌的生长，同时又具有保持肉的色、香、味及形成肉制品独特风味的作用；如不使用亚硝酸盐，往往难以抑制肉毒梭菌生长，引起严重的食品安全事故。

（三）食品添加剂测定的意义

食品添加剂是食品工业重要的基础原料，对食品的生产工艺、产品质量、安全卫生都起到至关重要的作用。但是，在食品加工过程中违禁使用食品添加剂以及超范围、超标准使用添加剂，都会给食品质量安全卫生以及消费者的健康带来巨大的损害。目前，我国食品添加剂使用不规范的现象十分严重，并对食品安全造成了一定的影响。因此，对食品添加剂进行测定具有十分重要的意义。

二、增稠剂的测定

增稠剂是指在水中溶解或分散，能增加流体或半流体食品的黏度，并能保持所在体系的相对稳定的亲水性食品添加剂。食品增稠剂对保持流态食品、胶冻的色、香、味、结构和稳定性起相当重要的作用。在食品中主要赋予食品所要求的流变特性，改变食品的质量和外观。

常用食品增稠剂有天然增稠剂和人工合成增稠剂。天然增稠剂如果胶、明胶、海藻酸钠、阿拉伯胶、酪蛋白酸钠和聚丙烯酸钠。

（一）海藻酸钠的检测

海藻酸钠又称藻酸钠、海藻胶，是从褐藻类植物——海带加碱提取、经加工精制而成的一种多糖类碳水化合物，其主要成分为海藻酸钠，可加于食品中，用做增稠剂等。

1. 鉴别

（1）试剂和溶液

①氯化钙：分析纯，5%溶液。

②异丙醚：分析纯。

③盐酸：分析纯。

④纯萘间苯二酚：分析纯，1%乙醇溶液。

⑤硫酸：分析纯，10%溶液，57mL硫酸加至100mL水中，冷却后加水稀释至1000mL。

⑥醋酸氧铀钴溶液：取8g醋酸氧铀，加6g冰乙酸与适量蒸馏水至100mL，另取40g乙酸亚钴，加6g冰乙酸与适量蒸馏水至100mL，将两液各加热至约75℃溶解后，混合放冷，并在20℃放置2h，使过量的盐类析出，用干燥滤纸过滤，即得。

（2）鉴别步骤

①取5mL试样（1∶100）水溶液，加1mL 5%氯化钙溶液，立即生成胶状沉淀。

②取10mL试样（1∶100）水溶液，加1mL 10%硫酸溶液，有胶状沉淀产生。

③取5mg试样于试管中，加5mL蒸馏水，1mL新配制的1%萘间苯二酚乙醇溶液，5mL盐酸煮至沸腾，并微沸3min，冷至15℃将内容物用5mL蒸馏水洗入30mL分液漏斗中，用15mL异丙醚提取，提取液的紫色应比试剂空白提取液深。

④取5mg试样灰化，灰分溶于盐酸过滤，滤液加醋酸氧铀钴溶液，搅拌数分钟，即渐渐析出金黄色沉淀。

2. pH的测定

取试样配成1%水溶液，用pH试纸或酸度计测定。

3. 水不溶物的测定

称取试样约0.5g（称准至0.0002g），于500mL烧杯中，加蒸馏水200mL加盖表面皿，加热煮沸1h，经常搅动，趁热用已干燥称至恒重的m_2垂熔滤气减压过滤，并用热蒸馏水充分洗涤滤器，于105℃干燥至恒重。水不溶物w_1（%）按下式计算：

$$w_1 = (m_1 - m_2) \div m \times 100$$

式中 w_1——水不溶物的质量分数，%；

m_1——滤器与不溶物总质量，g；

m_2——滤器质量，g；

m——试样质量，g。

4. 透明度的测定

（1）试剂和溶液

① 氯化钡（分析纯）；乙醇（分析纯）；硫酸（分析纯）；盐酸（分析纯）。

② 0.01mol/L硫酸溶液（按GB/T 601—2002配制与标定）。

③ 12%氯化钡溶液：分析纯。

④ 95%乙醇：分析纯。

⑤ 10%盐酸溶液：分析纯，用23.5mL盐酸加蒸馏水至100mL。

（2）测定方法　称取试样0.5g（称准至0.01g），加沸蒸馏水90mL溶解，冷后加蒸馏水至100mL，将此溶液倒至一比色管（250mm×250mm）中，比色管放于划有相距1mm的15条黑线的白纸上，另取一比色管（300mm×15mm）套于上管中，将此管上下移动，至能看清白纸上所划的黑线为止，如此重复操作三次，测出二比色管管底间的距离，此距离不得比标准液所测的距离小。

同时配一标准溶液，取 8mL 0.01mol/L H_2SO_4 溶液，加 1mL 10% 盐酸溶液，5mL 乙醇，加蒸馏水至 50mL，加 2mL 12% 氯化钡溶液混合均匀，放置 10min，照上法操作。

5. 黏度的测定

（1）仪器　爱米勒（EMILA）旋转黏度计；恒温水浴。

（2）测定方法　称取试样 mg，其质量能恰配成其浓度为 1% 的海藻酸钠溶液 100mL，按绝对干样计算，计算方法如下：

$$m = \frac{1}{1 - D}$$

式中　m——称取试样质量，g；

D——干燥失重，%。

称取试样 mg（称准至 0.01g），加冷蒸馏水 25mL，搅动，再加沸蒸馏水 70mL，搅动数分钟，冷后加蒸馏水到 100mL，于室温放置 4h 后，使成均匀胶液，选择相应转子置于量罐内，并将胶液细心倒入，达到圆锥体的表面下沿，转子完全浸入液体内，将量罐放到架上，将钩挂在驱动器上，调整零点，接通恒温装置，使保持测定温度在（20 ± 0.1）℃范围，启动开关，使标尺盘上指针保持稳定，即可读出度数，如读数小于 10，则需换用第二个较大的转子。黏度 X_2 按下式计算：

$$X_2 = 指针读数 \times 转子倍数$$

6. 干燥失重的测定

（1）仪器　铝盒：直径 45 ~ 50mm，高 25mm。

（2）测定方法　称取试样适量（称准至 0.0001g）于已烘干称至恒重的铝盒中，试样厚度为 5 ~ 10mm，铺匀，开盖于 105℃ 干燥 4h 至恒重。干燥失重 X_3（%）按下式计算：

$$X_3 = \frac{m_1 - m_2}{m} \times 100$$

式中　m_1——干燥前铝盒及试样质量，g；

m_2——干燥后铝盒及试样质量，g；

m——试样质量，g。

7. 硫酸灰分的测定

（1）试剂和溶液　硫酸（分析纯）。

（2）测定方法　于已烧灼称至恒重的瓷皿中，称取试样 2g（称准至 0.0001g），加 1.5mL 硫酸，将试样润湿炭化后，置于高温炉中以 450 ~ 550℃ 烧灼，放冷，再加 1mL 硫酸灼烧至完全灰化为止，于干燥器内放冷，称重。硫酸灰分 X_4（%）按下式计算：

$$X_4 = \frac{m_1 - m_2}{m(1 - D)} \times 100$$

式中 m_1——灰分及瓷皿质量，g；

m_2——瓷皿质量，g；

m——试样质量，g；

D——干燥失重,%。

8. 重金属的测定

（1）试剂

①酚酞指示液：1%乙醇溶液。

②硝酸：分析纯。

③氢氧化钠：分析纯，10%溶液。

④盐酸：分析纯，10%溶液。

⑤冰乙酸：分析纯，30%溶液。

⑥饱和硫化氢水：现用现配。

⑦铅标准贮备液：准确称取1.000g金属铅（99.99%），分次加入少量硝酸37mL，移入1000mL容量瓶，加水至刻度，混匀。此溶液每毫升含1.0mg铅。

⑧铅标准溶液：每次吸取铅标准贮备液1.0mL于100mL容量瓶中，加硝酸（0.5mol/L）或（1mol/L）至刻度。

（2）测定方法

①取测定灰分的残渣加入5mL硝酸，在水浴上蒸干，冷后加蒸馏水溶解，加1滴酚酞指示液，用10%氢氧化钠溶液调碱性，用10%盐酸调至红色刚褪，过滤于50mL量筒中，用蒸馏水洗涤残渣多次，并稀释至25mL，加0.5mL30%乙酸溶液，用蒸馏水稀释至40mL，为A管。

②取另一个50mL纳氏比色管，加入铅标准溶液4mL及0.5mL 30%乙酸溶液，用蒸馏水稀释至40mL，为B管。

③A、B两管，各加10mL饱和硫化氢水，摇匀后，在暗处放置10min进行比色，A管颜色不深于B管。

（二）羧甲基纤维素钠（CMC）的检测

1. 原理

用萘二酚比色法测定食品中的羧甲基纤维素钠。

2. 试剂和溶液

（1）四氢呋喃。

（2）酶溶液：准确称取500mg蛋白酶，加水溶解至10mL。

（3）萘二酚溶液：称取0.1g 2，7－萘二酚，加100mL硫酸溶解，在水浴中加热至溶液呈微黄色，冷后于暗处保存。此时黄色完全消失，临用时用硫酸稀释10倍。

（4）蛋白酶。

3. 仪器

分光光度计。

4. 样品溶液的制备

准确称量乳样约10g，放入50mL具塞离心管中，在沸水浴中用玻璃棒搅拌，加热5min，冷却至50℃以下后加入40mL四氢呋喃，激烈振荡，离心分离（5min，2000r/min）。弃去上清液，残渣中的四氢呋喃吹氮气加温尽可能将其除尽。再加10mL水，离心管放入60℃的超声波发生器中，用玻璃棒搅拌、浸渍，使残渣完全溶解或分散。加1mL酶溶液，振摇，在约37℃恒温箱中放置2～3h，再于水浴中加热10min后冷却，用水定量地转移到纤维素透析袋内，浸于1000mL水中，15～25℃透析12～16h。将透析内液用水定量移入150mL离心管中，加4倍量四氢呋喃振摇，离心分离（5min，2000r/min）。弃去上清液，残留物加202mL，在沸水浴中加热至完全溶解，加水至200mL，此液作为样品溶液。

5. 标准液的制备

准确称量100g甲基纤维素钠，加水溶解成100mL，作为标准液（1mL含羧甲基纤维素钠1mg），吸取此液1、2、3、4、5mL，分别加水20mL，作为标准曲线用标准液（1mL相当于羧甲基纤维素钠50、100、150、200、250μg）。

6. 测定方法

（1）测定条件　用分光光度计，在波长540nm处测定其吸光度。

（2）测定步骤　准确吸取样品溶液1mL，移入纳氏比色管中，加20mL萘二酚溶液，在水浴中加热3h后冷却。将此液转入50mL容量瓶中，用50%硫酸洗纳氏比色管，合并洗液于容量瓶中，冷却，加50%硫酸至50mL刻度。此液以50%硫酸作为参比，在波长540nm处测定吸光度。

（3）标准曲线　分别取标准曲线用标准液各1mL，加入纳氏比色管中，加20mL萘二酚溶液，在水浴中加热3h后冷却。将此液转入50mL容量瓶中，用50%硫酸洗纳氏比色管，合并洗液于容量瓶中，冷却，加50%硫酸至50mL刻度。此液以50%硫酸作为参比，在波长540nm处测定吸光度，绘制标准曲线。

7. 结果分析

以样品溶液测得的吸光度从标准曲线上求出样品溶液中的羧甲基纤维素钠浓度，按下式计算出样品中的羧甲基纤维素钠质量分数（w）：

$$\omega = \frac{50 \times \rho}{m \times 10^6} \times 100\%$$

式中　ρ——样品溶液中的羧甲基纤维素钠浓度，μg/mL；

m——取量样，g；

50——定容体积，mL。

（三）果胶的检测

1. 原理

将果胶溶解于水，加碱皂化，再在乙酸存在下与氯化钙反应，生成果胶酸钙。然后将此果胶酸钙沉淀溶解于氢氧化钠，以 ED－TA 标准液滴定其中的钙，按钙的含量换成果胶的含量。

钙与指示剂 EDTA（H_2y^{2-}）反应如下；

$$Ca^{2+}+HI^{2-}\xrightarrow{pH=12}CaI^{-}+H^{+}$$

指示剂（蓝色）　　紫红色

$$CaI^{-}+H_2y^{2-}\longrightarrow Cay^{2-}+HI^{2-}+H^{+}$$

紫红的　　紫色

2. 试剂

（1）0.1mol/L NaOH 溶液。

（2）0.1g/mL 氢氧化钠溶液。

（3）20g/L 硝酸银溶液。

（4）2mol/L 氯化钙溶液（如有沉淀应过滤）。

（5）0.02mol/L EDTA 标准溶液。

（6）1mol/L 乙酸溶液　取 37% 乙酸 16mL 加水 84mL（冰醋酸 6mL 加水 94mL）。

（7）钙指示剂　取钙指示剂 1g 与 97g 硫酸钾研成粉末即可。

3. 仪器

球形冷凝器；500、250mL 的容量瓶；25mL 吸管；10mL 滴定管；400ml 烧杯；称量瓶。

4. 测定方法

（1）样品制备　称取干样品 0.45～0.50g 于 300mL 烧杯中，加水约 150mL，搅拌后在 70～80℃水浴中加热，使完全溶解（经常搅拌）。然后移入 250mL 容量瓶中，冷却后，用水稀释至刻度，充分振摇均匀。

（2）测定步骤　吸取制品的样品溶液 25mL 于 400mL 烧杯中，加入 0.1mol/L 氢氧化钠溶液 100mL，放置 30min，使果胶皂化，加 1mol/L 乙酸溶液 50mL，5min 后加 2mol/L 氯化钙溶液 50mL，搅拌，放置 30min，煮沸约 5min，立刻用定性滤纸过滤，以沸水洗涤沉淀，直至滤液对硝酸银不起反应为止。然后将滤纸上沉淀用沸水冲洗于 300mL 锥形瓶中，加入 0.1g/mL 氢氧化钠溶液 5mL，此时全量约为 1000mL。盖上表面玻璃，用小火加热使果胶酸钙完全溶解，冷却，加入 0.1g 钙指示剂，以 0.02mol/L 的 EDTA 标准液滴定，溶液由紫红色变为蓝色为终点。

5. 计算

$$\omega=\frac{V\times c\times 0.04008\times\frac{92}{8}}{m}\times 100\%$$

式中　ω——果胶酸质量分数，%；

V——EDTA 用量，mL；

c——EDTA 浓度，mol/L；

0.04008——Ca 的毫摩尔质量，g/mmol；

92/8——根据果胶酸钙中钙占 8% 推算出的果胶含量系数；

m——样品质量，g。

三、防腐剂的测定

防腐剂是具有杀灭或抑制微生物增殖作用的一类物质的总称。具有杀灭微生物作用的化合物，称为杀菌剂；而那些虽不能杀灭微生物，但却可以抑制微生物的生理活动以及阻止其生长繁殖者，称为防腐剂。在食品生产中，为防止食品腐败变质、延长食品保存期，在采用其它保藏手段的同时，也常配合使用防腐剂，以期收到更好的效果。常用的防腐剂有苯甲酸及钠盐、山梨酸及钾盐。

（一）山梨酸及山梨酸钾的测定（色谱法）

1. 原理

样品酸化后，用乙醚提取山梨酸。将样品提取液浓缩，点于聚酰胺薄层板上，展开。显色后，根据薄层板上山梨酸、苯甲酸的比移值，与标准比较定性，并可进行概略分析。

2. 试剂

（1）异丙醇、正丁醇、乙醚（不含过氧化物）、氨水、无水乙醇、聚酰胺粉（200 目）、盐酸（6mol/L）。

（2）石油醚　沸程 30～60℃。

（3）山梨酸标准溶液　精密称取 0.2000g 山梨酸，用少量乙醇溶解后移入 100mL 容量瓶中，并稀释至刻度，此溶液每毫升相当于 2mg 山梨酸。

（4）展开剂　正丁醇 - 氨水 - 无水乙醇（7 +1 +2）；异丙醇 - 氨水 - 无水乙醇（7:1:2）。

（5）显色剂　0.04% 溴甲酚紫的 50% 乙醇溶液，用 0.1mol/L NaOH 溶液调至 pH =8。

（6）40g/L 氯化钠酸性溶液　于 40g/L 氯化钠溶液中加少量 6mol/L HCl 酸化。

3. 仪器

吹风机；展开槽；玻璃板：10cm × 18cm；10μL、100μL 微量注射器；喷雾器。

4. 测定方法

（1）样品提取　称取 2.5g 事先混合均匀的乳样，置于 25mL 带塞量筒中，加 0.5mL6mol/L 盐酸酸化，用 15、10mL 乙醚提取两次，每次振摇 1min，将上层醚提取液吸入另一个 25mL 带塞量筒中，合并乙醚提取液。用 3mL 40g/L 氯化钠酸性溶液洗涤两次，静置 15min，用滴管将乙醚层通过无水硫酸钠滤入 25mL 容量瓶中。加乙醚至刻度，混匀。吸取10.0mL乙醚提取液分2次置于10mL带塞离心管中，在约40℃的水浴上挥干，加入0.10mL乙醇溶解残渣，备用。

（2）测定

①聚酰胺粉板的制备：称取1.6g聚酰胺粉，加0.4g可溶性淀粉，加约15mL水研磨3~5min，立即倒入涂布器内制成10cm×18cm，厚度0.3mm的薄层板2块，于室温干燥后，于80℃干燥1h，取出，置于干燥器中保存。

②点样：在薄层板下端2cm的基线上，用微量注射器点1μL、2μL样品液，同时各点1μL、2μL山梨酸标准溶液。

③展开与显色：将点样后的薄层板放入预先盛有展开剂的展开槽内，展开槽周围贴有滤纸，待溶剂前沿上展至10cm，取出挥干，喷显色剂，斑点成黄色，背景为蓝色。样品中所含山梨酸的量与标准斑点比较定量（山梨酸比移值依次为0.82）。

5. 计算

$$X = \frac{m_s \times 1000}{m \times \frac{10}{25} \times \frac{V_2}{V_1} \times 1000}$$

式中 X——样品中山梨酸的含量，g/kg；

m_s——测定用样品液中山梨酸的质量，mg；

m——样品质量，g；

V_1——加入乙醇的体积，mL；

V_2——测定时点样的体积，mL；

10——测定时吸取乙醚提取液的体积，mL；

25——样品乙醚提取液总体积，mL。

（二）苯甲酸及苯甲酸钠的测定

苯甲酸及钠盐的测定有气相色谱法、紫外分光光度法、高效液相色谱法、薄层色谱法和滴定法等。

1. 气相色谱法测定苯甲酸及钠盐

（1）原理　样品酸化后，用乙醚提取苯甲酸，用附氢火焰离子化检测器的气相色谱仪进行分离测定，与标准系列比较定量。

（2）试剂

①乙醚（不含过氧化物）、盐酸、无水硫酸钠。

②石油醚：沸程30~60℃。

③盐酸（1+1）：取100mL盐酸，加水稀释至200mL。

④氯化钠酸性溶液（40g/L）：于氯化钠溶液（40g/L）中加少量盐酸(1+1)酸化。

⑤苯甲酸标准溶液：准确称取苯甲酸0.2000g，置于100mL容量瓶中，用石油醚-乙醚（3+1）混合溶剂溶解后并稀释至刻度。此溶液每毫升相当于2.0mg

苯甲酸。

⑥苯甲酸标准使用液：吸取适量的苯甲酸标准溶液，以石油醚－乙醚(3＋1)混合溶剂稀释至每毫升相当于50，100，150，200，250mg苯甲酸。

(3) 仪器　气相色谱仪：具有氢火焰离子化检测器。

(4) 测定方法

①样品提取：称取2.50g事先混合均匀的样品，置于25mL带塞量筒中，加0.5mL盐酸（1＋1）酸化，用15、10mL乙醚提取2次，每次振摇1min，将上层乙醚提取液吸入另一个25mL带塞量筒中。合并乙醚提取液。用3mL氯化钠酸性溶液（40g/L）洗涤2次，静止15min，用滴管将乙醚层通过无水硫酸钠滤入25mL容量瓶中。加乙醚至刻度，混匀。准确吸取5mL乙醚提取液于5mL带塞刻度试管中，置40℃水浴上挥干，加入2mL石油醚－乙酸（3＋1）混合溶剂溶解残渣，备用。

②色谱参考条件：

色谱柱：玻璃柱，内3mm，长2m，内装涂以5%（*m*/*m*）DEGS＋1%（*m*/*m*）H_3PO_4固定液的60～80目Chromosorb W AW。

气流速度：载气为氮气，50mL/min（氮气和空气、氢气之比按各仪器型号不同选择各自的最佳比例条件）。

温度：进样口230℃；检测器230℃；柱温170℃。

③测定：进样2μL标准系列中各浓度标准使用液于气相色谱仪中，可测得不同浓度山梨酸、苯甲酸的峰高，以浓度为横坐标，相应的峰高值为纵坐标，绘制标准曲线。同时进样2μL样品溶液。测得峰高与标准曲线比较定量。

(5) 计算

$$X = \frac{A}{m \times \frac{5}{25} \times \frac{V_2}{V_1} \times 1000}$$

式中　X——样品中苯甲酸的含量，g/kg；

m——样品质量，g；

V_1——加入石油醚－乙醚（3＋1）混合溶剂体积，mL；

V_2——测定时进样的体积，mL；

5——测定时吸取乙醚提取液的体积，mL；

258——样品乙醚提取液总体积，mL。

由测得苯甲酸的量乘以1.18，即为样品中苯甲酸钠的含量。

注：最低检出浓度：气相色谱法最低检出量为1μg，用于色谱分析的样品为1g时，最低检出浓度为1mg/kg。

2. 薄层色谱法

同山梨酸及山梨酸钾的测定。

四、甜味剂的测定

甜味剂是赋予食品甜味的食品添加剂。甜味剂甜味的高低、强弱称为甜度，但甜度不能绝对地用物理和化学方法来测定。目前，甜度只能凭人们的味觉来判断，所以迄今为止尚无一定的标准来表示甜度的绝对值。因为蔗糖为非还原糖，其水溶液较为稳定，所以选择蔗糖为标准，其它甜味剂的甜度是与蔗糖比较的相对甜度。

甜味剂按来源的不同可将其分为天然甜味剂和人工合成甜味剂，主要的天然甜味剂有砂糖浆及糖的衍生物以及非糖天然甜味剂，天然甜味剂一般对人体的营养有着重要作用，是能量最适合、最高效的来源。人工合成甜味剂，是采用淀粉或植物类等为原料，采取酸解、酶解或者萃取等方法，得到的各种特性的人工甜味剂，常指非营养甜味剂、糖醇类甜味剂与非糖天然甜味剂，如甜菊糖、甘草素等。

（一）糖精钠的测定

1. 原理

在酸性条件下，食品中的糖精钠用乙醚提取，经薄层分离溶于碳酸氢钠溶液中，于波长 270nm 处测吸光度，与标准比较，定量。

2. 试剂

（1）GF254 硅胶、200 目聚酰胺粉、无水硫酸钠、不含过氧化物的乙醚、无水乙醇及 95% 乙醇。

（2）0.1g/mL 硫酸铜溶液。

（3）40g/L 氢氧化钠溶液。

（4）20g/L 碳酸氢钠溶液。

（5）6mol/L 盐酸。

（6）糖精钠标准溶液　精密称取 0.0851g 经 120℃ 干燥 4h 后的糖精钠，置于 100mL 容量瓶中，加 2% 碳酸氢钠溶解，并稀释至刻度。此溶液每毫升相当于 1mg 糖精钠。

（7）展开剂　苯 - 乙酸乙酯 - 36% 乙酸（12 + 7 + 1）；三氯甲烷 - 丙酮 - 甲酸（9 + 3 + 0.1）。

（8）显色剂

溴甲酚绿 - 溴甲酚蓝显色剂：称取 0.1g 溴甲酚绿和溴甲酚蓝，加乙醇溶解并稀释至 200mL。

0.04% 溴甲酚紫：50% 乙醇溶液，用 0.1mol/L 氢氧化钠调至 pH = 8。

3. 仪器设备

分光光度计；玻璃纸：生物制品透析袋纸货不含增白剂的市售玻璃纸；微量注射器；紫外光灯：波长 253.7nm；薄层板：10cm × 20cm、20cm × 20cm；展开槽；玻璃喷雾器。

4. 测定方法

（1）样品提取

①液体样品：取10mL均匀试样（如样品中含有二氧化碳，先加热除去。如样品中含有酒精，加40g/L氢氧化钠溶液使其呈碱性，在沸水浴中加热除去）。置于100mL分液漏斗中，加2mL 6mol/L盐酸，用30、20、20mL乙醚提取3次，合并乙醚提取液，用5mL盐酸酸化的水洗涤1次，弃去水层。乙醚层通过无水硫酸钠脱水后，挥发乙醚，加2.0mL乙醇溶解残渣，密塞保存，备用。

②固体、粉状样品：称取20.0g磨碎的均匀试样，置于200mL容量瓶中，加100mL水加温使之溶解、放冷。加20mL 0.1g/mL硫酸铜溶液，混匀，再加4.4mL 40g/L氢氧化钠溶液，加水至刻度，混匀。静置30min。过滤，取50mL滤液置于150mL分液漏斗中，加2mL 6mol/L盐酸，用30、20、20mL乙醚提取3次，合并乙醚提取液，用5mL盐酸酸化的水洗涤1次，弃去水层。乙醚层通过无水硫酸钠脱水后，挥发乙醚，加2.0mL乙醇溶解残渣，密塞保存，备用。

（2）薄层板的制备

①硅胶GF254薄层板：称取2g硅胶GF254，加水调成糊状，涂成0.25～0.30mm厚的10cm×20cm或20cm×20cm薄层板，稍干后，于110℃活化1h，取出后置于干燥器内备用。

②聚酰胺薄层板：称取1.6g聚酰胺，加0.4g可溶性淀粉，加约15mL水，研磨3～5min，立即涂成0.25～0.30mm厚的10cm×20cm薄层板，室温干燥后，在80℃下干燥1h，置于干燥器中保存。

（3）点样　在薄层板的下端2cm处中间，用微量注射器点样，将200～400μL样液点成一横条状，横条的右端1.5cm处，点10μL糖精钠标准溶液使成一小圆点。

（4）展开　将点好的薄层板放入盛有展开剂的展开槽中，展开剂液层约0.5cm，并预先已达到饱和状态。展开至10cm，取出薄层板，挥干，硅胶GF254板可在紫外光灯下观察。如喷溴甲酚绿-溴甲酚蓝减色剂，先将板在（90±5）℃干燥箱放10～15min。斑点显黄色至蓝绿色。如用聚酰胺板，按GB/T 5009.29—2003《食品中山梨酸、苯甲酸的测定方法》操作。根据样品点和标准点的比移值进行定性，根据斑点大小进行半定量测定。将薄层板上样品中糖精钠的条状斑连同硅胶GF254或聚酰胺刮入小烧杯中，同时刮一块和样品条状大小相同的空白薄层板置于另一烧杯中做对照用。刮下的含糖精钠的吸附剂与对照吸附剂各加5.0mL 20g/L碳酸氢钠溶液，50℃加热助溶，移入10mL离心管中，离心分离（3000r/min）20min，取上清液备用。

（5）标准曲线制备　吸取0.0、2.0、4.0、6.0、8.0、10.0mL糖精钠标准溶液，分别置于100mL容量瓶中，各加20g/L碳酸氢钠溶液至刻度混匀（每毫升分别相当0.0、0.02、0.04、0.06、0.08、0.10mg糖精钠）于波长270nm测吸光度，绘制标准曲线。

（6）测定 将样品离心液、试剂空白液于波长270mm分别测吸光度，与标准比较。

5. 计算

$$X=\frac{\rho_{s_1}-\rho_{s_2}}{m\times\frac{V_2}{V_3}}\times V_1$$

式中 X——样品中糖精钠的含量，g/kg或g/L；

ρ_{s_1}——测定用样品溶液中糖精钠的含量，mg/mL；

ρ_{s_2}——空白溶液中相当糖精钠的含量，mg/mL；

m——样品质量或体积，g/mL；

V_1——溶解刮下糖精钠时所用2℃碳酸氢钠溶液体积，mL。

V_2——样品残留物加入乙醇的体积，mL；

V_3——点样用样品乙醇溶液的体积，mL。

（二）甜蜜素的测定

甜蜜素的化学名是环己基氨基磺酸钠（$C_6H_{12}NNaO_3S$），成品为白色结晶粉末，无臭或几乎无臭，在水中易溶，微溶于乙醇，在三氯甲烷和乙醚中几乎不溶。它是一种常用的甜味剂，其甜度为蔗糖的40~50倍，口味极似蔗糖，无余苦味，而且耐性好，价格较低。

1. 试剂

（1）冰醋酸。

（2）高氯酸标准滴定液 c（$HClO_4$）=0.1000mol/L。

（3）结晶紫指示剂（2g/L）称取0.2g结晶紫，溶于冰醋酸中，用冰醋酸稀释至100mL。

2. 测定方法

称取0.3g（精确0.0001g）经105℃干燥2h的试样于锥形瓶中，加冰醋酸30mL，加热使之溶解，冷至室温后，加结晶紫指示液4~5滴，用高氯酸标准溶液滴定至溶液由紫色变为蓝绿色为终点。同时做试剂空白试验。

3. 计算

环己基氨基磺酸钠（$C_6H_{12}NNaO_3S$）质量分数（w）按下式计算：

$$w=\frac{\Delta V\times c\times 0.2012}{m}\times 100\%$$

式中 w——样品中环己基氨基磺酸钠（$C_6H_{12}NNaO_3S$）质量分数，%；

ΔV——试样消耗高氯酸标准液的体积与空白试验消耗高氯酸标准液体积之差，mL；

c——标准溶液的实际浓度，mol/L；

m——试样质量，g；

0.2012——与1.00mL高氯酸标准滴定［c（$HClO_4$）=0.2012］相当的环己基氨基磺酸钠的质量，g/mmol。

（三）甜菊糖的测定

甜菊糖（甜菊苷）是目前已发现并经我国卫生部门批准使用的最接近蔗糖风味的天然低热值甜味剂，是由菊科草本植物——甜菊叶子中提取而来。甜叶菊具有芬芳、清凉的甜味，甜度是蔗糖的70~400倍，是具有开发价值和健康意义的天然蔗糖替代品，被国际誉为“世界第三糖源”。

1. 试剂

（1）氢氧化钾、无水乙醇、95%乙醇、盐酸、酚酞、5%硫酸。

（2）0.05mol/L氢氧化钾乙醇标准溶液　取氢氧化钾3.5g置于锥形瓶中，加无水乙醇适量使溶解并稀释成1000mL，用橡皮塞密封，静置24h后，迅速倾取上清液，置具橡皮塞的棕色玻璃瓶中。

精密量取盐酸滴定液（0.05mol/L）25mL，加水50mL稀释后，加酚酞指示液数滴，进行滴定。根据滴定液的消耗量，算出样品液的浓度。临用前应标定浓度。置橡皮塞的棕色玻璃瓶中，密塞保存。

（3）酚酞溶液。

（4）1%乙醇溶液。

2. 测定方法

称取样品0.3000g，置于锥形瓶中，加入5%硫酸50mL，在电炉上加热水解0.5h，冷却，用单层慢速定性滤纸过滤，用蒸馏水洗涤沉淀至pH为7，再用95%乙醇50mL溶液沉淀。然后以酚酞指示剂，用0.05% mol/L氢氧化钾乙醇标准溶液滴定至粉红色，同时做空白试验。

3. 计算

$$w=\frac{c\times(V-V_1)\times\frac{M}{1000}}{m}\times100\%$$

式中　w——样品中甜菊糖苷含量的质量分数，%；

c——氢氧化钾乙醇溶液的浓度，mol/L；

V——氢氧化钾乙醇溶液消耗的体积，mL；

V_1——空白试验氢氧化钾乙醇溶液消耗的体积，mL；

M——甜菊苷的摩尔质量，804.86g/mol；

m——样品的质量，g。

（四）安赛蜜（乙酰磺胺酸钾）的测定

安赛蜜又称作糖，是目前世界上第四代合成甜味剂。它的甜度为蔗糖的200倍，具有口感好、无热量，在人体内不代谢、不吸收，对热和酸稳定性好等特点。

1. pH 的测定

1%水溶液用精密 pH 计测定。

2. 干燥失重的测定（105℃干燥 2h）

（1）干燥　取洁净铝制或玻璃制的扁形称量瓶，置于 105℃干燥箱中，瓶盖斜支于瓶边，加热 0.5～1.0h，取出盖好，置干燥器内冷却 0.5h，称量，并重复干燥至恒量。

称取 2.00～10.00g 切碎或磨碎的样品，放入此称量瓶中，样品厚度约为 5mm。加盖，精密称量后，置 105℃干燥箱中干燥 2h，取出，放干燥器内冷却 0.5h 后称量。再置于干燥箱中干燥 0.5h 后称量，两次质量差不超过 2mg 即为恒量。

（2）计算

安赛蜜的干燥失重按下式计算：

$$X = \frac{m_2 - m_3}{m_2 - m_1} \times 100\%$$

式中　X——安赛蜜干燥失重的值,%；

m_1——盛皿的质量，g；

m_2——盛皿及干燥前样品的质量，g；

m——盛皿及干燥后样品的质量，g。

注：（1）安赛蜜干燥失重的值以百分数表示，计算结果取到两位小数。

（2）两次测定值之差不得超过其平均值的 15%。

五、抗氧化剂测定

抗氧化剂是一类能阻止或延迟食品氧化、以提高食品质量的稳定性和延长贮存期的食品添加剂。氧化是导致食品质量变劣的重要因素之一，氧化除使食品中的油脂酸败外，还会使食品发生褪色、褐变、纤维素破坏，降低食品质量和营养价值。抗氧化剂通常可分为油溶性抗氧化剂和水溶性抗氧化剂。常用的油溶性抗氧化剂有天然的维生素 E 和人工合成的没食子（棓）酸丙酯（PG）、抗坏血酸酯类、丁基羟基茴香醚（BHA）、二丁基羟基甲苯（BHT）、特丁基对苯二酚（TBHQ）、卵磷脂等；常用的水溶性抗氧化剂有维生素 C 和异维生素 C 及其盐类、植酸、茶多酚等。

抗氧化剂多用于保护食品的颜色、防止氧化褪色以及防止因氧化而降低食品的风味和质量。

（一）气相色谱法测定丁基羟基茴香醚（BHA）

1. 试剂

（1）戊烷饱和的乙腈　取乙腈 1000mL，加戊烷 200mL，充分振摇后静置，分取乙腈层。

（2）无水硫酸钠。

2. 操作步骤

（1）样品溶液的制备　准确称取样品约5g，在40～50℃水浴中熔化后，移入离心管，加15mL戊烷，充分搅拌，再加5mL氨水充分振摇。离心分离后分取戊烷层，合并全部戊烷层，加5g无水硫酸钠放置，过滤。残渣用10mL戊烷洗涤，洗液与滤液合并。将此液定量地移入分液漏斗。在分液漏斗中加入100mL用戊烷饱和的乙腈，振摇，分取乙腈层，再用100mL戊烷饱和的乙腈反复提取2次。合并全部乙腈层，减压浓缩近干，准确加正己烷至5mL，作为样品溶液。

（2）标准液的制备　准确称取20mg BHA，加正己烷溶解，准确至100mL作为标准液（此液1mL含BHA200μg）。准确量取标准液0.1、2、3、4、5mL，分别加正己烷至5mL，作为标准曲线用标准液（此液分别含BHA 0、40、80、120、160、200μg/mL）。

（3）测定

①测定条件：用具氢焰电离检测器的气相色谱仪（FID－GC），按下列条件进行测定：

填充剂：60～80目气相色谱仪用硅藻土载体按5%比例涂以SilicomeOV－17。

色谱柱：玻璃管，内径3mm，长约2m。

柱温：150～170℃，恒温。

进样口温度：250℃。

检测口温度：250℃。

载气：氮气，40～60mL/min流速恒定。

②标准曲线：准确量取标准曲线用标准液各5μL，注入气相色谱仪，依峰高绘制标准曲线。

（4）计算　准确量取样品溶液5μL，注入气相色谱仪，由峰高在标准曲线上求样品溶液中BHA浓度（μg/mL），然后按下式计算样品中BHA含量：

$$X = \frac{\rho \times 5}{m \times 1000}$$

式中　X——样品中BHA含量，mg/kg；

ρ——样品溶液中BHA浓度，μg/mL；

m——采样品质量，g；

5——样品溶液体积，mL。

（二）没食子酸丙酯的测定

1. 原理

样品经石油醚溶解，用乙酸铵水溶液提取后，没食子酸丙酯（PG）与亚铁酒石酸盐起颜色反应，在波长540nm处测定吸光度，与标准比较定量。最低检出量为50μg，测定样品相当于2g时，最低检出浓度为25mg/kg。

2. 试剂

（1）石油醚　沸程30～60℃。

（2）乙酸铵溶液　100g/L及16.7g/L。

（3）显色剂　称取0.100g硫酸亚铁（$FeSO_4 \cdot 7H_2O$）和0.500g酒石酸钾钠（$NaKC_4H_4O_6 \cdot 4H_2O$），加水溶解，稀释至100mL。临用前配制。

（4）PG标准溶液　准确称取0.0100g PG溶于水中，移入200mL容量瓶中，并用水稀释至刻度。此溶液每毫升含50.0μg PG。

3. 仪器

分光光度计。

4. 测定方法

（1）样品处理　称取10.00g样品，用100mL石油醚溶解，移入250mL分液漏斗中，加20mL乙醚铵溶液（16.7g/L）振摇2min，静置分层，将水层放入125mL分液漏斗中（如乳化，连同乳化层一起放下），石油醚层再用20mL乙酸铵溶液（16.7g/L）重复提取2次，合并水层。石油醚层用水振摇洗涤2次，每次15mL，水洗涤液并入同一个125mL分液漏斗中，振摇静置。将水层通过干燥滤纸滤入100mL容量瓶中，用少量水洗涤滤纸，加2.5mL乙酸铵溶液（100g/L），加水至刻度，摇匀。将此溶液用滤纸过滤，弃去初滤液的20mL，收集滤液供比色测定用。

（2）测定　吸取20.0mL上述处理后的样品提取液于25mL具塞比色管中，加入1mL显色剂，加4mL水，摇匀。

另准确吸取0.0、1.0、2.0、4.0、6.0、8.0、10.0mL PG标准溶液（相当于0.0、50、100、200、300、400、500μg PG），分别置于25mL带塞比色管中，加入2.5mL乙酸铵溶液（100g/L），准确加水至24mL，加入1mL显色剂，摇匀。

用1cm比色杯，以零管调节零点，在波长540nm处测定吸光度，绘制标准曲线比较。

（3）计算

$$X = \frac{m_1 \times 1000}{m \times \frac{V_2}{V_1} \times 1000 \times 1000}$$

式中　X——样品中PG的含量，g/kg；

m_1——测定用样液中PG的含量，μg；

m——样品质量，g；

V_1——提取后样液总体积，mL；

V_2——测定用吸取样液的体积，mL。

六、酸味剂的测定

酸味剂能赋予食品酸味，给人爽快的感觉，可增进食欲，有助于纤维素和钙、磷等物质的溶解，促进人体营养素的消化、吸收，同时还有一定的防腐和抑菌作用。

目前在乳制品生产中常用的酸味剂有以下几种：磷酸、柠檬酸、乳酸、酒石酸、偏酒石酸、苹果酸、延胡索酸、抗坏血酸、葡萄糖酸、乙酸及琥珀酸。按其口感（愉快感）的不同可分成：令人愉快的酸味剂，如柠檬酸、抗坏血酸、葡萄糖酸和L－抗坏血酸；伴有苦味的酸味剂，如DL－苹果酸；伴有涩味的酸味剂，如磷酸、乳酸、酒石酸、延胡索酸；有刺激气味的酸味剂，如乙酸；有鲜味的酸味剂，如谷氨酸。

在使用中，酸味剂与甜味剂之间有拮抗作用。二者相互抵消，故在乳制品加工中需要控制一定的糖酸比。

（一）柠檬酸的测定

柠檬酸学名3－羟基戊二酸，分子式 $C_6H_8O_7 \cdot H_2O$。柠檬酸是一种应用广泛的酸味剂，为无色透明结晶或白色颗粒，或白色结晶性粉末。无臭，有强酸味，酸味爽快可口。20℃时在水中的溶解度为59%，其中2%水溶液pH为2.1。柠檬酸易溶于水，使用方便。酸味纯正，温和，芳香可口。

柠檬酸有较好的防腐作用，特别是抑制细菌繁殖效果较好。可作为抗氧化增强剂，延缓油脂酸败，及作为色素稳定剂，有抑制褐变的作用。

1. 感官指标的检验

（1）取样放于玻璃瓶皿中，观察是否为无色半透明结晶，或白色结晶粉末。

（2）口感的检验　温水漱口后，品尝样品，是否与标准样相同。

2. 柠檬酸含量的测定

（1）原理　柠檬酸为有机弱酸，利用标准碱溶液滴定酸的方法进行测定。以酚酞为指示剂，用1mol/L NaOH标准溶液滴定至溶液呈粉红色（pH为8.3）。

（2）试剂和溶液

①1%酚酞指示剂。

②1mol/L NaOH标准溶液。

（3）测定　称取1.5g试样（称准至0.0002g），加40mL新煮沸冷却的蒸馏水，溶解后加3滴1%酚酞指示剂，用1mol/L NaOH标准溶液滴至微红色，30s内不褪色。记录消耗的氢氧化钠标准溶液的体积，同时做空白试验。

（4）计算

$$X = \frac{(V_1 - V_0) \times c \times 0.07005}{m} \times 100\%$$

式中　X——样品中柠檬酸的含量，%；

V_1——试样滴定消耗氢氧化钠标准溶液的体积，mL；

V_0——空白试验滴定消耗氢氧化钠标准溶液的体积，mL；

c——氢氧化钠标准溶液浓度，mol/L；

m——试样质量，g；

0.07005——1/3（$C_6H_8O_7 \cdot H_2O$）的毫摩质量，g/mmol。

注：两次平行测定结果之差不大于0.2%，取其平均值。

（二）苹果酸的测定

苹果酸的酸味柔和、持久性长，从理论上说，苹果酸可以全部或大部分取代用于食品及饮料中的柠檬酸。苹果酸和柠檬酸在获得同样效果的情况下，苹果酸用量平均可比柠檬酸少8%～12%（质量分数），最少可比柠檬酸少用5%，最多可达22%。苹果酸能掩盖一些蔗糖的替代物所产生的后味。

1. 原理

在酚酞指示剂存在下，用已知浓度的碱标准滴定溶液滴定试样，测出试样中的总酸度（以 $C_4H_6O_5$ 计）。

2. 试剂和溶液

（1）氢氧化钠标准滴定溶液　浓度为0.1mol/L。

（2）酚酞指示剂　10g/L 酒精溶液。

3. 测定

称取试样1.5g，精确至0.0002g。加水溶解，移至250mL容量瓶中，稀释至刻度，摇匀。用移液管取25mL至于锥形瓶中，加酚酞指示剂2滴，用0.1mol/L NaOH标准滴定溶液至微红色，保持30s不褪色为终点，同时做空白试验。

4. 苹果酸质量分数（w）的计算

$$w=\frac{(V_1-V_0)\times c\times 0.06704}{m\times\frac{25}{250}}$$

式中　w——样品中苹果酸质量分数，%；

V_1——试样消耗氢氧化钠标准滴定溶液的体积，mL；

V_0——空白试验消耗氢氧化钠标准滴定溶液的体积，mL；

c——氢氧化钠标准滴定溶液的实际浓度，mol/L；

m——试样质量，g。

0.06704——$1/2C_4H_6O_5$ 的毫摩质量，g/mmol。

注：两次平行测定结果之差不大于0.2%，取其平均值。

（三）乳酸的测定

乳酸学名为2－羟基丙酸，分子式 $C_3H_6O_3$，相对分子质量90.08。乳酸为无色或微黄色的糖浆状液体，是乳酸和乳酸酐的混合物。一般乳酸的浓度为85%～92%，几乎无臭，味微酸，有吸湿性，水溶液显酸性。可以与水、乙醇、丙酮任意混合，不溶于氯仿。

乳酸存在于发酵食腌渍物、果酒、清酒、酱油及乳制品中。乳酸具有较强的杀菌作用，可防止杂菌生长，抑制异常发酵。因具有特异收敛性酸味，故使用范围不如柠檬酸广泛。乳酸在自然界中广泛存在，是世界上最早使用的酸味剂。我国规定可在各类食品中按“正常生产需要”添加。

1. 感官指标的检验

（1）取样放入玻璃烧杯中，观察是否为无色透明或微黄色的糖浆状液体。

（2）口感的检验　温水漱口后，品尝样品，是否与标准样相同。

2. 乳酸含量的测定

（1）原理　乳酸为有机弱酸，利用标准碱溶液滴定酸的方法进行测定。以酚酞为指示剂，用1mol/L NaOH标准溶液滴定至溶液呈粉红色（pH为8.3）。

（2）试剂

①1%酚酞指示剂。

②1mol/L H_2SO_4标准溶液。

③1mol/L NaOH标准溶液。

（3）测定　称取试样1g（称准至0.0002g），加50mL蒸馏水，精确加40mL 1mol/L NaOH标准溶液，煮沸5min，加2滴1%酚酞指示剂，趁热用1mol/L H_2SO_4标准溶液滴定，滴定到红色褪尽为止。记录所消耗的1mol/L H_2SO_4标准溶液的体积，同时做空白试验，并记录空白实验所消耗1mol/L H_2SO_4标准溶液的体积。

（4）计算

$$X = \frac{(V_2 - V_1) \times c \times 0.09008}{m} \times 100\%$$

式中　X——样品中乳酸含量，%；

V_2——空白滴定时用去硫酸标准溶液的体积，mL；

V_1——试样滴定时用去硫酸标准溶液的体积，mL；

c——$1/2H_2SO_4$标准溶液的浓度，mol/L；

0.09008——乳酸的毫摩质量，g/mmol；

m——称取样品质量，g。

注：两次平行测定结果之差不大于0.2%，取其平均值。

七、乳化剂分析

乳化剂大体上可分为造成水包油（油/水）型乳浊液的亲水性强的水溶性乳化剂和产生油包水（水/油）型乳浊液的亲油性强的油溶性乳化剂。两大类乳化剂在食品工业中具有重要的应用，如乳化作用；对淀粉和蛋白质的作用；调节黏度的作用；润湿和分散作用；控制结晶作用；增溶作用；抗菌、保鲜作用。

食品工业中常用的乳化剂有：磷脂、单甘酯、蔗糖酯、山梨糖醇酐脂肪酸酯（司盘）、聚氧乙烯山梨糖醇酐脂肪酸酯（吐温）、木糖醇酐单硬脂酸酯、硬脂酰乳酸钙、硬脂酰乳酸钠、松香甘油酯、氢化松香甘油酯、乙酸异丁酸蔗糖脂、双乙酰酒石酸单甘油酯等。

（一）气相色谱法测定甘油脂肪酸

1. 原理

食品中的甘油脂肪酸是通过将其主要成分的单酸甘油酯制成二甲基甲物硅烷

化物，由气相色谱测定单酸甘油酯来定量的。食品中的甘油酯，以脂肪成分广泛存在于食品中，因而定量值是食品天然和添加的单酸甘油酯的总量。

2. 试剂

（1）三甲基氯代硅烷。

（2）吡啶（硅烷化用）。

（3）1，1，1，3，3，3－六甲基二硅氨烷（hexamethyl disilazane）。

（4）月桂酸单甘油酯（纯度在99%以上）。

（5）单酸甘油酯：棕榈酸单甘油酯或硬脂酸单甘油酯，或高纯度饱和酸单甘油酯，用乙醇两次重结晶，测定纯度后应用。

（6）内标液：称取50μg月桂酸单甘油酯，放入100mL容量瓶中，加吡啶溶解成100mL，密封保存。

（7）标准液的配制：准确称取单甘油酯100mg，加乙醚溶解，定溶至100mL。准确取该液5mL，加乙醚定溶至100mL，作为标准液（含单甘油酯50μg/mL）。

3. 仪器

带氢火焰鉴定器的气相色谱仪（FID－GC）。

4. 测定方法

（1）样品溶液的制备

①油性食品（奶油等）：准确称取样品约5g（取样品根据食品中含单甘酯量而定），放入锥形瓶中，加入约50mL乙醚，仔细摇匀，按需要稍稍加温。样品完全溶解时，用乙醚定量地移入100mL容量瓶中，加乙醚定容至100mL。作为样品溶液，样品不完全溶解时，在此液中加入约20g无水硫酸钠（脱水），仔细混匀，放置片刻后，用于滤纸过滤。滤液置于200mL锥形瓶中，用30mL乙醚洗涤第一个锥形瓶，洗液用上述滤纸过滤。合并滤液，反复操作两次，全部洗液和滤液合并后，蒸馏除去乙醚，使液量约为70mL，用乙醚定量移入100mL容量瓶中，加乙醚定容，作为样品液。

②水性食品（冰淇淋等）：准确称取样品约2g，加入约30g无水硫酸钠，混匀。用索氏提取器以乙醚提取，按需要馏去乙醚，至液量约70mL，以乙醚定量地移入100mL容量瓶，加乙醚，定容至100mL，作为样品溶液。

（2）测定条件　带氢火焰离子化检测器的气相色谱仪（FID－GC）。按下述条件测填补充剂；80～100目气相色谱用硅藻土担体，按2%比例涂以聚硅氧烷OV－17。

①色谱柱：内径3mm，长0.5～1.5m的不锈钢柱。

②柱温：以10，升温至100～330℃。

③进样口和检测器温度：350℃。

④载气　氮气，20～400mL/min。

（3）测定液的配制　准确吸取5mL样品溶液，于浓缩器中准确加入1mL内标液，在约50℃的水浴中减压蒸干。加1mL吡啶溶解，加0.3mL1，1，1，3，3，3－六甲基二硅氨烷，充分振摇。再加入0.2mL三甲基氯带硅烷，充分振摇。放置10min后，用5mL吡啶定量地将其转移到10mL容量瓶中，加吡啶定容至10mL，作为测定溶液。

（4）标准曲线制作　准确吸取标准液5.0、10.0、15.0、20.0mL分别放入浓缩器，与测定液配制同样操作，作为标准曲线用标准液（这些溶液1mL分别含25、50、75、100μg单甘油酯及均含50μg月桂酸单甘油酯），取2μL。各标准曲线用标准液，注入气相色谱仪，求出测得的棕榈酸单甘油酯及硬脂酸单甘油酯的峰高与月桂酸单甘油酯的峰高比率，绘制标准曲线。

5. 计算

取测定液2μL，同上操作，在标准曲线上求出测定液中的单酸甘油酯浓度（μg/mL），按下式计算样品中的单酸甘油酯含量：

$$X = \frac{V \times \rho}{m}$$

式中　X——样品中单酸甘油酯含量，mg/kg；

ρ——测定液中的单酸甘油酯浓度，μg/mL；

V——配制测定液所用样品溶液量，mL；

m——取样量，g。

（二）比色法测定蔗糖脂肪酸酯

1. 原理

食品中的蔗糖脂肪酸可用异丁醇抽提，再用薄层板色谱分离单酯、双酯、三酯，最后用比色法定量。

2. 试剂

（1）蒽酮。

（2）桑色素。

（3）第一次展开剂　石油醚＋乙醚（1＋1）。

（4）第二次展开剂　氯仿＋甲醇＋乙醇＋水（40＋5＋4＋1）。

（5）乙醇溶液　于4份乙醇中加1份水，混合。

（6）蒽酮试剂　取0.4g蒽酮，预先溶于20mL硫酸中，用75mL硫酸将其洗入100mL硫酸、60mL水和15mL乙醇的混合液中。放冷、暗处保存，2日内有效。

（7）桑色素液　将50mg桑色素溶于100mL甲醇中。

3. 仪器

分光光度计。

4. 测定方法

（1）样品溶液的制备

①准确称取含蔗糖脂肪酸100mg左右的样品20g以下，放入第一个分液漏斗

中，加200mL异丁醇和200mL 1.7mol/L NaCl溶液，将分液漏斗置于60～80℃水浴中并振摇10min。把水层转入第二个500mL分液漏斗中。加200mL异丁醇，在60～80℃水浴中振摇10min后，弃去水层。将第一、二个分液漏斗的异丁醇层用异丁醇定量地通过滤纸移入浓缩器，在70℃减压浓缩，除去异丁醇。残渣中加入20mL氯仿溶解，转入25mL容量瓶中，浓缩器每次用少量氯仿洗涤2次，将洗液转入容量瓶中，加氯仿至刻度，作为样品溶液。用微量注射器准确吸取20μL，点在薄层板下端2cm处。将薄层板放入预先加入第一次展开溶剂的第一层展开槽中，展开至点样处以上10cm，取出薄层板，在通风处中挥散溶剂，然后于100℃干燥箱中干燥20min，至溶剂完全挥散为止。

②为确认个点，向薄层上喷雾桑色素液，在暗室中用紫外灯照射，划出确认的各蔗糖单酯、双酯、三酯边线。

③取下单酯、双酯、三酯各色带，分别置于T_M、T_p、T_T试管中，向T_M加4mL乙醇，向T_p和T_T中各加2mL乙醇，分别作为样品液。另外刮取未点样品溶液的相应各部位上的薄层，置于T_{BM}、T_{Bp}、T_{BT}试管中，在T_{BM}加4mL乙醇，向T_{Bp}和T_{BT}中各加2mL乙醇，分别作为空白溶液。

（2）薄板　硅胶薄层板110℃活化1.5h，2日内有效。

（3）标准液的制备　准确称取在硫酸真空干燥器中干燥了的蔗糖200mg，准确加入1mL硫酸及乙醇液至200mL，取此液10mL，加乙醇定容至200mL，作为标准液（该液含蔗糖50μg/mL）。

（4）测定液的制备

①分别把装有T_M、T_p、T_T的检液试管在流水中边冷却边向T_M管中加入20mL蒽酮，向T_p和T_T管中各加入10mL蒽酮。3个管分别于60℃水浴中浸渍30min，期间混摇2～3次，然后在冷水中冷至室温。

②将上述试管中溶液分别转入离心管中，以4000r/min离心5min，其上清液作为样品测定液。

③单酯、双酯和三酯所对应的空白溶液与上法同样操作，作为各检液相对应的空白测定液。

（5）标准曲线的制定

①准确吸取标准液0、1、1mL，分别放入试管T_B、T_{S1}和T_{S2}中，向T_B管中加2mL乙醇，向T_{S1}管中加1mL乙醇，将3支试管分别置流水中冷却，同时向各管中加入10mL蒽酮，以下操作同“测定液的制备”。分别作为标准曲线用空白测定液和标准曲线用标准测定液。

②标准曲线用标准测定液和标准曲线用空白测定液，分别以乙醇作为参比，在波长620nm处测定吸光度E_{S1}、E_{S2}和E_B，计算E_{S1}、E_{S2}和E_B的差ΔE_1、ΔE_2，绘制标准曲线。

③各样品测定液均以乙醇作为参比，在波长620nm处，测定E_{AM}、E_{AP}和E_{AT}

的吸光度，并测定相对应的空白测定液 E_{BH}、E_{BP}、E_{BT}的吸光度，计算它们的差 ΔE_M、ΔE_P、ΔE_T，在标准曲线上求出各样品测定液中各酯的结合糖浓度（μg/mL）。

（6）按下式计算出样品中蔗糖脂肪酸含量：

$$X=\frac{MP_mV_m+PP_p+TP_TV_T}{m}$$

式中 X——样品中蔗糖脂肪酸的量，mg/kg；

p_m——样品测定液中单酯结合糖的浓度，μg/mL；

p_P——样品测定液中双酯结合糖的浓度，μg/mL；

p_T——样品测定液中三酯结合糖的浓度，μg/mL；

m——取样量，g；

M、P、T——系数；

V_M——单酯的测定液量，mL；

V_P——双酯的测定液量，mL；

V_T——三酯的测定液量，mL。

任务一 冰淇淋中总糖的测定

【学习目标】

1. 掌握冰淇淋中总糖的测定相关基础理论知识。
2. 熟练掌握冰淇淋中总糖测定的原理。
3. 掌握牛乳质量检测的理论知识。

【技能目标】

1. 能够掌握冰淇淋中总糖的测定。
2. 熟练掌冰淇淋中总糖的测定操作程序及操作方法。
3. 掌握牛乳质量检测的理论知识。

【任务实施】

冰淇淋中总糖的测定。

【原理】

试样经沉淀剂除去蛋白质后，加酸转化。在加热条件下，以次甲基蓝为指示剂，直接滴定标定过的碱性酒石酸铜溶液。根据消耗试样转化液的体积，计算冷冻饮品中总糖的含量。

【操作内容】

1. 试剂

所有试剂均为分析纯，实验室用水应符合 GB/T 6682—2008 中三级水规格。

（1）6mol/L 盐酸溶液　量取 54mL 盐酸，用水稀释至 100mL。

（2）乙酸锌溶液　称取 219g 乙酸锌加 30mL 冰醋酸，加水溶解并稀释至 1000mL。

（3）106g/L 亚铁氰化钾溶液　称取 106g 亚铁氰化钾加水溶解并稀释至 1000mL。

（4）1g/L 甲基红指示液　称取 0.1g 甲基红，用乙醇溶解并稀释至 100mL。

（5）200g/L 氢氧化钠溶液　称取 100g 氢氧化钠，加水溶解并稀释至 500mL。

（6）碱性酒石酸铜溶液

①甲液：称取 15g 硫酸铜和 0.05g 次甲基蓝，加水溶解并稀释至 1000mL。

②乙液：称取 50g 酒石酸钾钠和 75g 氢氧化钠溶于水中，再加入 4g 亚铁氰化钾，加水溶解并稀释至 1000mL，贮存于橡胶塞玻璃瓶内。

（7）葡萄糖标准溶液　称取 1g（准确至 0.0001g）经过 98～100℃ 干燥至恒重的纯葡萄糖，加水溶解后，再加入 5mL 盐酸，并以水稀释至 1000mL，注入滴定管中备用。

2. 仪器

（1）分析天平：感量为 0.1mg。

（2）电热恒温水浴器。

（3）可调式电炉。

（4）锥形瓶：250mL。

（5）容量瓶：100、250、500、1000mL。

（6）滴定管：0～25mL，最小刻度 0.1mL。

（7）单标移液管：1、5、10、20、50mL。

【操作过程】

1. 标定碱性酒石酸铜溶液

（1）预测　精确吸取 5mL 碱性酒石酸铜甲液及 5mL 乙液，置于 150mL 锥形瓶中，加蒸馏水 10mL，加入玻璃珠 2 粒，置于电炉上，控制在 2min 内加热至沸。另将葡萄糖标准溶液置于 50mL 滴定管中，趁沸以先快后慢的速度从滴定管中滴加葡萄糖标准溶液，加入 1mL 甲基红指示液。待溶液颜色变浅时，以每 2 秒 1 滴的速度滴定，直至溶液蓝色刚好褪去为终点。记录消耗葡萄糖标准溶液体积数。滴定必须在约 3min 内完成，整个过程要保持沸腾。

（2）标定　精确吸取 5mL 碱性酒石酸铜甲液及 5mL 乙液，置于 150mL 锥形瓶中，加蒸馏水 10mL，加入玻璃珠 2 粒，从滴定管中滴加比预测体积少 1mL 的葡萄糖标准溶液。将此锥形瓶置于电炉上，控制在 2min 内加热至沸。趁沸以每 2

秒1滴的速度继续滴加葡萄糖标准溶液，直至溶液蓝色刚好褪去为终点。记录消耗葡萄糖标准溶液的总体积。同法平行操作三份，取其平均值，按下式计算A值：

$$m = \frac{m_1 \times V_1}{1000}$$

式中 m——10mL碱性酒石酸铜溶液（甲、乙液各5mL）相当于葡萄糖的质量，g；

m_1——葡萄糖的质量，g；

V_1——消耗葡萄糖标准溶液体积的平均值，mL；

1000——稀释标准溶液的体积，mL。

2. 试样的制备

（1）清型　取有代表性的样品至少200g，置于300mL烧杯中，在室温下熔化，搅拌均匀。

（2）组合型　取有代表性样品的主体部分至少200g，置于300mL烧杯中，在室温下熔化，搅拌均匀。

（3）将以上制备的试样立即倒入广口瓶内，盖上瓶盖备用。

（4）如样品黏度大，可先将盛有样品的烧杯置于30～40℃的电热恒温水浴器内进行搅拌。

（5）海砂的处理　取直径0.3～0.5mm的海砂放入大烧杯内，用6mol/L盐酸溶液煮沸30min。冷却后倒出盐酸溶液，用蒸馏水冲洗至中性。置于（102±2）℃鼓风干燥箱内烘干2h，备用。

3. 测定

（1）沉淀　称取2.5～5g制备的试样，精确至0.001g，置于250mL容量瓶中，加入150mL水稀释，混匀。慢慢加入5mL乙酸锌溶液及5mL亚铁氰化钾溶液，加水至刻度，混匀。静置30min，用干燥滤纸过滤。弃去初滤液，滤液备用。

（2）转化　吸取50mL滤液置于100mL容量瓶中，加5mL盐酸在68～70℃恒温水浴中加热15min。立刻取出，冷却至室温。加2滴甲基红指示液，用氢氧化钠溶液中和至中性，加水至刻度，即为试样转化液。

（3）滴定　将试样转化液置于滴定管中，以下按“标定碱性酒石酸铜溶液的（2）标定”进行操作，仅以试样转化液代替葡萄糖标准溶液。记录消耗试样转化液的体积。

【结果处理】

总糖含量以质量分数表示，按下式计算：

$$X = \frac{m_1}{m \times \frac{50 \times V}{250 \times 100}} \times 0.95 \times 100\%$$

式中 X——试样中总糖（以蔗糖计）含量，%；

m_1——10mL 碱性酒石酸铜溶液相当于葡萄糖的质量，g；

m——试样的质量，g；

V——消耗试样转化液的体积，mL；

0.95——还原糖（以葡萄糖计）换算为蔗糖的系数。

【注意事项】

（1）计算结果精确至小数点后第一位。

（2）同一样品两次测定结果之差，不得超过平均值的5%。

任务二 乳饮料中苯甲酸钠含量的测定

【学习目标】

1. 能够掌握乳饮料中苯甲酸钠含量的测定相关基础理论知识。

2. 熟练掌握牛乳饮料中苯甲酸钠含量的测定操作程序及操作方法。

【技能目标】

1. 能够掌握乳饮料中苯甲酸钠含量的测定。

2. 熟练掌握乳饮料中苯甲酸钠含量的测定操作过程。

【任务实施】

乳饮料中苯甲酸钠含量的测定。

【原理】

样品中的苯甲酸在酸性条件下蒸馏，馏出液剧烈氧化除去杂质，再次蒸馏后，所得苯甲酸在220nm处有最大吸收，它的吸光度与含量的关系符合朗伯－比耳定律，因此可以据此定量。

【操作内容】

1. 试剂

（1）无水硫酸钠。

（2）85%正磷酸。

（3）0.033mol/L $K_2Cr_2O_7$ 溶液　溶解4.9g重铬酸钾于水中，稀释至500mL。

（4）2mol/L H_2SO_4 溶液　稀释66.5mL浓硫酸至500mL。

（5）氢氧化钠溶液　1、0.1、0.01mol/L。

（6）苯甲酸钠标准溶液　准确称量经过干燥的苯甲酸0.1000g，溶于0.1mol/L NaOH溶液中，以水定容至1000mL，此液每毫升相当于苯甲酸0.1mg。吸取此液10mL于50mL容量瓶中，用0.01mol/L NaOH溶液定容至刻度，此液每毫升相当于20μg苯甲酸。

2. 仪器

（1）紫外分光光度计。

（2）蒸馏装置　如图6-6所示。

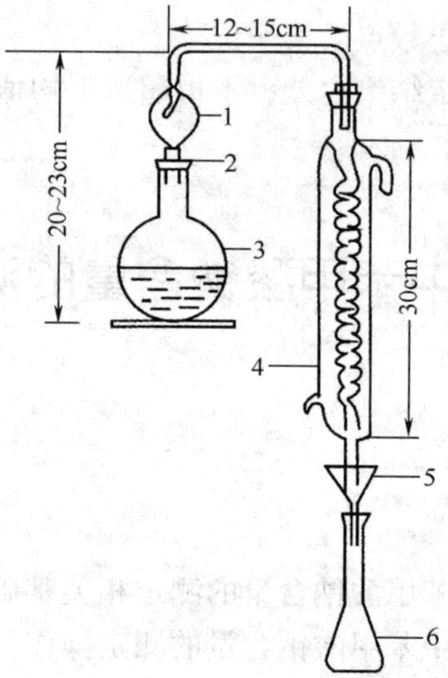

图6-6　蒸馏装置

1—定氮球　2—橡皮塞　3—蒸馏瓶
4—冷凝管　5—漏斗　6—容量瓶（60mL）

【操作过程】

1. 样品制备

（1）提取　准确称取10g样品，置于250mL蒸馏瓶中，依次加入20g无水硫酸钠、1mL磷酸及70mL水，连接蒸馏装置，以大火加热，调节火力使馏液为10mL所需的时间为10min。收集馏液45mL后停止蒸馏，以水洗净冷凝器，然后以水定容此接收瓶。

（2）纯化　取25mL蒸馏液，置于250mL圆底烧瓶中，依次加入25mL 0.033mol/L $K_2Cr_2O_7$溶液和65mL 2mol/L H_2SO_4，回流10min。冷却后，依次加入沸石、20g无水硫酸钠、1mL磷酸及40mL水，再次蒸馏。以内置5mL 0.1mol/L NaOH溶液的50mL容量瓶为接收瓶，收集约45mL蒸馏液时停止蒸馏。用少量水洗涤冷凝器，合并洗液于接收瓶并定容至刻度，备用。

2. 空白试验

准确称取10g样品，置于250mL蒸馏瓶中，依次加入20g无水硫酸钠、6mL 1mol/L NaOH和65mL水，按上述样品处理方法进行蒸馏。由于溶液为碱性，苯甲酸成为钠盐不能被蒸出，所以得到空白样液。

3. 标准曲线的绘制

取 50mL 苯甲酸标准溶液，置于 250mL 蒸馏瓶中，依次加入 20g 无水硫酸钠、1mL 磷酸及 20mL 水，进行蒸馏。操作按样品提取步骤进行。吸取上述溶液 2.0、4.0、6.0、8.0、10.0mL，分别置于 50mL 容量瓶中，用 0.01mol/L NaOH 溶液稀释至刻度。此时每个 50mL 溶液中苯甲酸含量分别为 2.0，4.0，6.0，8.0，10.0mg，以 0.01mol/L NaOH 溶液作为参比溶液，在 225nm 波长处测量吸光度，并绘制标准曲线。

4. 样品测定

根据样品中苯甲酸的含量，吸取供测定用的样液及空白试验溶液 5~20mL，分别置于 50mL 容量瓶中，用 0.01mol/L NaOH 溶液稀释至刻度。以 0.01mol/L NaOH 溶液作为参比溶液，在 225nm 波长处测量吸光度。根据测得的吸光度，从标准曲线上查出相应的苯甲酸含量。

【结果处理】

计算：

$$X = \frac{(m_1 - m_2) \times 1000}{m \times \frac{V_1}{V} \times 1000}$$

式中 X——样品中苯甲酸的含量，g/kg；

V——样品蒸馏液定容后形成的样液总体积，mL；

V_1——测定时吸取样液的体积，mL；

m_1——测定样液时的苯甲酸含量，mg；

m_2——测定空白样液时的苯甲酸含量，mg；

m——样品质量，g；

1000——单位换算系数。

【注意事项】

连接蒸馏装置时，用 50mL 容量瓶内置 5mL 0.1mol/L NaOH 溶液为吸收瓶。

【小结】

本项目主要介绍了食品添加剂的概念和意义以及食品添加剂的种类；食品添加剂中增稠剂测定方法；防腐剂中的山梨酸及山梨酸钾和苯甲酸及苯甲酸钠的测定方法；甜味剂的糖精钠和安赛蜜检验方法；抗氧化剂测定方法；酸味剂中柠檬酸、苹果酸、乳酸的测定方法；乳化剂的分类以及检测方法；各类食品添加剂检测中的注意事项。另外介绍了冰淇淋中总糖的测定方法和乳饮料中苯甲酸钠含量的测定。通过本项目的学习和实践，使学生能够掌握各类食品添加剂检验的操作技能。

【知识考核】

一、填空题

1. 甜味剂有糖精钠和安赛蜜__________、__________、__________等。

2. 酸味剂包括__________、__________、__________等。

3. 乳化剂大体上可分为__________和__________两大类；食品工业中常用的乳化剂有__________、__________、__________、__________等。

4. 甘油脂肪酸可以采用__________测定，蔗糖脂肪酸酯可以采用__________法测定。

二、简答题

1. 什么是食品添加剂？

2. 国际上通常将食品添加剂分为几大类？

3. 简述色谱法山梨酸及山梨酸钾的测定。

三、论述题

1. 论述冰淇淋中总糖的测定方法。

2. 简述乳饮料中苯甲酸钠含量的测定方法。

模块七
现代乳品分析技术

项目一 色谱法

【知识目标】

1. 了解气相色谱法和高效液相色谱法的工作原理。
2. 掌握气相色谱和高效液相色谱的操作要点。

【技能目标】

1. 掌握色谱法的基本方法及其应用。
2. 掌握色谱法在乳制品成分测定中的操作技能。

【知识必备】

一、色谱法概述

（一）概述

色谱法是一种物理分离的方法，各种色谱法共同的特点是具备两个相，有一相不动，称为固定相；另一相携带样品移动，称为流动相。当流动相中样品混合物经过固定相时，就会与固定相发生作用，由于各组分在性质和结构上的差异，导致与固定相相互作用的类型、强弱也有差异，因此在同一推动力下，不同组分在固定相滞留时间长短不同，从而按先后不同的次序从固定相中流出，实现了不同组分的分离。

（二）色谱法的分类

1. 按两相状态分类

流动相为气体的色谱法称为“气相色谱法”（GC），其中固定相是固体吸附剂的称为气固色谱（GSC），固定相为液体的称为气液色谱（GLC）。

流动相为液体的色谱法称为“液相色谱法”（LC），同上，液相色谱法也可分成液固色谱（LSC）和液液色谱（LLC）。

2. 按分离机制分类

根据组分与固定相的作用，可分为吸附色谱法、分配色谱法、离子交换色谱法、凝胶色谱法等。

3. 按固定相的外形分类

固定相装在柱内的色谱法称为柱色谱。固定相呈平板状的色谱法称为平板色谱。平板色谱又可分为薄层色谱和纸色谱。

（三）色谱法的特点

（1）分离效能高　色谱法可以反复多次地利用各组分性质上的差异来进行分离，使得这种差异放大很多倍，因此分离效能比一般方法高很多。

（2）灵敏度高　可检测 $10^{-11} \sim 10^{-13}$g 的物质，适于做痕量分析。色谱分析需要的样品量极少，一般只需微克或纳克。

（3）分析速度快　一般只需几分钟或几十分钟就可完成一个分析周期，一次分析可同时测定多种组分。

（4）应用范围广　可分析气体、液体和固体物质。色谱法几乎可以分析所有的化学物质。

（5）易于自动化　现在的色谱仪器已经可以实现从进样到数据处理的全自动。

（四）色谱流出曲线和有关术语

1. 色谱流出曲线和色谱峰

由检测器输出的电信号强度对时间作图，所得曲线称为色谱流出曲线。曲线上突起部分就是色谱峰（见图 7－1）。

如果进样量很小，浓度很低，则吸附或分配符合等温线，色谱峰是对称的。

2. 基线

在所有操作条件下，色谱柱后仅有纯流动相进入检测器时的流出曲线称为基线。稳定的基线应该是一条水平线。

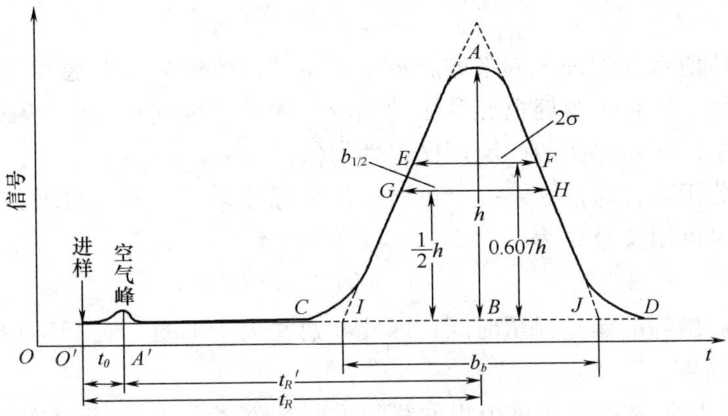

图 7－1 色谱标准流出曲线

3. 峰高

色谱峰顶点与基线之间的垂直距离称为峰高，以 h 表示。

4. 保留值

（1）死时间 t_0　不被固定相吸附或溶解的物质进入色谱柱时，从进样到出现峰极大所需的时间称为死时间，它正比于色谱柱的空隙体积。这种物质的流动速度与流动相相近。

（2）保留时间 t_r　试样从进样到出现峰极大时所经过的时间，称为保留时间。

（3）调整保留时间 t_r'　保留时间扣除死时间，即为该组分的调整保留时间。即

$$t_r' = t_r - t_0$$

由于组分在色谱柱中的保留时间 t_r 包含了组分随流动相通过柱子所需的时间和组分在固定相中滞留所需的时间，所以 t_r 是组分在固定相中停留的总时间。

保留时间是色谱法定性的基本依据，但保留时间常受到流动相流速的影响，因此，更常用保留体积来表示保留值。

（4）死体积 V_0　死体积指色谱柱填充后，柱内固定相颗粒间所剩余的空间、色谱仪中管路和连接头之间的空间以及检测器的空间三项的总和。当后两项很小可忽略不计时，死体积可用死时间和色谱柱出口处载气流速 v 计算，即

$$V_0 = t_0 v$$

（5）保留体积 V_r　保留体积指从进样开始到被测组分在柱后出现浓度极大点时所通过的流动相的体积。有如下关系：

$$V_r = t_r v$$

（6）调整保留体积 V_r'　保留体积扣除死体积即为调整保留体积：

$$V_r' = V_r - V_0 = t_r' v$$

（7）相对保留值 $r_{2,1}$　某组分 2 的调整保留值与组分 1 的调整保留值之比，

称为相对保留值，即

$$r_{2,1} = t_{r2}'/t_{r1}' = V_{r2}'/V_{r1}'$$

由于保留值常受到许多因素的影响，而相对保留值只与柱稳和固定相性质有关，而与柱径、柱长、填充情况及流动相流速无关，因此在色谱法中，特别是在气相色谱法中，相对保留值广泛用做定性的依据。

在定性分析中，通常固定一个色谱峰作为标准（s），然后再求其它峰的相对保留值，此时可用符号 α 表示，即

$$\alpha = t_{ri}'/t_{rs}'$$

式中，t_{ri}'为后出峰的调整保留时间，因此 α 总是大于 1 的。α 又称选择因子。

5. 区域宽度

色谱峰的区域宽度是色谱流出曲线的重要参数之一，其表示方法有三种。

（1）标准偏差 σ　标准偏差即 0.607 倍峰高处谱峰宽的一半。

（2）半峰宽 $b_{1/2}$　半峰宽为峰高一半处的峰宽：

$$b_{1/2} = 2.354\sigma。$$

（3）峰底宽度 b　峰底宽度为色谱峰两侧底部的宽度：

$$b = 4\sigma$$

6. 分配系数 K 和分配比 k

（1）分配系数 K　分配系数又称平衡常数，是指在一定的温度和压力下，组分在两相间达到分配平衡时，组分在固定相中的浓度与在流动相中的浓度之比，即

$$K = c_s/c_m$$

分配系数是每一个溶质的特征值，与固定相和温度有关。不同组分的分配系数的差异是实现色谱分离的先决条件，分配系数相差越大，越容易实现分离。

（2）分配比 k　分配比又称容量因子，是指在一定温度和压力下，组分在两相间达分配平衡时，分配在固定相和流动相中的质量比，即

$$k = m_s/m_m = (c_sV_s)/(c_mV_m)$$

式中，V_m 为柱中流动相的体积，V_s 为柱中固定相的体积。k 值越大，说明组分在固定相中的量越多，相当于柱的容量大。

（3）K 与 k 的关系

$$K = c_s/c_m = (m_s/V_s)/(m_m/V_m) = k(V_m/V_s) = k\beta$$

式中　β 称为相比率，是反映各种色谱柱柱型特点的又一个参数。

二、气相色谱法

（一）简述

气相色谱法是一种以气体为流动相（载气）流经装有填充剂的色谱柱进行分离测定的色谱方法。在仪器允许的条件下，对可以汽化且热稳定、不具有腐蚀性

的液体或气体，均可以采用气相色谱法进行分析；而沸点高且难以汽化或热不稳定的化合物，则可以通过化学衍生物的方法使其转变成易汽化或热稳定的物质后，再进行分析。

气相色谱法由于所用的固定相不同，可以分为两种：用固体吸附剂做固定相的称为气固色谱；用涂有固定液的担体做固定相的称为气液色谱。

按色谱分离原理来分，气相色谱法亦可分为吸附色谱和分配色谱两类，在气固色谱中，固定相为吸附剂，气固色谱属于吸附色谱，气液色谱属于分配色谱。

按色谱操作形式来分，气相色谱属于柱色谱，根据所使用的色谱柱粗细不同，可分为一般填充柱和毛细管柱两类。一般填充柱是将固定相装在一根玻璃或金属的管中，管内径为2~6mm。毛细管柱则又可分为空心毛细管柱和填充毛细管柱两种。空心毛细管柱是将固定液直接涂在内径只有0.1~0.5mm的玻璃或金属毛细管的内壁上，填充毛细管柱是近几年才发展起来的，它是将某些多孔性固体颗粒装入厚壁玻管中，然后加热拉制成毛细管，一般内径为0.25~0.50mm。

在实际工作中，气相色谱法是以气液色谱为主。

（二）对仪器的一般要求

所用的仪器为气相色谱仪，由载气源、色谱柱、进样部分、检测器、柱温箱和数据采集系统组成（见图7-2）。进样部分、色谱柱和检测器的温度应根据分析要求适当设定。

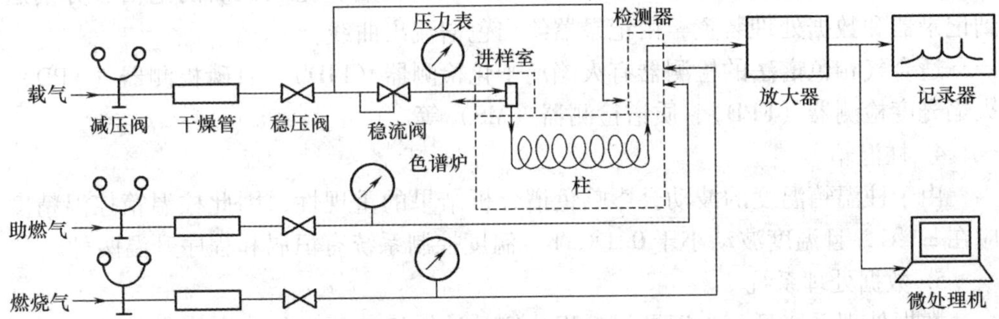

图7-2 气相色谱仪示意图

1. 载气源

气相色谱法的流动相为气体，称为载气。载气在进入色谱柱前需经过净化处理。用做载气源的气体有氢气、氦气和氮气，可由高压钢瓶或高纯度气体发生器提供，经过适当的减压装置和气体净化干燥管，用稳压阀、稳流阀控制到所需的流量，以一定的流速经过色谱柱和进样器。

2. 分离系统

分离系统由进样室与色谱柱组成。进样室有气体进样阀、液体进样室、热裂解进样室等多种型式。

（1）色谱柱　色谱柱为填充柱或毛细管柱。填充柱的材质为不锈钢或玻璃，内径为2～4mm，柱长为2～4m，内装吸附剂、高分子多孔小球或涂渍固定液的载体，粒径为0.18～0.25mm、0.15～0.18mm和0.125～0.15mm。常用载体为经酸洗并硅烷化处理的硅藻土或高分子多孔小球；常用的固定液有甲基聚硅氧烷、聚乙二醇等。毛细管柱的材质为玻璃或石英，内壁或载体经涂渍或交联固定液，内径一般为0.25、0.32和0.53mm，柱长5～60m，固定液膜厚0.1～5.0μm。新填充柱和毛细管柱在使用前需老化，以除去残留溶剂及低分子质量的聚合物。长时间未使用的色谱柱，使用前应进行老化处理，使基线稳定。

（2）进样部分　进样方式一般可采用溶液直接进样或顶空进样。液体样品在进柱前必须在汽化室内变成蒸汽，汽化室由绕有加热丝的金属块制成，温控范围在50～500℃。液体样品一般进样0.5～5μL，气体样品0.1～10mL。

溶液直接进样采用微量注射器、微量进样阀或有分流装置的汽化室进样；采用溶液直接进样时，进样口温度应高于柱温30～50℃；进样量一般不超过数微升；柱径越细，进样量应越少，采用毛细管柱时，为避免过载现象一般采取分流处理。

顶空进样适用于固体和液体供试品中挥发性组分的分离和测定。

3. 检测系统

检测系统包括检测器、微电流放大器、记录器。检测器将色谱柱流出的组分，依浓度的变化转化为电信号，经微电流放大器后，把放大后的电信号分别送到记录器和数据处理装置，由记录器绘出色谱流出曲线。

适合气相色谱法的检测器有火焰离子化检测器（FID）、氮磷检测器（NPD）、火焰光度检测器（FPD）、质谱检测器（MS）等。

4. 柱温箱

由于柱温箱温度的波动会影响色谱分析结果的重现性，因此柱温箱控温精度应在±1℃，且温度波动小于0.1℃/h。温度控制系统有恒温和程序升温两种。

5. 数据处理系统

数据处理系统可分为记录仪、积分仪及计算机工作组等。在规定的色谱条件下，除检测器种类、固定液品种及特殊指定的色谱柱材料不得改变外，其余如色谱柱内径、长度、粒度、载体牌号、固定液涂布浓度、柱温、载气流速、进样量、检测器的灵敏度等，均可适当改变，以适应具体品种并符合系统适用性的要求。一般色谱图约30min内记录完成。

（三）系统适用性试验

色谱系统的适用性试验通常包括理论板数、分离度、重复性和拖尾因子等四个指标，其中分离度和重复性是系统适用性试验中更具实用意义的参数。

按各品种项下要求对色谱系统进行适用性试验，即用规定的对照品对色谱系统进行试验，应符合要求。如达不到要求，可对色谱分离条件做适当的调整。

(1) 色谱柱的理论板数(n) 在规定的色谱条件下，注入供试品溶液或各品种项下规定的内标物质溶液，记录色谱图，量出供试品主成分或内标物质峰的保留时间 t_R(以分钟或长度计量，下同，取相同单位)和半高峰宽($b_{h/2}$)，按 $n=5.54\ (t_R/b_{h/2})^2$ 计算色谱柱的理论板数。

(2) 分离度(R) 无论是定性鉴别还是定量分析，均要求待测峰与其它峰、内标峰或特定的杂质对照峰之间有较好的分离度。分离度的计算公式为:

$$R = \frac{2(t_{R2} - T_{R3})}{b_3 + b_2}$$

式中 t_{R2}——相邻两峰中后一峰的保留时间;

t_{R1}——相邻两峰中前一峰的保留时间;

b_1 和 b_2——相邻两峰的峰宽。

除特殊规定外，定量分析时分离度应不小于1.5。

(3) 重复性 取各品种项下的对照溶液，连续进样5次，除另有规定外，其峰面积测量值的相对标准偏差应不大于2.0%。也可按各品种校正因子测定项下，配制相当于80%、100%和120%的对照品溶液，加入规定量的内标溶液，配成三种不同浓度的溶液，分别至少进样2次，计算平均校正因子，其相对标准偏差也应不大于2.0%。

(4) 拖尾因子(T) 为保证分离效果和测量精度，应检查待测峰的拖尾因子是否符合各品种项下的规定，或不同浓度进样的校正因子误差是否符合要求。拖尾因子计算公式表示为:

$$T = \frac{b_{0.05h}}{2d_1}$$

式中 $b_{0.05h}$——5%峰高处的峰宽;

d_1——峰顶点至峰前沿之间的距离。

除特殊规定外，峰高法定量时 T 应在0.95~1.05。峰面积法测定时，T 值偏离过大，也会影响小峰的检测和定量的准确度。

(四) 气相色谱定性、定量分析

气相色谱主要功能不仅是将混合有机物中的各种成分分离开来，而且还要对结果进行定性定量分析。所谓定性分析就是确定分离出的各组分是什么有机物质，而定量分析就是确定分离组分的量有多少，色谱在定性分析方面远不如其它有机物结构鉴定技术，但在定量分析方面则远远优于其它的仪器方法。

有机物进入气相色谱后得到两个重要的测试数据：色谱峰保留值和面积，这样气相色谱可根据这两个数据进行定性定量分析。色谱峰保留值是定性分析的依据，而色谱峰面积则是定量分析的依据。

1. 定性分析

气相色谱的定性分析方法主要有保留值定性法、化学试剂定性法和检测器定性法。气相色谱的保留值有保留时间和保留体积两种，现在大多数情况下均用保留时间作为保留值。在相同的仪器操作条件和方法下，相同的有机物应有同样的保留时间，即在同一时间出峰。但必须注意：有同样保留时间的有机物并不一定相同。气相色谱保留时间定性分析方法就是将有机样品组分的保留时间与已知有机物在相同的仪器和操作条件下保留时间相比较，如果两个数值相同或在实验和仪器容许的误差范围内，就推定未知物组分可能是已知的比较有机物。但是，因为同一有机物在不同的色谱条件和仪器中保留时间有很大的差别，所以用保留时间值对色谱分离组分进行定性只能给初步的判断，绝对多数情况下还需要用其它方法做进一步的确认。一个最常用的确认方法是将可能的有机物加到有机样品中再进行一次气相色谱分析，如果有机样品中确含已知有机物的组分，则相应的色谱峰会增大。这样比较两次色谱图峰值的变化，就可以确定前期初步推断是否正确。

2. 定量分析

气相色谱是对有机物各组分定量分析最有效的方法，其准确性远远超越光谱和质谱等仪器对有机物的定量分析。所谓定量分析就是要通过气相色谱测试有机混合样品中各种组分的有机含量。气相色谱的定量分析是指在某些条件限定下，仪器检测系统的响应值（色谱峰面积）与相应组分的量或浓度呈正比关系。这样气相色谱的定量分析首先要取得很好的分离和定性效果，即有机混合物中的各组分要被完全分离开，没有很好分离的气相色谱结果是不能进行定量分析的。其次要解决色谱峰面积和组分重量的关系问题，这方面涉及色谱峰面积准确测量，定量校正因子和定量计算方法 3 个根本性问题。因此，气相色谱的定量分析实质上就是如何测定色谱峰面积，并在确定定量校正因子的基础上选择合适的定量计算方法。

在一定操作条件下，分析组分 i 的质量（m_i）或其在载气中的浓度是与检测器的响应信号（色谱图上表现为峰面积 A_i 或峰高 h_i）呈正比。可表示为：

$$m_i = f_i \cdot A_i$$

由上式可见，在定量分析中需要：准确测量峰面积；准确求出比例常数（定量校正因子）；根据上式正确选用定量计算方法，将测的组分的峰面积换算为质量分数。

（1）峰面积测量法

①峰高来求峰宽法

使用条件：色谱峰为对称峰。

依据：等腰三角形的面积计算方法：

$$A = h \times Y_{1/2}$$

这样测得的峰面积为实际峰面积的 0.94 倍，实际上峰面积应为：

$$A = 1.065 \times h \times Y_{1/2}$$

绝对测量时，应乘以 1.065，相对测量时 1.065 可约去。

②峰高乘以峰底宽度法（作图求峰面积法）：这种作图法测得的峰面积约为真实面积的0.98倍，对于矮而宽的峰，此法更准确些。

③峰高乘以平均峰宽法：对于不对称色谱峰使用此法可得较准确的结果，平均峰宽是指在峰高0.15和0.85处分别测峰宽，然后取其平均值：

$$A = h \times \frac{Y_{0.15} + Y_{0.85}}{2}$$

对于不对称峰的测量，在峰高0.15和0.85处分别测出峰宽，由上式计算出峰面积。此法测量较麻烦，但计算结果较准确。

④峰高乘以保留值法：

使用条件：狭窄的峰。

依据：在一定操作条件下，同系物的半峰宽与保留时间成正比。

$$A = h \times Y_{1/2} = h \times b \times t_R$$

相对计算时，b可以约去，即：

$$A = h \times Y_{1/2} = h \times t_R$$

⑤自动积分法：自动积分包括积分仪或称数据处理机两种。能自动测量色谱法面积，对不同峰面积可以采取相应的计算机处理系统进行程序自动化计算，得出准确的结果，并把峰面积和保留时间打印出来。

（2）定量校正因子

色谱定量分析是基于被测物质的量与其峰面积的正比关系。但由于同一检测器对不同的物质具有不同的响应值，所以两个相等量的物质出的峰面积往往不相等，这样就不能用峰面积来直接计算物质的量。必须先用已知量的待测组分测定在所有条件下的峰面积，以计算定量校正因子。

一定操作条件下，进样量（m_i）与响应信号（峰面积A_i）呈正比：

$$m_i = f_i^v \times A_i \text{ 或 } f_i = \frac{m_i}{A_i}$$

式中　f_i——绝对校正因子。

相对校正因子f_i^v，即组分的绝对校正因子与标准物质的绝对校正因子之比：

$$f_i^v = \frac{f_i}{f_s} = \frac{m_i/A_i}{m_s/A_s} = \frac{m_i}{m_s} \cdot \frac{A_s}{A_i}$$

测定相对校正因子，只需配制i和s的质量比m_i/m_s为已知的标样，进样后测出它们的峰面积之比A_s/A_i，即可计算出$f_{i/s}$。进样多少，不必准确计量，所以相对校正因子更容易测定。而且，只要是同类检测器，色谱条件不同时，相对校正因子基本上保持恒定。使用中不必要操作条件严格相同，适应性和通用性更强，纯物质可以自行测定，没有纯物质时，可以引用文献中的相对校正因子。

（3）归一化法定量　归一化法定量的依据是，当样品的所有组分均出峰时，那么$\sum f_A$就代表了样品的进样量，某一组分的进样量则为f_iA_i，i组分的成分的质量分数为：

$$w_i = \frac{m_i}{m_{样}} \times 100\% = \frac{m_i}{m_1 + m_2 + \cdots m_n} = \frac{f_i A_i}{f_1 A_1 + f_2 A_2 + \cdots + f_n A_n} \times 100\%$$

所以归一化法测定时，就是在测知组分的相对校正因子后，将样品中所有组分的峰面积测出，按此式计算各组分的质量分数。

归一化法的特点是方法简便、准确，进样量的准确性和操作条件的变动对测定结果影响不大，尤其适用于多组分的同时检测。但若试样中有的组分不能出峰，则不能采用此法。

（4）外标法　外标法也称为标准曲线法，应用欲测组分的纯物质来制作标准曲线，这与在分光光度法分析中的标准曲线法是相同的。选择样品中的一个组分作为外标物，用外标物配成与样品相当的外标混合物，进行色谱分析，求出单位峰面积（或峰高）对应的外标物的质量（或体积）分数（常称 K 值）。然后在相同条件下对样品进行色谱分析，有样品中待测物的峰面积和待测组分对外标物的相对质量校正因子，就可求出待测组分的质量（体积）分数，计算公式如下：

$$\frac{w_i}{w_s} = \frac{A_i}{A_s}$$

$$w_i = w_s \frac{A_i}{A_s}$$

由于 w_s 和 A_s 均为已知，故可令 $K = \frac{w_s}{A_s}$，得

$$w_i = KA_i$$

式中 K_i 为组分 i 的单位质量分数校正值，这样，测定的 A_i 乘以 K_i 即得测量组分的质量分数。此法假定标准曲线是通过坐标原点的标准直线，因此，可以由一点决定这条直线，K_i 即为直线的斜率，因此称为单点校正法。

外标法的特点及要求：外标法是最常用的定量方法，不使用校正因子，准确性较高，计算简单。但结果的准确性主要取决于重现性和操作条件的稳定性，适用于大批量试样的快速分析。

（5）内标法　当只需测定试样中某几个组分，而且试样中所有组分不能全都出峰时，可采用此法。所谓内标法是将一定量的纯物质作为内标物，加入到准确称取的试样中，根据被测物和内标物的质量及其在色谱图上相应的峰面积比，求出某组分的含量。例如要测定试样中组分 i（质量为 m_i）的质量分数 w_i，可于试样中加入质量为 m_s 的内标物，试样质量为 m，则：

$$m_i = f_i \times A_i$$

$$m_s = f_s \times A_s$$

$$\frac{m_i}{m_s} = \frac{f_i A_i}{f_s A_s}$$

$$w_{i=} = \frac{m_i}{m} \times 100\% = \frac{f_i A_i}{f_s A_s} \times \frac{m_s}{m} \times 100\%$$

一般常以内标物为基准，则$f_s=1$，此时计算可化简为：

$$w_{i=}=\frac{f_iA_i}{A_s}\times\frac{m_s}{m}\times100\%$$

内标物质的选择是很重要的：它应该是试样中不存在的纯物质；加入的量应该接近被测组分；内标物的色谱峰位与被测组分色谱峰附近或几个被测组分色谱峰的中间，并于这些组分完全分离。还应注意内标物与欲测组分的物理及物理化学性质相近，这样当操作条件变化时，更有利于内标物及被测组分做匀称的变化。

内标法的优点是：准确性较高，因为该法是用待测组分和内标物的峰面积的相对值进行计算，所以操作条件和进样量的稍许变动对定量结果的影响不大，试样中含有不出峰的组分也能使用。但每次分析都要准确称量或量取进样量和内标物质的量，比较费时，不适合大批量试样的快速分析。

三、高效液相色谱法

（一）简述

高效液相色谱法（High Performance Liguid Chromatography，HPLC）是一种现代液相色谱法，其基本方法是将具有不同极性的单一溶剂或不同比例的混合液作为流动相，用高压输液泵将流动相泵入到装有填充剂的色谱柱，注入的供试品被流动相带入柱内进行分离后，各成分先后进入检测器，用记录仪或数据处理装置记录色谱图或进行数据处理，得到测定结果。由于应用各种特性的微粒填料和加压的液体流动相，本法具有分离性能高、分析速度快、自动化的特点。

高效液相色谱法与气相色谱法的主要区别在于流动相和操作条件。在气相色谱中，流动相是惰性气体，分离主要取决于组分分子与固定相之间的作用力；而在高效液相色谱中，流动相是液体，流动相与组分之间有一定的亲和力，分离过程中是实现组分、流动相和固定相三者之间相互作用的结果，分离不仅取决于固定相和组分的性质，而且还与流动相的性质密切相关。

（二）高效液相色谱仪的结构及要求

高效液相色谱仪由贮液器、脱气器、高压泵、进样器、色谱柱、检测器和色谱数据处理系统组成，见图 7－3。

1. 贮液器

贮液器用于贮存溶剂，盛放流动性液体。溶剂必须很纯，贮液器材料要耐腐蚀，对溶剂呈惰性。通常采用 1～2L 的大容量玻璃瓶，也可以用不锈钢材料和聚四氟乙烯材料制成。贮液器应配有溶剂过滤器，以防止流动相中的颗粒进入泵体内。溶剂过滤器一般由耐腐蚀材料制成，孔隙大小一般为 2μm。

2. 高压泵

高压泵用于输送流动相，其压力一般为几兆帕至数十兆帕，这是因为液体的

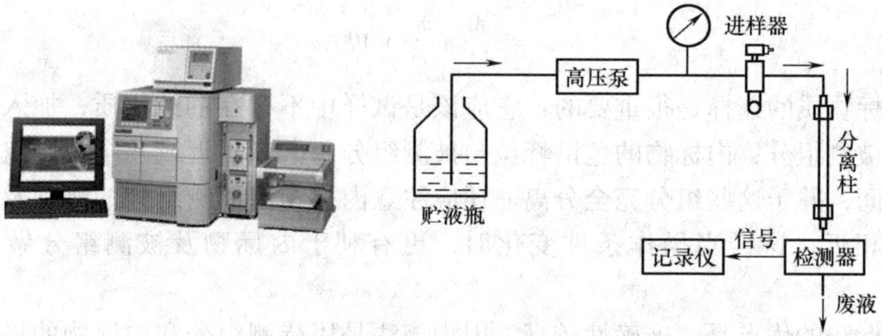

图 7－3　高效液相色谱仪结构

黏度比气体大 10^2 倍，同时固定相的颗粒极细，柱内压降大，为保证一定的流速，必须借助高压迫使流动相通过柱子。

高压泵应无脉动或脉动极小，以保证输出的流动相具有恒定的流速。采用脉动阻尼装置可将产生的脉动除去，使流动相的流量变动范围不宜超过 2% ~3% 。

泵应耐压、耐腐蚀、密封性好。

泵有恒压泵和恒流泵两类。

恒压泵输出的压力恒定，如气动放大泵。具有一定压力的气体作用在一个大面积活塞上，大面积活塞又驱动一个小面积活塞，小面积活塞承受的压力是大面积活塞的几十倍，从而得到压力恒定的流出液。缺点是泵腔体积大，且流量随外界阻力而改变，不适于梯度洗脱。它正逐渐被恒流泵所取代。

恒流泵输出的流量恒定，如往复柱塞泵、螺旋传动注射泵等。它与恒压泵不同，通常用电驱动活塞，当活塞迅速向上运动时，由于减压使入口止逆阀开启，出口止逆阀关闭，贮液器中的流动相被吸入泵内。当活塞反向运动时，入口止逆阀关闭，出口止逆阀开启，泵内流动相被压入柱内，然后再开始下一个循环。使用这种泵时一定要连接脉动阻尼器，将产生的脉动除去。若采用双活塞泵，使双活塞在相移 180°下工作，可使脉动互相抵消，减小噪声。

往复柱塞泵的流量与外界阻力无关，体积小，非常适于梯度洗脱。螺旋传动注射泵用电以很慢的恒定速率驱动活塞，使流动相连续输出。当活塞到达末端时，输出中止，然后由另一个吸入冲栏使溶剂重新充满，再开始第二次输出。输出时间的长短取决于泵腔体积及输出流量。目前应用最多的是往复柱塞泵。

对高压输液泵的要求：

（1）泵体材料能耐化学腐蚀。

（2）能在高压下连续工作。通常要求耐压 40 ~50MPa，能连续工作 8 ~24h。

（3）输出流量稳定，重复性高。高效液相色谱使用的检测器，大多数对流量变化敏感，高压输液泵应提供无脉冲流量。目前高效液相色谱仪大都使用恒流泵，恒压泵已不再使用。

3. 梯度洗脱装置

对比较简单的分析问题，可以采用一种均匀的混合溶剂做流动相。如果此时分离不良，或分析时间过长，可以采用梯度洗脱的方法，它极类似于气相色谱中程序升温的作用。

梯度洗脱是在分离过程中通过逐渐改变流动相的组成增加洗脱能力的一种方法。通过梯度装置将两种或三种、四种溶剂按一定比例混合进行二元或三元、四元梯度洗脱。梯度洗脱一般采用低压梯度，低压梯度采用低压混合设计，只需一个高压泵。在常压下，将两种或两种以上溶剂按一定比例混合后，再由高压泵输出，梯度改变可呈线性、指数型或阶梯型。

梯度洗脱的优点是：提高柱效；改善峰形；减少分析时间；使强烈滞留的组分不容易残留在柱上，因而可保持色谱柱的性能良好。但是，在进行下次分析时，更换流动相达到平衡的时间长。

4. 进样器

高效液相色谱进样普遍使用高压进样阀，如流通进样阀。用微量注射器将样品注入样品环管，样品环管有不同的尺寸（从10μL到2mL），可根据分析要求选用。

5. 色谱柱

（1）简述　高效液相色谱是利用样品中各组分在色谱柱内借助于固定相及流动相的某种物理、化学作用在固定相与流动相之间分配行为的不同来进行分离的，其分离机制有吸附、分配、离子交换、分子排阻、疏水作用、亲和力等，而色谱柱是整个色谱分离系统的核心部分，装有不同类型填料的色谱柱与相对应的流动相形成了不同的分离机制，对绝大多数有机化合物进行分离分析。它的质量优劣直接影响样品的分离效果。色谱柱通常采用优质不锈钢管制成。柱内壁要求光洁平滑，否则内壁的纵向沟痕和表面多孔性也会引起谱带的展宽，柱接头的死体积应尽可能小。柱长一般为10~25cm，内径4~5mm。为了保护分析柱不被污染，有时需在分析柱前加一短柱，约数厘米长。此柱称为卫柱。为了防止由于卫柱而过分增加柱阻力，在卫柱中使用的填料颗粒大小为10~30μm。

（2）常见的液相色谱柱填料类型

①硅胶：硅胶是液相色谱法出现后最早普及使用的色谱柱填料。硅胶具有良好的机械强度、生产工艺容易控制、产品稳定性好、分离性能高、色谱柱寿命较长、分离机制成熟、适用范围广等优点而使用广泛。

硅胶的主要缺点：化学稳定性较差；热稳定性较差；残留硅羟基导致“第二效应”。

②化学键合固定相：以微粒硅胶为基质的化学键合相是目前液相色谱法中应用最广泛的固定相，按键合有机硅烷的官能团分类，可分为非极性、极性和离子交换键合相等。不同的键合相具有不同的选择性，表现为物质分离的效果不同。

③高分子微球：高分子微球基体主要有苯乙烯－二乙烯苯共聚物（PS－

DVB)，也有聚乙烯醇、聚酯等类型。高分子微球填料的主要优点是 pH 范围宽(pH1～14)、化学惰性好、热稳定性好等，但缺点是机械强度低、柱效较低、不同溶剂的收缩率差异、有机溶剂比例高时易溶胀等。

④包覆聚合物：根据硅胶和高分子微球的优缺点和应用范围，促进了包覆聚合物柱填料的快速发展。包覆聚合物是在无机载体如硅胶、石墨化碳或氧化锆的表面形成固载化的有机聚合物薄层，聚合物薄层表面还可键合上 C_{18}、C_8、NH_2、CN 等，色谱过程中仅聚合物层与流动相和组分接触，因而兼顾了无机载体的刚性和有机聚合物的化学稳定性。包覆的聚合物类型包括聚烃、聚醚、聚酰胺、多糖、多肽、聚硅氧烷、聚胺等。

⑤微粒多孔碳填料：微粒多孔碳填料如石墨化炭（Graphitic carbon）的表面是完全非极性的均匀表面，是一种天然的“反相”填料，化学稳定性和热稳定性均很好，但机械强度较差，对强保留组分柱效较低。

（3）液相色谱柱的使用及保存

①液相色谱柱的使用说明。

a. 使用前注意事项：色谱柱的贮存液若无特殊说明，均为有机溶剂，反相柱常用甲醇、乙腈或者高比例的甲醇/乙腈－水溶液，正相柱常用脱水处理后的纯正己烷。使用前，一定要注意色谱柱的贮存液与待分析样品的流动相之间是否互溶。有些色谱柱（如氨基柱或氰基柱），既可用于正相体系，也可用于反相体系，如色谱柱中的贮存液为正相（环己烷）而使用条件为反相时，必须用异丙醇先置换掉色谱柱内的贮存液，然后再用于反相条件，否则将会明显减少色谱柱的使用寿命。在反相色谱中，如果流动相中缓冲盐的浓度较高（≥0.1mmol/L），必须先用低浓度的甲醇/乙腈－水溶液（10%～20%）冲洗 20min，否则缓冲盐在高浓度的有机相中很容易析出，从而使色谱柱堵塞，无法恢复。

b. 色谱柱使用方向：装色谱柱时应使流动相流路的方向与色谱柱标签上箭头所示方向一致。除另有规定外，不宜反向使用，否则会导致色谱柱柱效明显降低，无法恢复。

c. 流动相：流动相中所使用的各种有机溶剂应尽可能使用色谱纯，水最好为超纯水或重蒸馏水，如果流动相含盐，还应将配制好的流动相经 0.45μm 或 0.22μm 的滤膜过滤。另外，装流动相的容器和色谱系统的在线过滤器等装置应清洁，否则将影响色谱柱寿命。

以硅胶为基质的各种键合相对酸和碱都很敏感，一般 pH 使用范围为 2.5～7.5，应参阅色谱柱使用说明书，配制好流动相后，必要时测定 pH，防止 pH 过酸过碱，以免色谱柱填料不可逆性损坏。

d. 样品：样品溶液应经 0.45μm 或 0.22μm 的滤膜过滤，或用固相萃取小柱（SPE）对样品溶液进行预处理；如样品成分复杂，部分组分有可能吸附在色谱柱上，最好使用前置保护柱。在用正相色谱分析样品时，如无特殊要求，所有的溶剂和样品应严格脱水。

②色谱柱的保养。

a. 反相色谱柱用后的保存：如使用缓冲液或含盐溶液作为流动相，每天实验结束后，应用10倍柱体积的规定的溶剂进行冲洗，使色谱柱中的强吸附物质冲洗出来。

b. 色谱柱的长期保存：反相柱，可以贮存于甲醇或乙腈中，正相柱可以贮存于经脱水处理后的正己烷中，离子交换柱可以贮存于含5%甲醇或含0.05%叠氮化钠的水中，并将色谱柱两端的堵头堵上，以免干枯，室温保存。

c. 色谱柱的维修：色谱柱使用一段时间后，会发生柱压上升、柱效降低的现象。这主要是柱床上端或过滤片处积累了污染物，可通过再生予以消除。

d. 色谱柱的再生：正相柱按极性增大的顺序，依次用20~30倍柱体积的正己烷、二氯甲烷和异丙醇冲洗色谱柱，然后，按反顺序冲洗，最后用干燥的正己烷平衡。

反相柱首先用蒸馏水冲洗，再分别用20~30倍柱体积的甲醇和二氯甲烷冲洗，然后按相反顺序冲洗，最后用流动相平衡。

离子交换柱在低离子强度的缓冲液中长期使用会导致色谱柱失活，用稀酸缓冲液冲洗可使阳离子交换柱再生，而用稀碱缓冲液冲洗可使阴离子柱再生。

氨基柱，分析糖类的氨基柱可用0.02mmol/L的磺酸溶液冲洗，然后用水平衡。

6. 检测器

检测器最常用的为可变波长的紫外-可见光检测器，其它的检测器有二极管阵列紫外-可见光检测器、荧光检测器、电化学检测器、示差折光检测器、蒸发光散射检测器、质谱检测器等。色谱信息的收集和处理常用积分仪或数据工作站进行。洗脱分等度洗脱和梯度洗脱两种。梯度洗脱，可用两台泵或单台泵加比例阀实现程序控制。

现将检测器分述如下：

（1）紫外检测器（Utravioletdetector，UV） 紫外检测器是液相色谱中使用最广泛的检测器，几乎所有的液相色谱仪都配此类检测器，是一种选择性检测器。

工作原理：朗伯—比尔（Lamber—Beer）定律，即当一束单色光透过样品池时，若流动相不吸收光，则吸光度（A）与吸光组分的浓度（c）和样品池的光径长度（L）成正比。

分类：紫外检测器包括固定波长检测器、可变波长检测器和光电二极管阵列检测器三类。

固定波长检测器的波长一般为254nm，以低压汞灯为光源，光源单色性好、光强度大、灵敏度高，适合于大多数芳香族、芳杂环、稠芳环类以及芳香氨基酸、核酸等的检测。

可变波长检测器是目前配置最多的检测器。光路系统类似分光光度计，一般采用氘灯或卤钨灯为光源，光束经单色器分光后按需要选择组分的最大吸收波长为检测波长，从而提高灵敏度。有的还具有双波长比例检测功能，可用于峰纯度检查。

二极管阵列检测器（Diode array detector，DAD）是在晶体硅上紧密排列一系列光电二极管，每个二极管相当于一个单色器的出口狭缝，二极管越多分辨率越高，一般是一个二极管对应接受光谱上一个纳米谱带宽的单色光采。工作原理是：复色光通过样品池被组分选择性吸收后再进入单色器，照射在二极管阵列装置上，使每个纳米波长的光强度转变为相应的电信号强度，即获得组分的吸收光谱，从而获得特定组分的结构信息，有助于未知组分或复杂组分的结构确定。

紫外检测器的特点：灵敏度高、噪音低、线性范围宽、对流速和温度的波动不灵敏，适用于梯度洗脱及制备色谱；只能检测有紫外吸收的物质，流动相的选择有一定限制，流动相的截止波长必须小于检测波长。适用于大多数有紫外吸收的化合物。

（2）蒸发光散射检测器（Evaporative light scattering detector，ELSD） 蒸发光散射检测器是20世纪80年代出现的通用性质量型检测器。不论化合物是否存在紫外、荧光或电负性基团，原则上均可用ELSD检测。

工作原理：将色谱洗脱液引入雾化器与通入的气体（常为高纯氮，有时是空气）混合形成均匀的微小液滴，经过加热的漂移管蒸发除去流动相而样品组分形成气溶胶，然后进入检测室，用强光或激光照射气溶胶产生光散射，用光电二极管检测散射光。散射光的强度（I）与组分的质量（m）通常具有下述关系：$I=Km^b$ 或 $\lg I=b\lg m+\lg K$，式中 K 和 b 为与漂移管温度、雾化气体压力及流动相性质等实验条件有关的常数。因此，散射光的对数响应值与组分质量的对数呈线性关系。为得到重复性较好的测定结果，必须注意雾化器中的气流和漂移管中温度的稳定。

蒸发光散射检测器的特点：通用型检测器，对各种物质有几乎相同的响应；灵敏度相对较低，流动相必须是挥发性的，不能用非挥发性的缓冲盐及表面活性剂。适用于挥发性低于流动相的组分的检测。

（3）示差折光检测器（RID） 工作原理：利用组分与流动相折射率的不同，其响应信号（R）与组分的浓度（c_i）成正比 $R=Zc_i(n_i-n_0)$，式中 Z 为仪器常数，n_i 为 i 组分的折射率，n_0 为流动相的折射率。

示差折光检测器的特点：通用型检测器，只要组分的折射率与流动相的折射率有足够的差别就能检测。但灵敏度低，受环境温度、流量及流动相组成等波动的影响大，一般不能用于梯度洗脱。适用于无紫外吸收化合物的分析，如糖类分析。

几种 HPLC 中常用检测器的主要特性比较见表 7－1。

表 7－1 几种检测器的主要特性比较

检测器	检测信号	信号	声线性范围	选择性	流速影响	温度影响	检出限	池体积	梯度洗脱
UV	吸光度	10^{-4}	2.5×10^{4}	有	无	小	10^{-10}	2～10	适宜
ELSD	散射光强度	—	—	无	—	小	10^{-9}	—	适宜
DRID	折射率	10^{-7}	10^{4}	无	无	大	10^{-7}	2～10	不宜

仪器各部件应能正常工作，管路为无死体积连结，流路中无堵塞或漏液，在设定的检测器灵敏度条件下，色谱基线噪声和漂移应能满足分析要求。具体仪器在使用前应详细参阅各操作说明书。

7. 数据处理系统

高效液相色谱分析使用的数据处理系统与气相色谱分析使用的完全相同，分析结果除可用记录仪绘制谱图外，现在广泛使用微处理机和色谱数据工作站来记录和处理色谱分析的数据。

微处理机在每次色谱分析结束，可绘制出色谱图，自动打印出分析结果。微处理机的广泛应用既大大提高了分析速度，也改善了分析结果的准确度和精密度。

色谱工作站除具有一般微处理机的全部功能外，还提高了数据处理的精密度和可靠性，并提供了强大的软件系统。

色谱数据处理工作站的出现，不仅大大提高色谱分析工作的速度，也为色谱分析工作者进行理论研究、开拓新型分析方法创造了有利的条件。可以预料随电子计算机技术的迅速发展，色谱数据工作站的功能也会日益完善。

（三）高效液相色谱仪的使用和维护

1. 高效液相色谱仪的操作

（1）操作前的准备

①高效液相色谱仪应安装在有强力通风的实验室中，实验室的高处和低处应设置两个通风口，以利于低沸点和高沸点有机溶剂蒸汽的排放，以保证实验室工作人员的安全。

②流动相的制备　用高纯度的试剂配制流动相，应符合要求；水应为新鲜制备的高纯水，可用超级纯水器制得或用重蒸馏水。凡规定 pH 值的流动相，应使用精密酸度计进行调节。配制好的流动相应通过适宜的 0.45μm 滤膜滤过，用前应脱气，按比例配制好置于贮液罐中，梯度洗脱时，每种溶剂置于一个贮液罐中，将溶剂过滤器插入贮液罐底部。应配制足量的流动相备用。

③样品溶液的配制　样品用规定溶剂配制成样品溶液。定量测定时，对照品溶液和样品溶液均应分别配制2份。样品溶液在注入色谱仪前，一般应经适宜的0.45μm滤膜滤过。必要时，在配制样品溶液前，样品需经预净化，以免对色谱系统产生污染或影响色谱分离。

④检查上次使用记录和仪器状态检查色谱柱是否适用于本次实验，色谱柱进出口位置是否与流动相的流向一致，原保存溶剂与现用流动相能否互溶，流动相的pH与该色谱柱是否相适用，仪器是否完好，仪器的各开关位置是否处于关断的位置。

⑤将选用的高效液相色谱柱安装在流路中，拧紧连接接头。检查并连接好电路，将检测器输出信号线与数据处理系统连接好。

（2）检测

①用流动相冲洗滤器，再把滤器浸入流动相中，打开高压输液泵电源开关，调节色谱柱后载液（流动相）流量达1.0mL/min，观察柱前压到规定标准，并稳定，调节柱温至恒定。

②开启检测器电源开关，选择光源（氘灯或钨灯），选定检测波长，排除吸收池中的气泡，待检测器输出的基线稳定后，测试参比和样品光的信号应符合要求，设置吸光度方式和检测响应时间（一般不大于1s）。

③记录基线，待色谱系统充分稳定后，进行处理机斜率测试，符合要求后方能进行操作。

④如欲进行梯度洗脱，可由梯度单元设定欲进行的梯度洗脱程序，进样后就可按梯度洗脱程序进行分析。

⑤注样的同时启动数据处理机，开始采集和处理色谱信息。最后一峰出完后，应继续走一段基线，确认再无组分流出，方能结束记录。

⑥测定结果处理。

（3）清洗和关机

①分析完毕后，先关检测器和数据处理机，再用适当经滤过和脱气的溶剂清洗色谱系统，正相柱一般用正己烷，反相柱如使用过含盐流动相，则先用水然后用甲醇冲洗，冲洗前先按（2）中①进行操作，再用分析流速冲洗，各种冲洗剂一般冲洗15~30min，特殊情况应延长冲洗时间。

②冲洗完毕后，逐步降低流速至0，依次关闭检测器、梯度洗脱装置、高压输液泵的电源，进样器也应用相应溶剂冲洗，可使用进样器所附的专用冲洗接头。

③关断电源，做好使用登记，内容包括日期、检品、色谱柱、流动相、柱压、使用小时数、仪器使用前后状态等。

（4）注意事项

①色谱柱与进样器及其出口端与检测器之间应为无死体积连接，以免试样扩

散影响分离。

②新柱或被污染柱用适当溶剂冲洗时，应将其出口端与检测器脱开，避免污染。

③使用的流动相应与仪器系统的原保存溶剂能互溶，如不互溶，则先取下上次的色谱柱，用异丙醇冲洗过滤，进样器和检测器的流通池也注入异丙醇进行过滤，过滤完毕后，接上相应的色谱柱，换上本次使用的流动相，再按顺序操作。

④压力表无压力显示或压力波动时不能进行分析，应检查泵中气泡是否已排除，各连结处有无漏液，排除故障后方能进行操作。如压力升高，甚至自动停泵，应检查柱端有无污染堵塞。

⑤发现记录基线波动，出现毛刺等现象，首先应考虑检测器流通池中是否有气泡或污染，如不是流通池引起，可等待氘灯稳定，同时检查仪器的接地是否良好，必要时，换上新的氘灯，仪器稳定后方能进行操作。

⑥进样前，色谱柱应用流动相充分冲洗平衡，如系统适用性不符合规定，或填充剂已损坏，则应更换新的同类色谱柱进行分析，由于同类填充剂的化学键合相的键合度及性能等存在一定差异，往往依法操作达不到预定的分离时，可更换另一牌号的同类色谱柱进行试验。

⑦以硅胶作载体的化学键合相填充剂的稳定性受流动相 pH 的影响，使用时，应详细参阅色谱柱说明书，在规定的 pH 范围内选用流动相时，一般的 pH 范围为 2.5～7.5。使用高 pH 流动相时，可在泵与进样器之间连接一硅胶短柱，以饱和流动相，保护分析柱，并尽可能缩短在高 pH 下的使用时间，用后立即冲洗。

⑧色谱流路系统，从泵、进样器、色谱柱到检测器流通池，在分析完毕后，应按要求充分冲洗，特别是用过含盐流动相的，更应注意先用水，再用甲醇水充分冲洗。如发现泵漏液等较严重的情况，应请有经验的维修人员进行检查、维修。

⑨各色谱柱的使用应予登记，应包括本次测试样品及柱中的保存溶剂。

⑩上述操作法为通用方法，各液相色谱仪的具体操作要求，详见产品说明书。

2. 高效液相色谱仪的维护

（1）定期清洗溶剂过滤头（35% 浓硝酸浸泡 1h，不要使用超声波清洗）。

（2）流动相应经过 0.45μm 或更小孔径的滤器过滤，如果使用滤膜，注意有机膜与水膜的区别（聚四氟乙烯能适用于所有溶剂）。

（3）根据情况更换 Purge 阀内的在线过滤头（Purge 阀打开，纯水 5mL/min，压力超过 1MPa 时需更换）注意清洗在线脱气机及比例阀，尤其是长期使用水相或缓冲盐的通路，使用纯水冲洗后，再使用甲醇冲洗，可以打开 Purge 阀，使用 5mL/min 的流速。污染比较严重时，可以使用 IPA 清洗。

（4）正相色谱、反相色谱切换时应使用异丙醇过渡，长期使用正相，应更换正相柱塞密封垫。

（5）样品进样之前最好过滤，如果样品量太少，可以适当抬高进样针的位置。

（6）注意不同检测器流通池耐压问题，尽量避免使用 pH >9.5 的流动相，以防腐蚀流通池石英窗，避免使用可能析晶的流动相，防止流通池堵塞。

任务一 原料乳与乳制品中三聚氰胺的检验——液相色谱法

【学习目标】

1. 学会乳品中三聚氰胺测定的基本操作技能的基本知识和方法。
2. 学会乳品中三聚氰胺含量的计算。

【技能目标】

1. 掌握乳品中三聚氰胺测定中试样的处理方法。
2. 掌握乳品中三聚氰胺测定中待测液的制备方法。

【任务实施】

原料乳与乳制品中的三聚氰胺的检验。

【原理】

用乙腈作为原料乳中的蛋白质沉淀剂和三聚氰胺提取剂，强阳离子交换色谱柱分离，高效液相色谱－紫外检测器/二极管阵列检测器检测，外标法定量。

【操作内容】

1. 仪器

（1）高效液相色谱（HPLC）仪：配有紫外检测器或二极管阵列检测器。

（2）分析天平：感量为 0.0001g 和 0.0lg。

（3）离心机：转速不低于 4000r/min。

（4）超声波水浴。

（5）固相萃取装置。

（6）氮气吹干仪。

（7）涡旋混合器。

（8）具塞塑料离心管：50mL。

（9）研钵。

2. 试剂

（1）甲醇：色谱纯。

（2）乙腈：色谱纯。

（3）氨水：含量为25%～28%。

（4）三氯乙酸。

（5）柠檬酸。

（6）辛烷磺酸钠：色谱纯。

（7）甲醇水溶液：准确量取50mL甲醇和50mL水，混匀后备用。

（8）三氯乙酸溶液（1%）：准确称取10g三氯乙酸于1L容量瓶中，用水溶解并定容至刻度，混匀后备用。

（9）氨化甲醇溶液（5%）：准确量取5mL氨水和95mL甲醇，混匀后备用。

（10）离子对试剂缓冲液：准确称取2.10g柠檬酸和2.16g辛烷磺酸钠，加入约980mL水溶解，调节pH至3.0后，定容至1L备用。

（11）三聚氰胺标准品：CAS108－78－01，纯度>99.0%。

（12）三聚氰胺标准贮备液：准确称取100mg（精确到0.1mg）三聚氰胺标准品于100mL容量瓶中，用甲醇水溶液溶解并定容至刻度，配制成浓度为1mg/mL的标准贮备液，于4℃避光保存。

（13）阳离子交换同相萃取柱：混合型阳离子交换同相萃取柱，基质为苯磺酸化的聚苯乙烯－二乙烯基苯高聚物60mg，3mL，或相当者。使用前依次用3mL甲醇、5mL水活化。

（14）定性滤纸。

（15）海砂：化学纯，粒度0.65～0.85mm，二氧化硅（SiO_2）含量为99%。

（16）微孔滤膜：0.2μm，有机相。

（17）氮气：纯度≥99.999%。

除另有说明外，所用试剂均为分析纯或以上规格，水为GB/T 6682—2008规定的一级水。

【操作过程】

1. 提取

（1）液态乳、乳粉、酸乳、冰淇淋和奶糖等：称取2g（精确至0.01g）试样于50mL具塞塑料离心管中，加入15mL三氯乙酸溶液和5mL乙腈，超声提取10min，再振荡提取10min后，以不低于4000r/min离心10min。上清液经三氯乙酸溶液润湿的滤纸过滤后，用三氯乙酸溶液定容至25mL，移取5mL滤液，加入5mL水混匀后作待净化液。

（2）乳酪、奶油和巧克力等。称取2g（精确至0.01g）试样于研钵中，加入适量海砂（试样质量的4～6倍）研磨成干粉状，转移至50mL具塞塑料离心管中，用15mL三氯乙酸溶液分数次清洗研钵，清洗液转入离心管中，再往离心管中加入5mL乙腈。余下操作同（1）中“超声提取10min……加入5mL水混匀后作待净化液”。

注：若样品中脂肪含量较高，可以用三氯乙酸溶液饱和的正己烷液－液分配除脂后再用 SPE 柱净化。

2. 净化　将上述待净化液转移至固相萃取柱中。依次用 3mL 水和 3mL 甲醇洗涤，抽至近干后，用 6mL 氨化甲醇溶液洗脱。整个固相萃取过程流速不超过 1mL/min。洗脱液于 50℃下用氮气吹干，残留物（相当于 0.4g 样品）用 1mL 流动相定容，涡旋混合 1min，过微孔滤膜后，供 HPLC 测定。

3. 高效液相色谱测定

（1）HPLC 参考条件

①色谱柱：C_8 柱，250mm × 4.6mm（i.d.），5μm，或相当者；C_{18} 柱，250mm × 4.6mm（i.d.），5μm，或相当者。

②流动相：C_8 柱，离子对试剂缓冲液－乙腈（85 + 15，体积比），混匀。

③C_{18} 柱，离子对试剂缓冲液－乙腈（90 + 10，体积比），混匀。

④流速：1.0mL/min。

⑤柱温：40℃。

⑥波长：240nm。

⑦进样量：20μL。

（2）标准曲线的绘制　用流动相将三聚氰胺标准贮备液逐级稀释得到的浓度为 0.8、2、20、40、80μg/mL 的标准工作液，浓度由低到高进样检测，以峰面积－浓度作图，得到标准曲线回归方程。基质匹配加标三聚氰胺的样品 HPL 色谱图参见对应图谱。

（3）定量测定　待测样液中三聚氰胺的响应值应在标准曲线线性范围内，超过线性范围则应稀释后再进样分析。

（4）结果计算　试样中三聚氰胺的含量由色谱数据处理软件或按下式计算：

$$X = \frac{A \times \rho \times V \times 1000}{A_S \times m \times 1000} \times f$$

式中　X——试样中三聚氰胺的含量，mg/kg；

A——样液中三聚氰胺的峰面积；

ρ——标准溶液中三聚氰胺的浓度，μg/mL；

V——样液最终定容体积，mL；

A_s——标准溶液中三聚氰胺的峰面积；

m——试样的质量，g；

f——稀释倍数；

分子上 1000——1g 样品换算 1kg 样品；

分母上 1000——1μg 三聚氰胺换算为 1mg 三聚氰胺。

4. 空白实验

空白实验除不称取样品外，均按上述测定条件和步骤进行。

5. 方法定量限

本方法的定量限为2mg/kg。

6. 回收率

在添加浓度2～10mg/kg浓度范围内，回收率在80%～110%，相对标准偏差<10%。

7. 允许差

在重复性条件下获得的两次独立测定结果的绝对差值不得超过算术平均值10%。

任务二 乳粉中碘的测定——气相色谱法

【学习目标】

1. 学会乳粉中碘含量测定的基本操作技能的基本知识和方法。
2. 学会乳粉中碘含量的含量的计算。

【技能目标】

1. 掌握乳粉中碘含量测定试样的处理方法。
2. 掌握乳粉中待测液的制备方法。

【任务实施】

乳粉中碘含量的测定。

【原理】

将样品中的碘衍生成容易气化的衍生物后，经气相色谱分离，电子捕获检测器定量测定样品中碘的含量。

【操作内容】

1. 试剂

(1) 高峰氏淀粉酶。

(2) 无水硫酸钠。

(3) 正己烷（色谱纯）。

(4) 甲乙酮（色谱纯）。

(5) 双氧水（体积分数为3.5%）。

(6) 浓硫酸。

(7) 乙酸锌（219g/L）。

(8) 亚铁氰化钾（109g/L）。

（9）碘化钾（光谱纯）。

（10）标准溶液

①碘化钾标准贮备液（1mg/mL）：称取131mg碘化钾，用蒸馏水溶解并定容至100mL，冷藏保存。

②标准中间液：取10mL标准贮备液，定容至100mL，其浓度为100μm/mL；再取10mL前述标准中间液，定容至100mL，其浓度为10μm/mL。

③碘化钾标准工作液（2μg/mL）：取浓度为10μg/mL的标准中间液10mL，定容至50mL。

2. 仪器

（1）气相色谱仪（电子捕获检测器）。

（2）色谱柱（2m，3% OV－101，100～200目，长2m的不锈钢柱或同等性能的柱）。

（3）分液漏斗（100mL）。

（4）容量瓶（50mL）。

【操作过程】

1. 样品的处理

（1）含淀粉的样品　准确称取样品5g于三角瓶中，放入50mL容量瓶中，加入0.5g高峰氏淀粉酶，再加入30mL45～50℃的蒸馏水，混合均匀后，用氮气排除瓶中空气，盖上瓶盖，置45℃烘箱内30min。

（2）不含淀粉的样品　准确称取样品5g于烧杯中，用30mL 65℃的热水溶解，倒入50mL容量瓶中。

（3）测定液的制备　于上述处理过的样品溶液中加入5mL亚铁氰化钾和5mL乙酸锌，并定容至刻度线，充分振荡后静止10min过滤，吸取10mL滤液于100mL分液漏斗中，加10mL水。加入0.7mL浓硫酸，0.5mL甲乙酮，2mL体积分数为3.5%的双氧水，充分混匀后，静止20min。加入20mL正己烷萃取，静置分层后，将水相转入另一分液漏斗，再次萃取。合并有机相，加水20mL，水洗后静置分层，放去水相。用无水硫酸钠干燥有机相后移入50mL容量瓶中并定容，此即为待测液。

标准工作液制备方法同上述步骤。

2. 样品的测定

（1）测定条件

灵敏度：10^{-10}。

进样体积：2.0μL。

衰减：S。

检测器EDC温度：200℃。

柱温：100℃。

进样口温度：150℃。

氮气流速：20mL/min。

（2）定性测定 根据保留时间定性，改变色谱条件，如柱温度、载气流速，使标准组分的保留时间发生改变。如果样品中的某个峰随标准样品中的保留时间有同样的改变，即证明样品中含有与标样相同的某个组分。

（3）定量测定 外标定量法：注射一定量的标准工作液进入气相色谱仪，得到碘的峰面积 A_1，注射等体积的样品待测液进入气相色谱仪，得到样品碘的峰面积 A_2。

3. 计算

$$X = \frac{A_2 \times \rho \times V \times 100}{A_1 \times m}$$

式中 X——样品中碘的含量，μg/100g；

A_2——样品 I（碘）对应峰面积；

ρ——标准样品中 I（碘）的浓度，μg/mL；

A_1——标准工作液中 I（碘）对应峰面积；

m——样品的质量，g；

V——待测样品总体积，mL；

100——将每 1g 样品中碘的含量转换为每 100g 样品中碘的含量。

【小结】

本项目主要介绍了气相色谱法、液相色谱法及原料乳及乳制品中三聚氰胺的检验、乳粉中碘的测定的原理、试剂、仪器、操作步骤等内容。

【知识考核】

一、填空题

1. 色谱法按照物理状态分________、________。

2. 汽化温度要高于柱温________度。

3. 气相色谱法是利用被分离分析的物质在色谱柱中的________和________之间的分配系数的微小差别，在两相做相对运动，进行分离。

4. 气相色谱法是一种以________流动相的柱色谱分离方法。

5. 在气相色谱中，根据所用的固定相的不同可分为：________和________。

6. 气相色谱仪主要由________、________、________、________和________五部分组成。

7. 色谱柱分为________和________两种类型。

8. 气相色谱检测器按响应特性的不同，可分为＿＿＿＿＿和＿＿＿＿＿两类。

二、名词解释

基线、色谱峰、峰高、峰底宽度、死体积、分离度

三、简答题

1. 高效液相色谱与气相色谱的主要区别是什么？
2. 高效液相色谱仪的基本组成包括哪些？
3. 气相色谱仪主要包括哪几部分？简述各部分的作用。
4. 色谱法根据所使用的固定相和流动相状态的不同，可分为几类？
5. 气相色谱仪的载气系统主要包括哪些装置，常用的载气有哪些？
6. 气相色谱仪的分离系统主要包括哪些装置，各自的功能是什么？
7. 气相色谱检测器的作用及分类？
8. 高效液相色谱使用的流动相为什么要脱气？

项目二 电位分析法

【知识目标】

1. 了解电位法和电位滴定法的基本原理。
2. 掌握电位法和电位滴定法的操作要点。

【技能目标】

1. 掌握酸度计的使用方法。
2. 掌握酸度计在食品检验中的应用技能。

【知识必备】

一、电位法（酸度计）

酸度计是一种用电位法来测定 pH 的测量仪，主要是利用一对电极在不同 pH 溶液中能产生不同的直流毫伏电动势，再将此电动势输入电极后，经电子路线的工作，可在电表指示出测量的结果。

（一）工作原理

1. 测量原理

水溶液酸碱度的测量一般用玻璃电极作为测量电极、甘汞电极作为参比电极，当氢离子活度发生变化时，玻璃电极和参比电极之间的电动势也随着发生变化，电动势变化符合下列公式：

$$E = E_0 - (2.3026 \times R \times T \times \text{pH}) / F$$

式中 R——气体常数（8314J/℃）；

T——热力温度（273 + t℃）；

F——法拉第常数（96495C/mol）；

E_0——电极系统零电位；

pH——表示被测溶液 pH 和内溶液 pH 之差。

2. 电极系统

（1）玻璃电极　玻璃电极头部球泡是由特殊配方的玻璃薄膜制成，它仅对氢离子有敏感作用，当它浸入被测溶液内，被测溶液氢离子浓度同电极球泡内氢离子浓度不同时，则在球泡内外产生电位差，此电位差随外层氢离子浓度的变化而改变。由于电极内部的溶液氢离子浓度不变，所以只要测出此电位差就可知被测溶液的 pH。

①玻璃电极的优点：

a. 测定结果准确，在 pH 1 ~9 范围内使用最佳。

b. 不受溶液氧化剂或还原剂存在的影响。

c. 可用于有色的、浑浊的或胶态溶液 pH 测定。

②玻璃电极的缺点：

a. 容易破碎。

b. 须不时用已知 pH 缓冲溶液核对。

（2）参比电极

①银 - 氯化银电极：由银丝镀上一层氯化银，浸于一定浓度的氯化钾溶液中，即构成银氯化银电极。

$$\text{电极反应}\ Ag + Cl^- \rightleftharpoons AgCl + e$$

$$\psi_{Ag-Ag}Cl = \psi^\circ - 0.059\lg\alpha Cl_- \qquad (25℃)$$

KCl 溶液浓度	0.1mol/L	1mol/L	饱和
$\psi_{Ag-Ag}Cl$/V	+0.2880	+0.2223	+0.2000

②甘汞电极：甘汞电极是由金属汞和 Hg_2Cl_2 及 KCl 溶液组成的电极。

电极反应：

$$2Hg + 2Cl^- \rightleftharpoons Hg_2Cl_2 + 2e$$

$$\psi_{甘汞} = \psi^\circ - 0.059\lg\alpha_{Cl^-} \quad (25℃)$$

ψ°是定值，当 Cl^- 活度一定时，$\psi_{甘汞}$也就一定，与 H^+ 浓度无关。以标准氢电极作参比，则不同浓度 KCl 溶液的甘汞电极电位如下：

KCl 溶液浓度	0.1mol/L	1mol/L	饱和
$\psi_{甘汞}$/V	+0.3338	+0.2800	+0.2415

（二）操作方法

1. 校正

（1）把选择开关旋钮调到 pH 挡，调节温度补偿旋钮，使旋钮白线对准溶液温度值。

（2）把斜率调节旋钮顺时针旋到底，即调到 100% 位置。

（3）把清洗过的电极插入 pH6.86 的缓冲液中，调节定位调节旋钮，使仪器显示读数与该缓冲溶液当时温度下的 pH 相一致。

（4）用蒸馏水清洗电极，再插入 pH4.0（或 pH9.18）的标准缓冲液中，调节斜率旋钮使仪器显示读数与该缓冲液中当时温度下 pH 一致。

（5）重复（3）、（4）步直至不用再调节定位或斜率两调节旋钮为止。

2. 测量

（1）被测溶液与定位溶液温度相同时的测量

①用蒸馏水清洗电极头部，用被测溶液清洁一次。

②把电极浸入被测溶液中，用玻璃棒搅拌溶液，使溶液均匀，即可读出 pH。

（2）被测溶液和定位溶液温度不同时的测量

①用蒸馏水清洗电极头部，再用被测溶液清洗一次。

②用温度计测出被测溶液的温度值。

③调节“温度”调节旋钮，使指示线对准被测溶液的温度值。

④把电极插入被测溶液中，用玻璃棒搅拌溶液，使溶液均匀后即可读出该溶液的 pH。

3. 酸度计的维护

（1）酸度计应放在干燥、无酸碱腐蚀气体的环境中。

（2）玻璃电极在初次使用时，一定要先在蒸馏水中浸泡 24h 以上；若被污染，可用丙酮或合成洗涤剂洗去沾污物。玻璃电极的玻璃球极易碰坏，使用时要小心，操作时让玻璃球泡位置高于参比电极；用完后泡在蒸馏水或 0.1mol/L HCl 溶液中。玻璃电极一般不在低于 5℃或高于 60℃使用。

（3）饱和甘汞电极在使用时，要注意电极内部是否充满氯化钾溶液，注意不使氯化钾溶液从毛细管中流出，使测定结果可靠，并且使用完后用橡皮套塞好。

（4）应经常检查读数开关和电极导线的绝缘性能，不符合要求的应及时修理或更换。

（5）闲置的酸度计，应放干燥剂妥善保存。

二、电位滴定法

电位滴定法是较早的分析方法之一，20 世纪 60 年代我国就有商品的电位滴定仪，而且一般的酸度计上都装有电位测定部分，可以满足电位滴定用，所以使用比较广泛。70 年代后又出现自动电位滴定仪，滴定达到终点时，由于电极电位的急剧变化产生讯号，通过仪器的作用，而使滴定自动停止。国外有些自动化程度更高的仪器不仅可以自动停止滴定，还可以自动处理讯号和计算结果，但是价格昂贵。

（一）电位滴定法的原理

电位滴定法与直接电位法的不同在于，它是以测量滴定过程中指示电极的电极电位（或电池电动势）的变化为基础的一类滴定分析方法。滴定过程中，随着滴定剂的加入，发生化学反应，待测离子或与之有关的离子活度（浓度）发生变化，指示电极的电极电位（或电池电动势）也随着发生变化，在化学计量点附近，电位（或电动势）发生突跃，由此确定滴定的终点。因此电位滴定法与一般滴定分析法的根本不同是确定终点的方法不同。

电位滴定法的装置由四部分组成，即电池、搅拌器、测量仪表、滴定装置，如图 7 -4 所示。

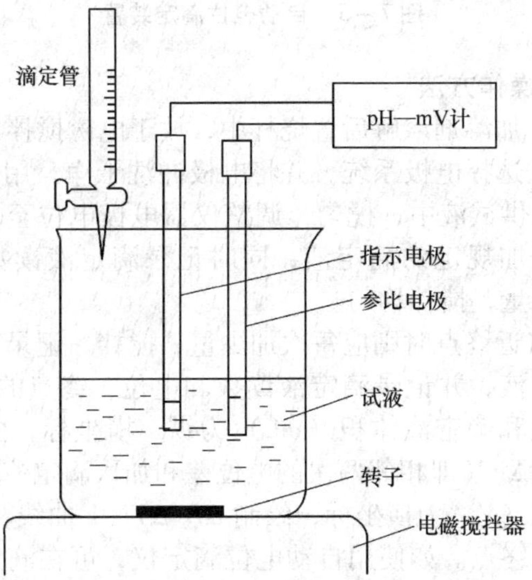

图 7 -4 电位滴定仪基本装置

目前还有不少使用自动电位滴定的装置如图 7 -5 所示。

在滴定管末端连接可通过电磁阀的细乳胶管，此管下端接上毛细管。滴定前根据具体的滴定对象为仪器设置电位（或 pH）的终点控制值（理论计算值或滴定实验值）。滴定开始时，电位测量信号使电磁阀断续开关，滴定自动进行。电位测量值到达仪器设定值时，电磁阀自动关闭，滴定停止。

电位滴定法的特点：①可用于滴定突跃小或不明显的滴定反应；②可用于有色或浑浊试样的滴定；③装置简单、操作方便，可自动化；④准确度提高，使用范围更广；⑤利用电信号显示终点，不但客观、准确，而且为连续、自动滴定创造了条件，便于提高工作效率。

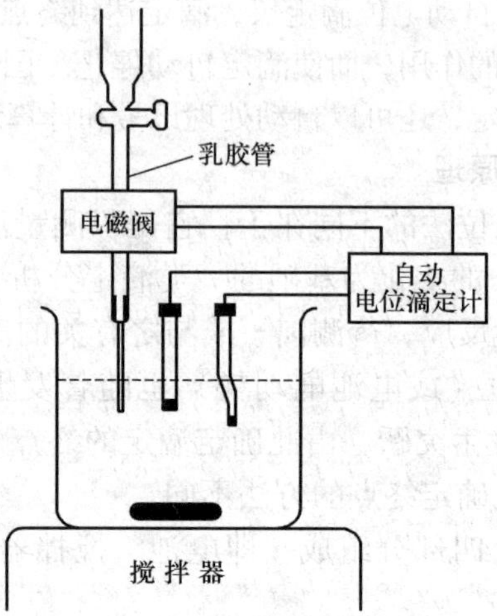

图7－5　自动电位滴定装置

（二）样品测定操作方法

（1）称取样品，加溶剂溶解后置烧杯中，放于电磁搅拌器上。

（2）按规定方法选择电极系统，并将电极冲洗干净，用滤纸吸干水，将电极连于测定仪上并浸入供试液中，搅匀，调整仪器电极电位至规定值作为零点，然后自滴定管中分次滴加规定的滴定液，同时记录滴定液读数和电位数值。开始时，每次可加入较多量，搅拌均匀。

（3）记录，至将近终点时则应每次加少量，搅拌，记录。至突跃点已过，仍应继续滴加几次滴定液，并记录滴定液读数和电位。终点的确定可以采用 $E-V$ 曲线法，即以电位值和滴定液体积（mL）为纵、横坐标，曲线的转折部分即为滴定终点。或以 $\Delta E/\Delta V$（即相邻两次的电位差和加入滴定液的体积差之比）为纵坐标，以滴定液体积（V）为横坐标，绘制 $\Delta E/\Delta V-V$ 曲线，并以 $\Delta E/\Delta V$ 的极大值对应的体积为滴定终点。如使用自动电位滴定仪，可在滴定前预先设好滴定终点的电位，当滴定液电极电位达到预设电位时，仪器将自动关闭滴定液或自动指示消耗滴定液的毫升数，按规定进行计算。

（三）注意事项

（1）电位滴定法主要用于中和、沉淀、氧化还原和非水溶液滴定，但必须选择使用适宜的指示电极，而且必须根据电极的性质进行充分的清洁处理，化学反应必须能按化学当量进行，而且进行的速度足够迅速且无副反应发生。

（2）中和滴定时常用玻璃电极为指示电极。强酸强碱滴定时，突跃明显准确性高，弱酸与弱碱滴定的突跃小，离解常数越大突跃幅度越大，终点越明显。

（3）沉淀法滴定时常用银电极，它们的突跃幅度大小与溶度积有关，溶度积越小的突跃幅度越大，另外还须注意沉淀的吸附作用和影响。

（4）氧化还原滴定法常用铂电极为指示电极，滴定突跃幅度的大小与两个电极的电极电位差值有关，差值越大，突跃幅度越大。

任务 乳制品酸度的测定——电位滴定法

【学习目标】

1. 学会乳品中酸度测定的基本操作技能的基本知识和方法。
2. 学会电位滴定法的基本操作方法。

【技能目标】

1. 掌握乳品中酸度测定总试样的处理方法。
2. 掌握乳品中酸度测定的操作技能及分析问题和解决问题的能力。

【任务实施】

乳品中酸度的测定。

【原理】

酸度（°T）是以酚酞作指示剂，中和100mL酸乳需氢氧化钠标准滴定溶液（0.1000mol/L）的体积（以mL计）。因为以酚酞为指示剂时终点为pH8.3，所以在使用酸度计测定时，用pH9.183的标准缓冲溶液校正仪器后，用0.1000mol/L NaOH标准滴定液中和100mL酸乳，当滴定后的pH达到8.3时，即达到了反应终点。此时所消耗的标准氢氧化钠溶液的体积（以mL计）即为酸乳的酸度。

【操作内容】

1. 仪器

自动电位滴定仪。

2. 试剂

（1）标准缓冲溶液：pH9.183。

（2）0.1000mol/L NaOH标准溶液。

【操作步骤】

（1）校正　用pH9.183标准缓冲溶液按电位滴定法进行仪器校正。

（2）样品测定　取5mL酸乳放入小烧杯中，加入20mL中性蒸馏水，搅匀。把两个电极插入溶液中，用0.1000mol/L NaOH标准滴定溶液进行滴定，当pH达到8.3时，即达到反应终点。记录消耗氢氧化钠体积数V_{NaOH}。

【计算】

$$酸度（°T）=V_{NaOH}\times 20$$

【小结】

本项目主要介绍了电位法（酸度计）的使用、电位滴定法以及乳制品酸度的测定原理、仪器、试剂和测定方法等内容。

【知识考核】

一、填空题

1. 电位滴定法分为__________、__________。

2. 电位滴定法是利用__________的突变代替化学指示剂颜色的变化来确定终点的滴定分析法。

3. 电位滴定法是测得__________的总量。

4. __________是一种用电位法来测定 pH 的测量仪。

5. 电极系统包括__________、__________两部分组成。

6. 玻璃电极在使用前必须在水中浸泡__________ h 以上，使玻璃膜表面水化。

7. __________测定溶液的 pH 是最常用的一种电化学方法。

8. 在酸碱滴定过程中，溶液的 pH 发生了变化，因此常用__________作指示电极，__________作参比电极。

二、简答题

1. 样品滴定的操作方法是什么？

2. 简述电位法酸度计的校正。

3. 简述酸度计是如何进行维护的。

4. 电位滴定法中常用的仪器主要有哪些？

5. 电位滴定法的原理是什么？

项目三 分光光度法

【知识目标】

1. 了解紫外－可见分光光度法和原子吸收分光光度法的基本原理。

2. 掌握紫外－可见分光光度计和原子吸收分光光度计的测定方法。

【技能目标】

1. 掌握分光光度法的基本操作方法。
2. 掌握紫外-可见分子吸收光谱的特点与应用。
3. 掌握分光光度法在食品检测中的应用技能和分析问题、解决问题的能力。

【知识必备】

一、紫外-可见分光光度法

(一) 简述

用具有线状或连续光谱的光源(电磁辐射)照射样品,其原子或分子选择吸收某些具有适宜能量的光子后,由基态跃迁至激发态,在相应波长位置出现吸收线或吸收带,所形成的光谱为吸收光谱。利用物质的吸收光谱进行定性、定量及结构分析的方法称为吸收光谱法。除个别情况外,一般都用分光光度计测定吸收光谱。因此,吸收光谱法一般都可称为分光光度法,如紫外分光光度法、红外分光光度法。原子或分子中各种能级差都是量子化的,因此,吸收光谱反映物质的结构特征。下面以原子与分子吸收光谱两部分叙述。

紫外-可见分光光度法是根据物质分子对波长为200~760nm这一范围的电磁波的吸收特性所建立起来的一种定性、定量和结构分析方法。操作简单、准确度高、重现性好。波长长(频率小)的光线能量小,波长短(频率大)的光线能量大。分光光度测量是关于物质分子对不同波长和特定波长的辐射吸收程度的测量。

紫外可见分光光度法是仪器分析中应用最为广泛的分析方法之一,它具有如下特点。

(1) 灵敏度高 常用于测定试样中质量分数为1%~0.001%的微量成分,甚至可以测定低至质量分数为10^{-6}~10^{-7}的痕量成分。

(2) 准确度较高 测定相对误差为2%~5%。采用精密的分光光度计测量,相对误差可减少至1%~2%。对于常量组分的测定,此法准确度不及重量分析法和滴定法,但对于微量组分的测定已完全能满足要求。一般来说,分光光度法特别适用于低含量和微量组分的测定,不适合高含量组分的测定。

(3) 应用广泛 几乎所有的无机离子和许多有机化合物都可以直接或间接地用吸光光度法测定。

(4) 操作简便、快速、选择性好、仪器简单 近年来由于新显色剂和掩蔽剂的不断出现,提高了选择性,一般不分离干扰物质就能测定。

（二）紫外－分光光度法基本原理

本法在食品的检验中主要用于样品的鉴别、检查和含量测定。

定量分析通常选择物质的最大吸收波长处测出吸光度，然后用对照品或吸收系数求算出被测物质的含量，多用于样品中成分的含量测定。对已知物质定性可用吸收峰波长或吸光度比值作为鉴别方法；若该物质本身在紫外光区无吸收，而其杂质在紫外光区有相当强度的吸收、或杂质的吸收峰处该物质无吸收，则可用本法做杂质检查。

物质对紫外辐射的吸收是由于分子中原子的外层电子跃迁所产生，因此，紫外吸收主要决定于分子的电子结构，故紫外光谱又称电子光谱。有机化合物分子结构中如含有共轭体系、芳香环等发色基团，均可在紫外区（200～400nm）或可见光区（400～850nm）产生吸收。通常使用的紫外－可见分光光度计的工作波长范围为190～900nm。

紫外吸收光谱为物质对紫外区辐射的能量吸收图。所谓吸光度分析法实质上是测透过光强度变化。透过光强度的改变与有色溶液的浓度 c 和液层厚度 b 有关，也就是溶液浓度越大，液层越厚，透过的光越少，入射光的强度减弱的越显著，这就是光的吸收定律的意义。

朗伯－比尔（Lamberrt－Beer）定律是吸收光度法的基本定律，是说明物质对单色光吸收的强弱与吸光物质的浓度和厚度间关系的定律，如图7－6所示。

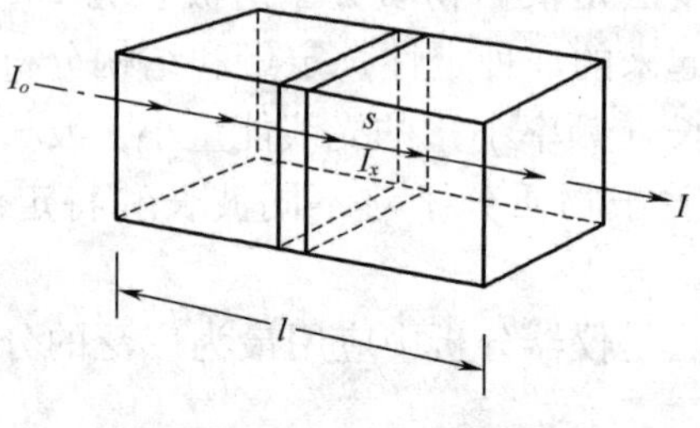

图7－6　光通过吸收物质的示意图

朗伯－比尔（Lambert－Beer）是紫外分光光度法定量分析的依据，其数学表达式为：

$$A = \lg \frac{I_0}{T} = kdc$$

式中　A——吸光度；

T——透光率；

K——比例常数；

d——吸收池厚度；

c——溶液浓度。

朗伯－比尔定律是说明光的吸收与溶液的浓度成正比，与吸收池厚度成正比，它是吸光光度分析的理论基础。

（三）紫外－可见分光光度计的结构

紫外－可见分光光度计是在紫外可见光区可任意选择不同波长的光测定吸光度的仪器，商品仪器的类型很多，质量差别悬殊，但其基本组成相似。紫外－可见分光光度计主要由光源、单色器、吸收池、检测器、记录仪、显示系统和数据处理系统等部分组成，如图 7－7 所示。

图 7－7　紫外－分光光度计光路示意图

1. 光源

分光光度计要求有能发射强度足够而且稳定的、具有连续光谱且发光面积小的光源。对分子吸收测定来说，通常希望能连续改变测量波长进行扫描的测定，故分光光度计要求具有连续光谱的光源。为了满足紫外－可见光区全波长范围的测定，仪器备有两种光源，即氘灯和碘钨灯，前者用于紫外区，后者用于可见光区。

2. 单色器

紫外－可见分光光度计的单色器的作用是将来自光源的连续光谱按波长顺序分散，并从中分离出一定宽度的谱带。单色器通常由进光狭缝、出光狭缝、平行光装置、色散元件、聚焦透镜或反射镜等组成，光路图见图 7－8。聚焦于进口狭缝的光，经准直镜变成平行光，投射于色散元件。色散元件的作用是使各种不同波长平行光有互不相同的投射方向（或偏转角度）。再经与准直镜相同的聚光镜将色散后的平行光聚焦于出口狭缝上，形成按波长排列的光谱。转动色散元件的方位可在一个很宽的范围内，任意选择所需波长的光，从出口狭缝分出。

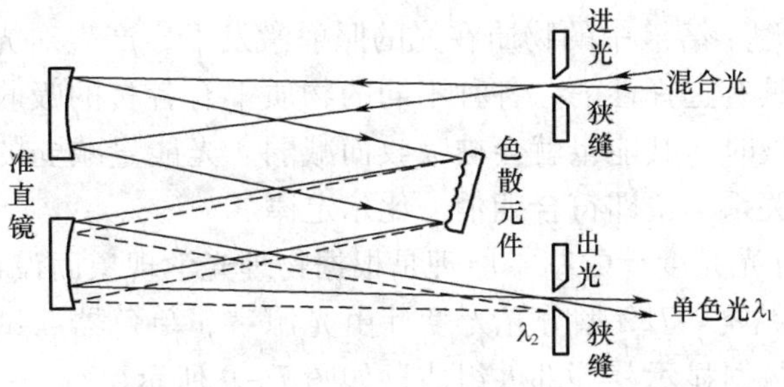

图 7－8　单色器光路示意图（$\lambda_1 > \lambda_2$）

色散元件有棱镜和光栅两种，棱镜多用天然石英或熔融硅石制成，对 200 ~ 400nm 波长光的色散能力很强，对 600nm 以上波长的光色散能力较差，棱镜色散所得的光谱为非匀排光谱。光栅是将反射或透射光经衍射而达到色散作用，故常称为衍射光栅，光栅光谱是按波长作线性排列，故为匀排光谱，双光束仪器多用光栅为色散元件。

3. 吸收池

吸收池是盛放样品溶液的容器，具有两个相互平行、透光且具有精确厚度的平面。玻璃吸收池用于可见光区，石英吸收池用于紫外光区。吸收池的光程长度一般为 1cm，也有 0.1 ~ 10cm 的。由于吸收池厚度存在一定误差，其材质对光不是完全透明的，故在进行定量分析时，对吸收池应做配套试验，即有相同的厚度与相同的透光性。在测定吸收系数或利用吸收系数进行定量测定时，还要求吸收池有准确的厚度（光程），或用同一只吸收池。吸收池两光面易损蚀，应注意保护。要保持吸收池的光洁，而指纹、油腻或四壁的积垢都会影响透光率，特别要注意透光面不受磨损。所以，不能用手指拿比色皿的光学面，用后要及时洗涤，可用温水或稀盐酸、乙醇以至铬酸洗液（浓酸中浸泡不要超过 15min），表面只能用柔软的绒布或拭镜头纸擦净。

4. 检测器

常用的检测器有光电池、光电管或光电倍增光等。光电池由于其光电流较大，不用放大，用于初级的分光光度计上，缺点是疲劳效应较严重。光电管是常用的光电检测器。光电倍增管是目前应用最广泛的检测器，它利用二次电子发射来放大光电流。

5. 测量系统

现代的分光光度计在主机中装备有微机处理机或外接微型计算机，控制仪器操作和处理测量数据；装有屏幕显色、打印机和绘图仪等，使测量精密度、自动化程度提高，应用功能增加。

（四）几种常用的分光光度计

1. 722 型分光光度计

（1）工作原理　溶液中的物质在光的照射激发下，产生对光的吸收效应，物质对光的吸收是具有选择性的，各种不同的物质都有各自的吸收光谱，因此当某种单色光通过溶液时，其能量就会被吸收而减弱，光能量减弱的程度和物质的浓度有一定的比例关系，也即符合朗伯 - 比尔定律。

722 型光栅分光光度计的基本原理是根据物理光学现象而设计的。

（2）仪器的结构　722 型分光光度计由光源室、单色器、试样室、光电管暗盒、电阻系数及数据显示其等部件组成，如图 7 - 9 所示。

（3）仪器的使用

①使用仪器前，使用者应该首先了解仪器的结构和工作原理以及各个操作旋

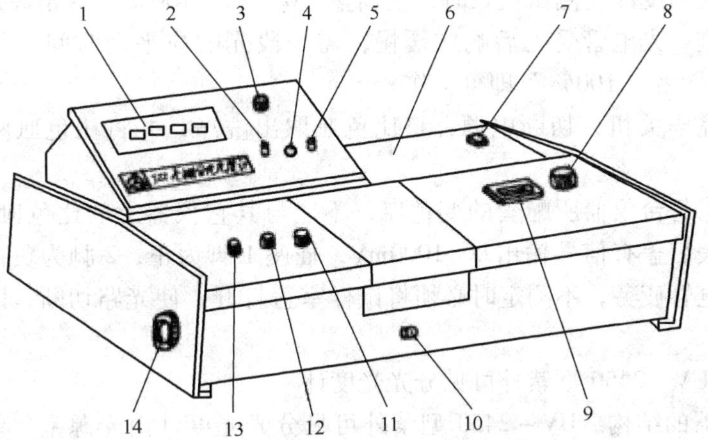

图7-9 722型分光光度计结构

1—数字显示器 2—吸光度调零旋钮 3—选择开关 4—吸光度调斜率电位器 5—浓度旋钮 6—光源室 7—电源开关 8—波长手轮 9—波长刻度窗 10—试样架拉手 11—100%T旋钮 12—0%T旋钮 13—灵敏度调节旋钮 14—干燥器

钮的功能。在未接通电源前，应该对仪器的安全性能进行检查，电源线接线应牢固，接地良好，各个调节旋钮的起始位置应该正确，然后再接通电源开关。仪器在使用前先检查一下放大器暗盒的硅胶干燥筒（在仪器的左侧），如受潮变色，应更换干燥的蓝色硅胶或者倒出原硅胶，烘干后再用。

②将灵敏度旋钮调至“1”挡（放大倍率最小）。

③开启电源，指示灯亮，选择开关置于“T”，波长调至测试用波长。仪器预热20min。

④打开试样室盖（光门自动关闭），调节“0”旋钮，使数字显示为“0.0”，盖上试样室盖，将比色皿架置于蒸馏水校正位置，使光电管受光，调节透过率“100%”，使数字显示为“100.0”。

⑤如果显示不到“100.0”，则可适当增加微电流放大器的倍率挡数，但尽可能置低倍率挡使用，这样仪器将有更高的稳定性。但改变倍率后必须按④重新校正“0”和“100%”。

⑥预热后，按④连续几次调整“0”和“100%”，仪器即可进行测定工作。

⑦吸光度A的测量按④调整仪器的“0.0”和“100.0%”，将选择开关置于“A”，调节吸光度调零旋钮，使得数字显示为“0.000”，然后将被测样品移入光路，显示值即为被测样品的吸光度值。

⑧浓度c的测量：选择开关由“A”旋至“C”，将已标定浓度的样品放入光路，调节浓度旋钮，使得数字显示为标定值，将被测样品放入光路，即可读出被

测样品的浓度值。

⑨如果大幅度改变测试波长时，在调整“0”和“100%”后稍等片刻（因光能量变化急剧，光电管受光后响应缓慢，需一段光响应平衡时间），当稳定后，重新调整“0”和“100%”即可工作。

⑩实验完毕关机，切断电源，将比色皿取出洗净，并将比色皿座架用软纸擦净。

注意：①每台仪器所配套的变色皿，不能与其它仪器上的比色皿单个调换。本仪器数字表后盖有信号输出0~1000mV，插座1脚为正，2脚为负接地线。②为了防止光电管疲劳，不测定时必须将试样室盖打开，使光路切断，以延长光电管的寿命。

2. 岛津UV－2450型紫外可见分光光度计

（1）仪器的结构　UV－2450型紫外可见分光光度计由光源室、单色器、试样室、光电管暗盒、电阻系数及数据显示计及处理系统其等部件组成。

（2）仪器的使用操作

①准备工作：

a. 开启计算机电源，打开光度计主机电源。

b. 双击【UVProbe】快捷图标或在【开始】菜单下选择【程序】→【Shimadzu】→【UVProbe】，即可启动UV－2450的控制程序。如设安全模式，将弹出【User Login】窗口，在【Password】栏下输入所设密码单击【OK】键进入工作程序（未设密码，可直接单击【OK】键进入工作程序）。

c. 单击【Connect】键，进入光度计自检，自检过程中切勿开启样品室门。自检完毕后，单击【OK】键进入检测界面。

②光度测量：单击工具条的光度测量按钮（或选择菜单【Window】→【Photo－metric】项）打开光度测量窗口。

a. 设定测量参数：单击工具条【M】按钮（或选择【Edit】菜单【Method】项），弹出光度测量参数设置对话框。

对话框【Wavelength（nm）】窗口，在复选框【Wavelength Type】中选择【Point】点波长类型；在【Wavelength（nm）】项下设置测量波长数、测量波长值，单击【Add】键，使所设波长值添加于【Entries】项中。

单击【下一步】，弹出对话框【Cakibration】，在复选择框【Type】中选择【Raw Data】原始数据测定类型。

单击【下一步】，弹出对话框【Measurement Parameter】，在复选框【Data Acquired】项下选择【Insrumen】仪器获得数据；在【Sam】项下输入测定次数；在复选框中选择【None】。

单击【下一步】，弹出对话框【File Properties】，在【File Name】项下输入文件名。

单击【完成】键，在对话框【Photometric Method】窗口中，单击【Instument Parameters】选项标签，在复选框【Measuring Mode】项下选择【Absorbance】吸光度测光模式，在【Slit Width】项下选择狭缝宽度。

单击【Close】键，进入光度测定界面。

b. 空白校正将样品及参比池均盛以空白溶液，分别置光路中，单击命令条【Auto】按钮，进行空白校正。

c. 输入供试品名称在测试表格的【Sample ID】项下输入供试品的名称，单击测试栏的任一项，命令条【Read Unk】按钮被激活。

d. 供试品测量将样品池盛以对照品或供试品溶液，单击【Read Unk】按钮，分别对对照品或供试品进行测量。

e. 单击鼠标右键，在弹出的菜单中，选择【Print】，或选择菜单【File】→【Print】功能及单击工具栏【打印】，打印测量结果。也可单击工具栏【Report Generator】报告生成程序按钮，选择打印模式，打印测量结果。

③光谱测量：单击工具条的光谱测量按钮（或选择菜单【Wingdow】→【Spectrum】）项，打开光谱测量窗口。

a. 设定测量参数：单击工具条【M】按钮（或选择【Edit】菜单【Method】项），弹出光谱测量参数设置对话框。

单击【Measurement】选项标签，在【Waveleng Range（nm）】波长范围项，设置扫描起始波长、结束波长；复选框【Scan Speed】项下选择扫描速度；在复选框中选择扫描时间间隔；复选框【Scan - Mode】中，选择扫描模式；在【File Name】项下输入文件名称。

单击【Instrument Parameters】选项标签，在复选框【Measuring Mode】选测光模式；【Slit - Width（nm）】项下选择狭缝宽度。

单击【Sample Paration】选项标签，在【Additional】项下，设置供试品名及操作者。设置好后，单击【OK】键，进入光谱测定界面。

b. 空白基线校正将样品及参比池均盛以空白溶液，分别置光路中，单击命令条【Base Line】按钮，弹出基线校正的波长范围窗口（一般基线校正的波长范围应与扫描参数设定的波长范围一致）单击【OK】键，进行基线校正。

c. 供试品测量将样品池盛以对照品或供试品溶液，单击命令条的【Start】按钮，分别对对照品或供试品进行测量。单击曲线图框上按钮，显示曲线图效果。

d. 单击鼠标右键，在弹出的菜单中，选择【Print】，或选择菜单【File】→【Print】功能及单击工具栏【打印】按钮，打印测量结果。也可单击工具栏【Report Generator】报告生成程序钮，选择打印模式，打印测量结果。

④定量测定：单击工具条的光谱测量按钮（或选择菜单【Window】→【Photometric】项），打开光度测量窗口即定量测定窗口。

a. 设定测量参数：单击工具条【M】按钮（或选择【Edit】菜单【Method】

项)，弹出光度测量参数设置对话框。

对话框【Wavelength】窗口，在复选框【Wavelength Type】中，选择【Point】点波长类型；在【Wavelength（nm）】项下设置测量波长值，单击【Add】键，使所设波长值添加于【Entries】项中。

单击【下一步】，弹出对话框【Calibration】，在复选框【Type】中选择【Multi Point】多点测定类型；在复选框【Formula】项下选择【Fixed Wavelength】固定波长计算式；在【WL1】项下填入测量波长值；在复选框【Parameters】中，选择点击【Con =（Abs）】公式。

单击【下一步】，弹出对话框【Measurement Parameters】；在复选框【Date Acquired】项下选择【Instrunen】仪器获得数据；在【Sample】项下输入测定次数；在复选框中选择【None】。

单击【下一步】直至弹出对话框【File Properties】窗口，在【File Name】项下输入文件名。

单击【完成】键；弹出对话框【Photometric Method】窗口，单击【Intrument Parameters】选项标签，在复选框【Measuing Mode】项下选择【Absorbance】吸光度测光模式，在【Slit Width】项下选择狭缝宽度。

单击【Calibration】选项标签，在【Type】复选框中选择测定灯型；在复选框【Formula】中选择计算式；在【WL1】项下填入测量波长值；在【Parameters】复选框中，选择公式形式；在【Order of Curve】项下填入拟合次数；【Zero Interception】项，是否插入零点。设置好后，单击【Close】键，进入光度测定界面。

b. 空白校正将样品及参比池均盛以空白溶液，分别置光路中，单击命令条【Auto Zero】按钮，进行空白校正。

c. 标准品测量单击【Standard Table】表格任意处，激活标准品表，在表格的【Sample ID】项下输入标准品名称，在“Cone”位置输入标准品浓度，命令条【Read Std】按钮被激活。将样品池分别盛以各浓度标准品溶液，单击【Read Std】按钮，测量标准品。

d. 供试品测量单击【Standard Table】表格任意处，激活样品表，在表格的【Standard Table】项下输入供试品名称，右键点击测试表的任一项，工具条【Read Unk】按钮被激活。将样品池分别盛以供试品溶液，单击【Read Unk】按钮，对供试品进行测量。

e. 单击鼠标右键，在弹出的菜单中，选择【Print】，或选择菜单【File】→【Print】功能及单击工具栏【打印】按钮，打印测量结果。也可单击工具栏，【Report Generator】报告生成程序按钮，选择打印模式，打印测量结果。

⑤时间扫描：单击工具条的时间扫描按钮（或选择菜单【Window】→【Kubetics】项）打开时间扫描窗口。

a. 设定测量参数：单击工具条【M】按钮（或选择【Edit】菜单【Method】项），弹出时间扫描参数设置对话框。

单击【Measurement】选项标签，在复选框【Timing Mode】选择时间扫描模式；在【Total Time】项下设置扫描时间；在【Activity Region】项下设置记录起始范围；在复选框【Type】中选择【Single Wavelength】时间扫描单一的波长类型；在【WL1】项下填入测量波长值。

单击【Intrument Parameters】选项标签，在复选框【Measuring Mode】项下选择【Absorbance】测光模式；在【SlitWidth】项下选择狭缝宽度。

单击【Sample Parameters】选项标签，输入供试品名称及操作者。设置好后，单击【OK】键。

b. 空白校正：将样品及参比池均盛以空白溶液，分别置光路中，单击命令条【Start】按钮，进行空白校正。

c. 供试品测量：将样品池盛以对照品或供试品溶液，单击命令条的【Start】按钮，分别对对照品或供试品进行测量，记录供试品的测量值的时间变化曲线。

测量完毕，弹出【New DataSet】新建数据设定窗口，在【Flie Name】项下输入文件名，单击【完成】键。

d. 将鼠标指向表格，单击鼠标右键，在弹出窗口中选择【Print】，或选择菜单【File】→【Print】功能及单击标准工具栏【打印】按钮，打印测量结果。也可单击标准工具栏【Report】【Generator】，单击标准工具栏【Open File】按钮，在弹出的窗口中，选择打印模式，打印测量结果。

⑥仪器使用完毕，取出样品室内吸收池，退出系统，关闭光度计电源，关闭计算机，按要求做好仪器使用登记。

（3）注意事项

①供试品测试完结后应及时取出，长时间放置在样品室中会污染光学系统，引起性能下降。出现该状况时可重新打开光度计电源，再退出系统即可。

②注意软件的正常交流，以防止染上计算机病毒。

附注：本规程适用于供试品的常规测试，其它非常规的测试，如时间扫描、自动定量计算及数据处理，参阅仪器的使用说明书及在线帮助，按照具体情况设定操作参数。

（五）紫外吸收光谱的应用

1. 定性分析

利用紫外光谱法对有机化合物进行定性鉴别的主要依据是多数有机化合物具有特征吸收光谱，如吸收光谱的形状、吸收峰数目、各吸收峰的波长位置、强度和相应的吸光系数等。

（1）吸收系数测定　按各样品项下规定的方法配制供试品溶液，在规定的波长测定其吸光度，并计算吸收系数，应符合规定范围。

（2）与标准图谱对比　在相同测量条件（溶剂、pH 等）下，将测得的未知物的吸收光谱与化合物的标准紫外吸收光谱直接进行比较。如果吸收光谱特征，包括吸收曲线形状、λ_{max}、λ_{min}、吸收峰数目、拐点及 ε_{max} 等完全相同，可初步认为是同一种化合物。

如果没有标准物质，则可以借助于汇编的各种有机化合物的紫外－可见标准谱图及有关的电子光谱文献进行比较，使用与标准图谱比较的方法时，要求仪器准确度、精密度要高，操作时测定条件要完全符合与文献规定的条件相同，否则可靠性较差。

（3）推断化合物的分子结构

①判断异构体：有机化合物经常存在异构现象，其中包括顺反异构、互变异构、旋光异构等，由于它们在吸光特性上存在差异，可用紫外可见吸光谱进行判别。

②推测化合物的结构：如将样品尽可能提纯，绘制紫外可见吸收光谱，由于光谱特征根据一般规律对化合物进行结构的初步判断。

如果该化合物在紫外可见光区无吸收峰，则它可能不含有双键或共轭体系，而可能是饱和化合物；如果在紫外可见光区 270～350nm 出现很弱的吸收峰，且在 200nm 以下无吸收，则该化合物含有带孤对电子的未共轭的生色团；若有多个吸收峰，且在可见区出现吸收峰，则该化合物结构中具有长链共轭体系或稠环芳香族生色团；如在 260nm 附近有中吸收，且有一定的精细结构，则可能为苯环。

2. 定量分析

紫外分光光度法的定量分析与可见分光光度法定量分析依据和定量方法相同，这里不再重复。但在紫外吸收光谱中进行定量分析一般不需要显色剂，因而不受显色剂浓度、显色时间等因素的影响。它具有快速、简便、灵敏度高、重现性好等特点，广泛应用于微量和痕量的分析；也可用于常量组分的测定。

测定条件的选择主要是选择测定波长和溶剂。

通常选择规定的波长作为测定波长，若在 λ_{max} 处共存的其它物质也有吸收，也可以另外选择 ε 较大而共存物质没有吸收的波长作为测定波长；但此时灵敏度降低。在使用有机溶剂的测定中，一般不选择小于 230nm 的波长作为测定波长，因为此时吸收池的散射光和溶剂质量的影响较大。

所选的溶剂在测定波长处应没明显的吸收，不与被测物发生作用，不含干扰物质；而且对被测物溶解性能好，被测组分在溶剂中具有良好的吸收峰形。应尽可能选择挥发性小、不易燃、无毒性、价廉的溶剂。

（六）注意事项

（1）所用的容量仪器及分析天平应经过检定、容量仪器洗净后使用。

（2）使用的石英吸收池必须洁净。当吸收池中装入同一溶剂，在规定波长测定各吸收池的透光率，如透光率相差在0.3%以下者可配对使用，否则必须加以校正。

(3) 取吸收池时，手指拿毛玻璃面的两侧。装样品溶液的体积以池体积的4/5为度，使用挥发性溶液时应加盖，透光面要用擦镜纸由上而下擦拭干净，检视应无残留溶剂，为防止溶剂挥发后溶质残留在池子的透光面，可先用醮有空白溶剂的擦镜纸擦拭，然后再用干擦镜纸拭净。吸收池放入样品室时应注意每次放入方向相同。使用后用溶剂及水冲洗干净，晾干防尘保存，吸收池如污染不易洗净时可用硫酸发烟硝酸（3:1体积比）混合液稍加浸泡后，洗净备用。如用铬酸钾清洁液清洗时，吸收池不宜在清洁液中长时间浸泡，否则清洁液中的铬酸钾结晶会损坏吸收池的光学表面，并应充分用水冲洗，以防铬酸钾吸附于吸收池表面。

二、原子吸收分光光度法

（一）概述

原子吸收分光光度法，又称原子吸收光谱法，是基于蒸气相中待测元素的基态原子对其共振辐射的吸收来测定试样中该元素含量的一种仪器分析方法。它是测定痕量和超痕量元素的有效方法。

原子吸收光谱具有以下特点：

(1) 灵敏度高　火焰原子吸收灵敏度对多数元素在10^{-6}数量级，对少数元素可达10^{-9}数量级。无火焰原子吸收比火焰原子吸收的灵敏度还要高几十倍到几百倍。

(2) 准确度高　火焰原子吸收法的准确度接近于化学分析，相对误差小于1%；石墨炉原子吸收法的相对误差为3%~5%。

(3) 选择性好　通常共存元素对被测元素干扰少，一般不需要分离共存元素就可以进行测定。

(4) 分析速度快　仪器操作简便，可在较短时间完成大量样品的测定，且重现性良好。

(5) 应用范围广　可测定周期表70多种元素，除金属元素外，还可以用于氢化物原子法测定非金属元素。

（二）原子吸收法基本原理

原子吸收光谱法是一种根据基态原子对特征波长光的吸收，测定试样中元素含量的分析方法。

由光源发出的被测元素的特征波长光（共振线），待测元素通过原子化后对特征波长光产生吸收，通过测定此吸收的大小，来计算出待测元素的含量。原子吸收一般遵守吸收分光光度法的朗伯－比尔定律。实验条件固定时特定波长处的吸光度值与样品中原子浓度成正比。

（三）原子吸收分光光度计结构及主要部件

原子吸收分光光度计有多种类型，可分为单道、双道和多道，并且各道又可分为单光束和双光束两种。目前使用最普遍的是单道单光束和单道双光束两种仪器，其由光源、原子化系统、单色器、检测器、记录仪、显示系统和数据处理系统等部分组成。原子吸收分光光度计结构见图 7 – 10。

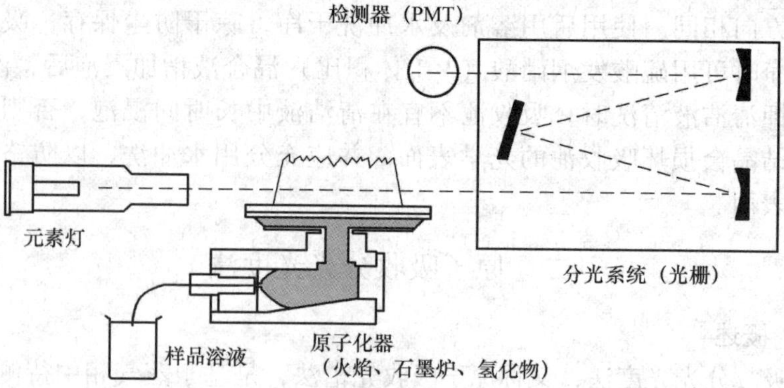

图 7 – 10　原子吸收分光光度计结构

1. 光源

提供待测元素的特征辐射光谱。由于原子光谱为线光谱，所以需要提供线光源。常用的线光源为用待测元素作为阴极的空心阴极灯。空心阴极灯的结构见图 7 – 11。

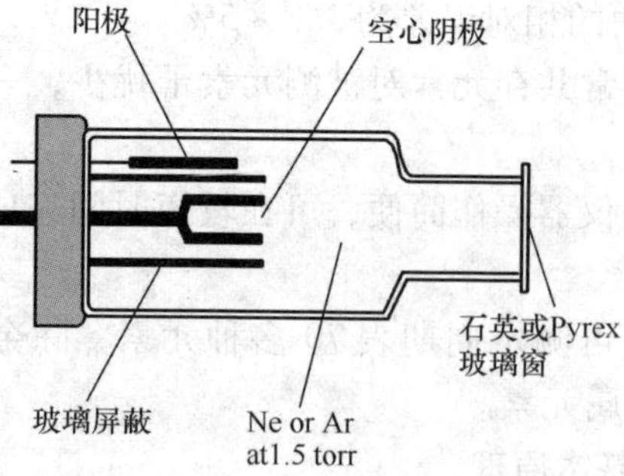

图 7 – 11　空心阴极灯结构

普通空心阴极灯是一种气体放电管，包括一个阳极和一个空心圆形阴极。两电极密封于带有石英窗的玻璃管中，管中充有低压惰性气体氩或氖。当正负电极间施加适当电压时，电子将从空心阴极内壁流向阳极，在电子通路上与惰性气体原子碰撞而使之电离。在电场作用下，带正电荷的惰性气体离子向阴极内壁猛烈轰击，使阴极表面的金属原子溅射出来。溅射出来的金属原子聚集在空心阴极灯内，再与电子、惰性气体原子计离子发生碰撞而被激发，于是阴极内的辉光中便出现了阴极物质和内充惰性气体的光谱。

空心阴极灯发射的光谱主要是阴极元素的光谱，因此用不同的待测元素做阴极材料，可制成各相应待测元素的空心阴极灯。空心阴极灯在使用前应经过一段时间预热，使灯的发射强度达到稳定，预热时间的长短视灯的类型和元素的不同而不同，一般预热时间在 5 ~ 20min。

2. 原子化系统

原子化系统的作用是将试样中的待测元素转化成自由原子。原子化系统主要分为火焰原子化器和无火焰原子化器两种。火焰原子化器由雾化器及燃烧灯头组成，具有简单、快速、对大多数元素有较高的灵敏度和检测极限等优点，因而至今应广泛使用；无火焰原子化技术具有较高的原子化率、灵敏度和检测极限，发展较快。

（1）火焰原子化法　火焰原子化是利用火焰的热能使样品蒸发、解离生成自由原子。火焰原子化系统由喷雾器、雾化室和燃烧器组成，如图 7－12 所示。

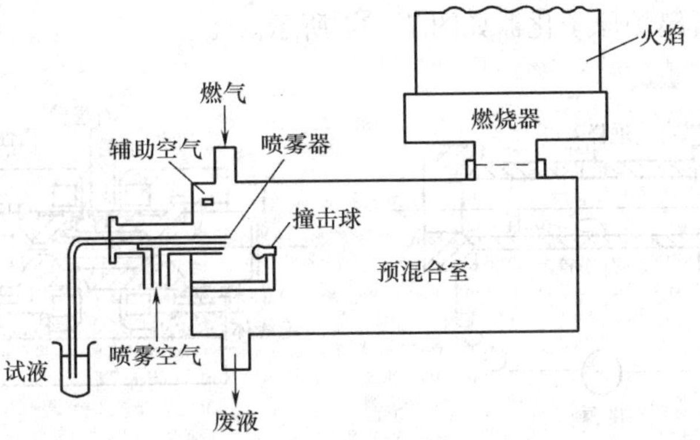

图 7－12　火焰原子化系统

①喷雾器：也称雾化器，作用是将试液雾化，并除去较大的雾滴，使试液均匀雾化。要求雾化效率高和喷雾器稳定。如图 7－13 所示。

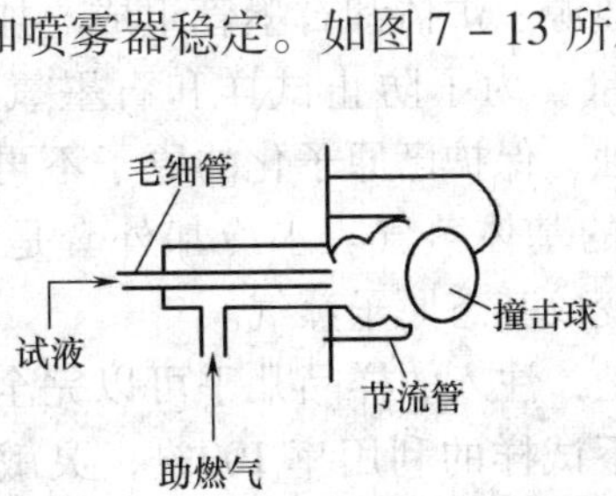

图 7－13　同心喷雾嘴型雾化器

②雾化室：雾化室的作用是使燃气、助燃气与试液的细雾在雾化室内充分混合均匀，以保证得到稳定的火焰，同时起缓冲作用，使供给燃烧器的雾滴平稳，也使未被细化的较大雾滴在雾化室内结为液滴，沿室壁流入泄管内排除。为了细化雾滴，可在喷雾器前加碰撞球，使直径较大的雾滴进一步破碎，成为气溶胶。

③燃烧器：燃烧器的作用是形成火焰，使进入火焰的待测元素的化合物经过干燥、熔化、蒸发、解离计原子化过程转变成基态原子蒸汽。

燃烧器一般应满足使火焰稳定、原子化效率高、吸收光程长、噪声小的要求。火焰的温度和性能取决于燃气与助燃气的种类及其化学计量比。在实际测定工作中经常要通过控制不同的燃气和助燃气比来选择较好的火焰。

常用预混合式燃烧器就是一个吸收光程较长的长缝喷灯。

火焰原子化法由于重现性好，易于操作，已成为原子吸收分析法的标准方法；但缺点是原子化效率低，灵敏度不够高，且一般不能直接分析固体样品。

（2）无火焰原子化　无火焰原子化装置在提高原子化效率方面取得较大的成就，其中以高温石墨炉和氢化物还原原子化法发展最迅速，并且在实际分析中得到广泛应用。石墨炉原子化器如图 7－14 所示。

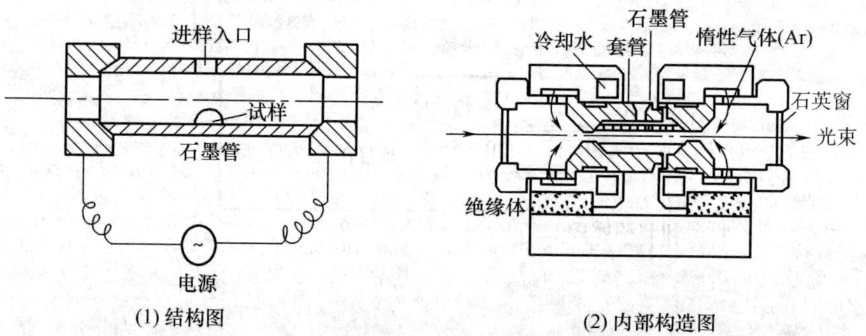

图 7－14　电热高温石墨管原子化器结构图和构造图

石墨炉原子化器由加热源、炉体和石墨管组成。加热源的作用是提高样品中待测元素原子化所需的能量。为了防止试样和石墨氧化，要不断地通入惰性气体，以保护石墨管不被烧蚀，保护已原子化的原子不再被氧化以及能有效地除去干燥和灰化过程中所产生的基体蒸气。水冷却外套是为了保护炉体在切断电源后，实现样品待测元素转变成基态原子蒸气。

石墨炉原子化的优点是：注入的样品几乎可以完全原子化，能得到较好的原子化效果。在可调的高温下试样的利用率 100%，灵敏度高。当试样含量很低或只能提高很少量的试样时，使用此方法很合适。不足之处是：试样组成的不均匀性的影响较大，测定的精密度较低；共存化合物的干扰比火焰原子化法大；背景吸收大时需要进行背景校正。

（四）原子吸收分光光度计的使用

原子吸收分光光度计有单光束型、双光束型、单波道型、双波道型等类别。目前使用较多的是单道单光束型（图 7－15）和双道双光束型（图 7－16）。

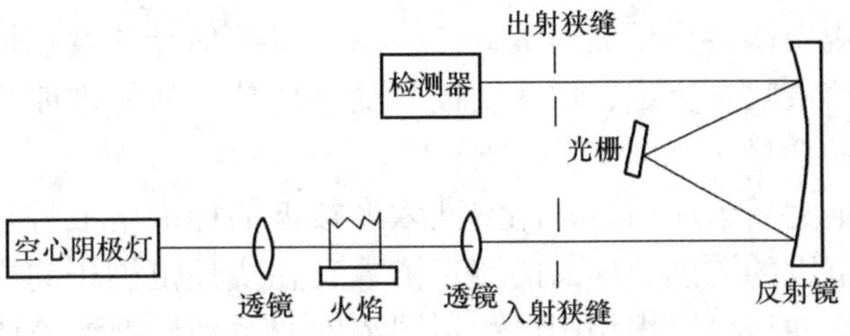

图 7－15　单光束原子吸收分光光度计结构

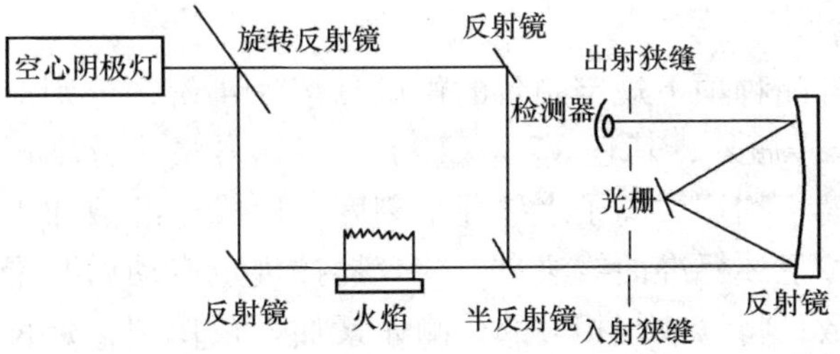

图 7－16　双光束原子吸收分光光度计结构

单光束的仪器结构简单，操作方便，能满足一般的分析要求，但不能消除有光源波动引起的基线漂移。双光束的仪器光源的波动可通过参比光束的作用得到补偿。

原子吸收分光光度计的型号和种类各异，不同的型号和种类的性能和应用范围不同，但仪器的操作步骤和方法基本上相同，都包括仪器的控制与调节（电气控制、波长及狭缝、灯电流及位置、燃烧器）、点火、模式选择、条件设定、测定标准曲线、样品分析及数据处理、熄火、关机等几个操作环节。以上的操作步骤可用仪器操作面板的控制钮及操作键盘进行以上各步的操作。不同的仪器可按照仪器说明书中的操作规范进行操作。

（五）样品测定操作方法

1. 标准曲线法

先配制一个被测元素的标准贮备液，通常可用该元素的基准化合物或纯金属按规定方法配制，亦可从有关单位中购得，用通常用做空白的溶液稀释成标准工作液，再按测定方法的操作步骤配制一组合适的系列标准溶液。在仪器推荐的浓度范围内，制备含待测元素的标准溶液至少3份，浓度依次递增，并分别加入供试品溶液配制中的相应试剂。除另有规定外，一般用去离子水制成水溶液。将仪器按规定启动后，先将去离子水喷入火焰，调读数为零，再将最浓的标准溶液喷入火焰，调节仪器至近满量程的读数，然后依次喷入每一标准溶液，读数。每喷完1份溶液后，均用去离子水喷入火焰充分冲洗灯头并调零。取每一浓度3次读数的平均值，与相应浓度作标准曲线。

按各样品的规定制备供试品溶液，使待测元素的估计浓度在标准曲线浓度范围内，将供试品溶液喷入火焰，取3次读数的平均值，从标准曲线上查得相应的浓度，计算元素的含量。

样品溶液测定完后，应用与样品溶液浓度接近的标准溶液进行回校。标准曲线应取符合线性范围的浓度。样品的测定读数宜在线性范围中间或稍高处。石墨炉原子化器的标准曲线可以用相同体积不同浓度的系列标准溶液或用相同浓度不同体积的标准液制备，一般以前者为佳。标准曲线法，仅适用于组分简单的试样。

2. 标准加入法

取同体积按各品种项下规定制备的供试品溶液4份，分别加至4个同体积的量瓶中，除（1）号瓶外，其它（2）、（3）、（4）号量瓶分别再准确加入比例量的待测元素标准液，均用去离子水稀释至刻度，形成标准液加入量从零开始递增的一系列溶液。按上述标准曲线法自“将仪器按规定启动后”操作，并依法将溶液喷入火焰，读数；将读数与相应的待测元素加入量作图，延长此直线至与含量轴的延长线相交，此交点与原点间的距离即相当于供试品溶液取用量中待测元素的含量（图7－17）。再以此计算供试品中待测元素的含量。

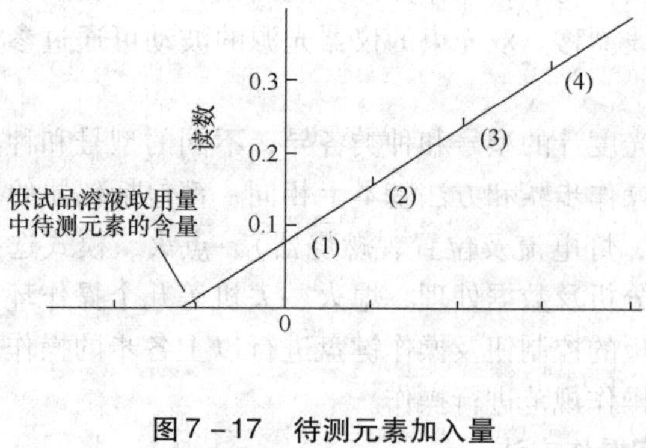

图7－17　待测元素加入量

标准加入法仅适用于上述标准曲线法的工作曲线呈线性并通过原点的情况。

（六）测量操作注意事项

（1）样品取样要有代表性，取样量应根据被测元素的性质、含量、分析方法及要求的分析精度决定。标准样品的组成应尽可能与被测样品接近。

（2）仪器参数选择如空心阴极灯工作电流、光谱带宽、原子化条件等。火焰原子化器中火焰条件的选择如火焰类型、燃气和助燃气的比例、供气压力和气体流量等。石墨炉原子化器应注意干燥－灰化－原子化各阶段的温度、时间、升温情况等程序的合理编制，它们对测定的灵敏度、检出限及分析精度等都有很大的影响。许多仪器一般能提示或自动调节成常用的参数，使用时可按实验情况予以修改。

（3）原子吸收分光光度法实验室要求有合适的环境，室内应保持空气洁净，较少灰尘，应有充足、压力恒定的水源，仪器燃烧器上方应有符合厂方要求的排气罩，应能提供足够而恒定的排气量，排气速度应能调节，排气罩以耐腐蚀、不生锈的金属板制造为宜。

使用原子吸收分光光度计时对实验室安全应给予特别注意，如排气通风是否良好，突然停电、停水及气流不足或不稳定时的安全措施，高压燃气和助燃气使用安全问题等。目前仪器本身大多具有自动安全功能，发现故障后一般自动停止工作。但实验室环境的安全仍需使用者随时注意。

（4）原子吸收分光光度法灵敏度很高，极易受实验室各种用品的污染，常见的污染源如下：

①水：应用去离子水或用石英蒸馏器蒸馏的超纯水。钠、钾、镁、硅、铁等元素最易沾污实验室水。贮藏水的容器一般用聚乙烯塑料等材料制成。玻璃瓶久贮会将瓶中微量污染元素溶解在水中。

②试剂制备样品用的酸类、溶剂及有机萃取剂等亦为主要沾污来源之一，应采用高纯试剂。

③实验室容量器皿烧杯、容量瓶、移液管等尽可能使用耐腐蚀塑料器皿，而不用玻璃器皿。因为玻璃器皿易吸附或吸收其它金属离子，在使用过程中缓缓释出。自动进样器应尽量不用能直接接触样品的金属附件及金属针头。样品前处理用的通风橱可能有积尘、锈蚀物或粉尘、气流等影响。大气中尘埃的污染特别对石墨炉的高灵敏度检测有很大的影响。样品处理过程及处理完后分析时应尽可能防止外界尘埃落入，产生干扰。

（5）标准溶液一般浓度大于1000μg/mL的，可以作为贮备液贮存在耐腐蚀的塑料容器中，浓度低10μg/mL的工作溶液应注意稀释溶剂及试剂对其污染的影响，浓度低于1μg/mL的标准溶液应在使用当天配制使用，不宜贮存。

（6）样品一般处理成溶液后进行分析，因此样品的前处理十分重要。处理方法很多，无机物常用酸进行溶解，复杂基体的样品常需用熔融、有机萃取、加入改进剂等方法消除基体干扰及化学干扰等因素。生物样品往往需经湿法或干法灰化，萃取或加基体改进剂消除基体干扰等措施以使分析顺利进行。石墨炉的样品测试可以采用固体直接放在石墨管或石墨平面中进样。难以避免的干扰有时可用掩蔽剂消除。

(7) 石墨炉的分析重现性及精度的关键操作之一为进样方法的重现性。从石墨管的小孔中加入样品时，除石墨炉周围环境升温情况需要保持一致外，用微量吸管加入的角度、深度等均须一致，因此使用石墨炉分析样品最好用重现性好、可靠的自动进样器，手工进样欲得重现的结果需要较高而熟练的实验技术。

(8) 原子化温度较高的元素宜用氧化亚氮－乙炔作为燃气，用专用的高温燃烧头进行火焰法测定，该情况下以用无焰法石墨炉进行分析为宜。

(9) 汞、砷、硒及碲等元素可以还原成氢化物在较低温度下测定，也可用专用仪器（如测汞仪）进行测定。

(10) 原子吸收分光光度法使用器皿的清洗不宜用含铬离子的清洗液，因铬离子容易渗透入玻璃等容器中，而以硝酸或硝酸、盐酸混合液清洗后再用去离子水清洗为佳。

(11) 样品中如存在比被分析元素更不易挥发的元素，而使用无焰石墨炉分析时，最好在原子化升温完毕后用最高温度作极短期加热，以清洗残存于石墨管中的干扰元素。

(12) 仪器及样品浓度情况差别很多，浓度过浓使信号达到饱和时则输出信号过强，此时可以适当降低灵敏度或改用该元素的次要谱线以确保信号强度与被测元素浓度呈线性关系。

任务　婴儿配方乳粉维生素 B_1 含量的测定——可见分光光度法

【学习目标】

1. 学会婴儿配方乳粉中维生素 B_1 含量测定的基本知识和方法。
2. 学会婴儿配方乳粉中维生素 B_1 含量的计算。

【技能目标】

1. 掌握婴儿配方乳粉中维生素 B_1 含量试样的处理方法。
2. 掌握婴儿配方乳粉中维生素 B_1 含量测定中待测液的制备方法。

【任务实施】

婴儿配方乳粉中维生素 B_1 含量的测定。

【原理】

选用可见光分光光度法，在碱性环境中，维生素 B_1 与对甲基氨基苯酚硫酸脂反应生成稳定的黄色络合物（噻嘧色素），通过比色可以测定食品中维生素 B_1。

【操作内容】

1. 试剂

（1）维生素 B_1 标准溶液（1.0g/L）。

（2）维生素 B_1 标准应用液。

（3）对－甲基氨基苯酚硫酸脂溶液（metd）（1.0g/L）。

（4）乙酸锌溶液。

（5）亚铁氰化钾水溶液（106g/L）。

（6）氢氧化钠溶液（0.1mol/L）。

2. 仪器

紫外－可见光分光光度计。

3. 操作步骤

称取1.0～5.0g乳粉样品置于100mL容量瓶中，加水50mL，摇匀后加入5mL乙酸锌溶液（219g/L）和5mL亚铁氰化钾溶液（106g/L），加水至刻度，静置30min后用干燥滤纸过滤，取滤液50mL，于另一100mL容量瓶中，加125mL盐酸（0.1mol/L）置沸水浴中30min，取出冷却至室温，用0.1mol/L氢氧化钠调至弱酸性，加水至刻度。准确吸取样品水解液2.0～5.0mL于10mL具塞比色管中，各加Metd溶液0.5mL，浓氨水2.0mL，加水至刻度，摇匀后于室温下放置10min，于波长430nm处测定吸光度。根据测得的吸光度值，从标准曲线上查出相对应的维生素 B_1 含量（g）。

4. 结果计算

$$X = \frac{m_2 \times 1000}{m_1 \times \frac{V_1}{V} \times 1000}$$

式中 X——样品中维生素 B_1 含量，mg/kg或mg/L；

m_2——从标准曲线上查得的维生素 B_1 含量，g；

V_1——测定用样品水解液的体积，mL；

V——样品水解液总体积，mL；

m_1——样品质量，g。

【小结】

本模块主要介绍了紫外－可见分光光度法、原子吸收分光光度法的理论内容，重点介绍了应用可见分光光度法测定婴儿配方乳粉维生素 B_1 含量的方法。

【知识考核】

一、填空题

1. 紫外光区的波长范围为__________ nm。

2. 可见光区的波长范围为__________ nm。

3. 比耳定律描述了溶液浓度与吸光度之间的定量关系。当用一适当波长的单色光照射厚度一定的均匀溶液时，吸光度与溶液浓度__________。

4. __________是光吸收的基本定律，也是分光光度法的依据和基础。

5. 紫外、可见分光光度计主要由__________、__________、__________和__________四大部分组成。

二、简答题

1. 可见分光光度法测定婴儿配方乳粉维生素 B_1 含量的步骤是什么？

2. 简述紫外、可见分光光度计光源的功能及其选择。

3. 简述紫外、可见吸收光谱法有哪些应用。

项目四 PCR 技术

【知识目标】

了解 PCR 技术的基本原理。

【技能目标】

掌握 PCR 技术基本方法及其应用。

【知识必备】

一、PCR 技术的原理与操作

（一）PCR 技术的基本原理

1. 简述

PCR 技术类似于 DNA 的天然复制过程，其特异性依赖于与靶序列两端互补的寡核苷酸引物。PCR 由变性 - 退火 - 延伸三个基本反应步骤构成。

（1）模板 DNA 的变性　模板 DNA 经加热至 93℃ 左右一定时间后，使模板

DNA双链或经PCR扩增形成的双链DNA解离，使之成为单链，以便它与引物结合，为下轮反应做准备。

（2）模板DNA与引物的退火（复性） 模板DNA经加热变性成单链后，温度降至55℃左右，引物与模板DNA单链的互补序列配对结合。

（3）引物的延伸 DNA模板－引物结合物在Taq DNA聚合酶的作用下，以dNTP为反应原料，靶序列为模板，按碱基配对与半保留复制原理，合成一条新的与模板DNA链互补的半保留复制链重复循环变性－退火－延伸三过程，就可获得更多的"半保留复制链"，而且这种新链又可成为下次循环的模板。每完成一个循环需2～4min，2～3h就能将待扩目的基因扩增放大几百万倍。

2. PCR的反应动力学

PCR的三个反应步骤反复进行，使DNA扩增量呈指数上升。反应最终的DNA扩增量可用$Y=(1+X)_n$计算。Y代表DNA片段扩增后的拷贝数，X表示平均每次的扩增效率，n代表循环次数。平均扩增效率的理论值为100%，但在实际反应中平均效率达不到理论值。反应初期，靶序列DNA片段的增加呈指数形式，随着PCR产物的逐渐积累，被扩增的DNA片段不再呈指数增加，而进入线性增长期或静止期，即出现"停滞效应"，这种效应称平台期数、PCR扩增效率及DNA聚合酶PCR的种类和活性及非特异性产物的竞争等因素。大多数情况下，平台期的到来是不可避免的。

3. PCR扩增产物

PCR扩增产物可分为长产物片段和短产物片段两部分。短产物片段的长度严格地限定在两个引物链5'端之间，是需要扩增的特定片段。短产物片段和长产物片段是由于引物所结合的模板不一样而形成的，以一个原始模板为例，在第一个反应周期中，以两条互补的DNA为模板，引物是从3'端开始延伸，其5'端是固定的，3'端则没有固定的止点，长短不一，这就是"长产物片段"。进入第二周期后，引物除与原始模板结合外，还要同新合成的链（即"长产物片段"）结合。引物在与新链结合时，由于新链模板的5'端序列是固定的，这就等于这次延伸的片段3'端被固定了止点，保证了新片段的起点和止点都限定于引物扩增序列以内，形成长短一致的"短产物片段"。不难看出"短产物片段"是按指数倍数增加，而"长产物片段"则以算术倍数增加，几乎可以忽略不计，这使得PCR的反应产物不需要再纯化，就能保证足够纯DNA片段供分析与检测用。

（二）操作方法

（1）变性（denaturation） 通过加热使模板DNA的双链之间的氢键断裂，双链分开而成单链的过程，高温使双链DNA解离形成单链（94℃，30s）。

（2）退火（annealling） 当温度降低时，引物与模板DNA中互补区域结合成杂交分子，低温下，引物与模板DNA互补区结合（55℃，30s）。

（3）延伸（extension） 在DNA聚合酶、dNTPs、Mg^{2+}存在下，DNA聚合酶

催化引物按5’—3’方向延伸，合成出与模板DNA链互补的DNA子链，中温延伸，DNA聚合酶催化以引物为起始点的DNA链延伸反应（70~72℃，30~60s）。

以上述三个步骤为一个循环，每一循环的产物均可作为下一个循环的模板，经过 n 次循环后，目的DNA以 2^n 的形式增加。

二、PCR反应体系与反应条件

（一）标准的PCR反应体系

（1）10×扩增缓冲液：10μL。

（2）4种dNTP混合物：各200μmol/L。

（3）引物：各10~100pmol。

（4）模板DNA：0.1~2μg。

（5）Taq DNA聚合酶：2.5U。

（6）Mg^{2+}：1.5mmol/L。

（7）加双或三蒸水至100μL。

（二）PCR反应五要素

参加PCR反应的物质主要有五种，即引物、酶、dNTP、模板和 Mg^{2+}。

1. 引物

引物是PCR特异性反应的关键，PCR产物的特异性取决于引物与模板DNA互补的程度。理论上，只要知道任何一段模板DNA序列，就能按其设计互补的寡核苷酸链做引物，利用PCR就可将模板DNA在体外大量扩增。

设计引物应遵循以下原则：

（1）引物长度：15~30bp，常用为20bp左右。

（2）引物扩增跨度：以200~500bp为宜，特定条件下可扩增长至10kb的片段。

（3）引物碱基：G+C含量以40%~60%为宜，G+C太少扩增效果不佳，G+C过多易出现非特异条带。ATGC最好随机分布，避免5个以上的嘌呤或嘧啶核苷酸的成串排列。

（4）避免引物内部出现二级结构，避免两条引物间互补，特别是3’端的互补，否则会形成引物二聚体，产生非特异的扩增条带。

（5）引物3’端的碱基，特别是最末及倒数第二个碱基，应严格要求配对，以避免因末端碱基不配对而导致PCR失败。

（6）引物中有或能加上合适的酶切位点，被扩增的靶序列最好有适宜的酶切位点，这对酶切分析或分子克隆很有好处。

（7）引物的特异性：引物应与核酸序列数据库的其它序列无明显同源性。引物量：每条引物的浓度0.1~1μmol或10~100pmol，以最低引物量产生所需要的结果为好，引物浓度偏高会引起错配和非特异性扩增，且可增加引物之间形成二聚体的机会。

2. 酶

目前有两种 Taq DNA 聚合酶供应，一种是从栖热水生杆菌中提纯的天然酶，另一种为大肠菌合成的基因工程酶。催化一典型的 PCR 反应约需酶量 2.5U（指总反应体积为 100μL 时），浓度过高可引起非特异性扩增，浓度过低则合成产物量减少。

3. dNTP

dNTP 的质量与浓度和 PCR 扩增效率有密切关系，dNTP 粉呈颗粒状，如保存不当易变性失去生物学活性。dNTP 溶液呈酸性，使用时应配成高浓度后，以 1mol/L NaOH 或 1mol/L Tris。HCL 的缓冲液将其 pH 调节到 7.0～7.5，小量分装，-20℃冰冻保存。多次冻融会使 dNTP 降解。在 PCR 反应中，dNTP 应为 50～200μmol/L，尤其是注意 4 种 dNTP 的浓度要相等（等摩尔配制），如其中任何一种浓度不同于其它几种时（偏高或偏低），就会引起错配。浓度过低又会降低 PCR 产物的产量。dNTP 能与 Mg^{2+} 结合，使游离的 Mg^{2+} 浓度降低。

4. 模板

模板核酸的量与纯化程度，是 PCR 成败与否的关键环节之一，传统的 DNA 纯化方法通常采用 SDS 和蛋白酶 K 来消化处理标本。SDS 的主要功能是：溶解细胞膜上的脂类与蛋白质，因而溶解膜蛋白而破坏细胞膜，并解离细胞中的核蛋白，SDS 还能与蛋白质结合而沉淀；蛋白酶 K 能水解消化蛋白质，特别是与 DNA 结合的组蛋白，再用有机溶剂酚与氯仿抽提掉蛋白质和其它细胞组分，用乙醇或异丙醇沉淀核酸。提取的核酸即可作为模板用于 PCR 反应。一般临床检测标本，可采用快速简便的方法溶解细胞，裂解病原体，消化除去染色体的蛋白质使靶基因游离，直接用于 PCR 扩增。RNA 模板提取一般采用异硫氰酸胍或蛋白酶 K 法，要防止 RNase 降解 RNA。

5. Mg^{2+} 浓度

Mg^{2+} 对 PCR 扩增的特异性和产量有显著的影响，在一般的 PCR 反应中，各种 dNTP 浓度为 200μmol/L 时，Mg^{2+} 浓度为 1.5～2.0mmol/L 为宜。Mg^{2+} 浓度过高，反应特异性降低，出现非特异扩增，浓度过低会降低 Taq DNA 聚合酶的活性，使反应产物减少。

（三）PCR 反应条件的选择

PCR 反应条件为温度、时间和循环次数。

1. 温度与时间的设置

基于 PCR 原理三步骤而设置变性－退火－延伸三个温度点。在标准反应中采用三温度点法，双链 DNA 在 90～95℃变性，再迅速冷却至 40～60℃，引物退火并结合到靶序列上，然后快速升温至 70～75℃，在 Taq DNA 聚合酶的作用下，使引物链沿模板延伸。对于较短靶基因（长度为 100～300bp 时）可采用二温度点法，除变性温度外、退火与延伸温度可合二为一，一般采用 94℃变性，65℃左右退火与延伸（此温度 Taq DNA 酶仍有较高的催化活性）。

（1）变性温度与时间　变性温度低，解链不完全是导致 PCR 失败的最主要原因。一般情况下，93～94℃/min 足以使模板 DNA 变性，若低于 93℃ 则需延长时间，但温度不能过高，因为高温环境对酶的活性有影响。此步若不能使靶基因模板或 PCR 产物完全变性，就会导致 PCR 失败。

（2）退火（复性）温度与时间　退火温度是影响 PCR 特异性的较重要因素。变性后温度快速冷却至 40～60℃，可使引物和模板发生结合。由于模板 DNA 比引物复杂得多，引物和模板之间的碰撞结合机会远远高于模板互补链之间的碰撞。退火温度与时间，取决于引物的长度、碱基组成及其浓度，还有靶基序列的长度。对于 20 个核苷酸，G+C 含量约 50% 的引物，55℃ 为选择最适退火温度的起点较为理想。引物的复性温度可通过以下公式帮助选择合适的温度：

$$T_m\text{值（解链温度）}=4（G+C）+2（A+T）$$

$$\text{复性温度}=T_m\text{值}-（5\sim10℃）$$

在 T_m 值允许范围内，选择较高的复性温度可大大减少引物和模板间的非特异性结合，提高 PCR 反应的特异性。复性时间一般为 30～60s，足以使引物与模板之间完全结合。

（3）延伸温度与时间　Taq DNA 聚合酶的生物学活性：70～80℃，150 核苷酸/S/酶分子；70℃，60 核苷酸/S/酶分子；55℃，24 核苷酸/S/酶分子；高于 90℃ 时，DNA 合成几乎不能进行。

PCR 反应的延伸温度一般选择在 70～75℃，常用温度为 72℃，过高的延伸温度不利于引物和模板的结合。PCR 延伸反应的时间，可根据待扩增片段的长度而定，一般 1kb 以内的 DNA 片段，延伸时间 1min 是足够的。3～4kb 的靶序列需 3～4min；扩增 10kb 需延伸至 15min。延伸进间过长会导致非特异性扩增带的出现。对低浓度模板的扩增，延伸时间要稍长些。

2. 循环次数

循环次数决定 PCR 扩增程度。PCR 循环次数主要取决于模板 DNA 的浓度。一般的循环次数选在 30～40 次，循环次数越多，非特异性产物的量亦随之增多。

任务　PCR 检测乳品中金黄色葡萄球菌

【学习目标】

掌握 PCR 检测乳品中金黄色葡萄球菌具体方法及操作步骤。

【技能目标】

1. 掌握乳粉中金黄色葡萄球菌试样的处理方法。

2. 通过本任务掌握乳粉中金黄色葡萄球菌测定操作技能和检测中问题分析的技能。

【任务实施】

乳粉中金黄色葡萄球菌的测定。

【原理】

聚合酶链反应（polymerase chain reaction）简称 PCR，是一种体外酶促合成反应，扩增特定 DNA 片断的方法。该技术于 1985 年由美国的 Kary Mullis 等人首创并由美国 GETUS 公司开发。其原理是：在存在 DNA 模板、引物、dNTP、适当缓冲液（Mg^{2+}）的反应体系中，在热稳定 DNA 聚合酶的催化下，对一对寡核苷酸引物所界定的 DNA 片断进行扩增。这种扩增是通过模板 DNA、引物之间的变性、退火（复性）、延伸等三步反应为一个周期，循环进行，使目标 DNA 片段得以扩增。由于每一周期产生的 DNA 片断均能成为下一次循环的模板，故 PCR 产物以指数形式增加，从而实现信号的放大。

本实验以金黄色葡萄球菌的耐热核酸酶为靶基因进行检测。

【操作内容】

1. 材料

（1）菌种：*Staphylococcus aureus*（金黄色葡萄球菌）—26003 - 21。

（2）乳制品：全脂乳、脱脂乳和奶酪均购自当地超市。

（3）培养基：营养肉汤培养基。

（4）化学试剂：10 × PCR buffer、dNTPs、TaKaRa Taq、DNA Marker DL2000。

（5）引物：正向引物：GCGATTGATGGTGATACGGTT。

反向引物：AGCCAAGCCTTGACGAACTAAAGC

（6）实验仪器：PCR 仪、DXY - 33A 型电泳仪、UVIpro 凝胶成像系统。

2. 操作步骤

（1）将已人工污染的乳品 25mL 接入 225mL 营养肉汤培养基中，37℃振荡培养过夜。

（2）取 1mL 培养液于 1.5mL 离心管中，11000r/min，离心 1min，弃去上清液。

（3）用灭菌的纯水洗涤菌体沉淀 2 次，再用 100ul 灭菌纯水溶解沉淀物。

（4）将菌悬液于沸水浴中煮沸 10min，11000r/min，离心 1min，取上清液，备用。

（5）PCR 反应体系：总反应体系 50μL。包括 5μL 10XPCR buffer，4μL dNTPs 混合物，0.5μL 40μmol 正向引物，0.5μL 40μmol 反向引物，0.25μL（5U/μL）Taq 酶，模板 2μL，水 37.75μL。

（6）PCR 扩增程序：PCR 反应采用冷启动。94℃ 预变性 4min，再按 94℃

1min－52℃0.5min－72℃1.5min 进行 35 个循环，最后 72℃延伸 3.5min。

（7）电泳检测：取 5μL PCR 产物在 2% 琼脂糖凝胶上进行电泳，利用凝胶成像系统观察结果并成像。

【小结】

本项目主要介绍了 PCR 技术的重要理论，重点介绍了乳粉中金黄色葡萄球菌检测原理、操作步骤等内容。

【知识考核】

1. 简述 PCR 反应的五个要素及步骤。
2. 简述 PCR 技术的基本原理。

项目五 其它乳与乳制品常见仪器

【知识目标】

了解乳成分分析仪和体细胞分析仪的工作原理。

【技能目标】

掌握原料乳成分的检验方法。

【知识必备】

一、乳成分分析仪

1. 仪器适用范围

目前，世界上最先进的用于快速检测牛乳和乳制品化学组分的分析仪器，是荷兰的 DELTA LactoScope F. T. I. R. 乳成分分析仪。LactoScope F. T. I. R. 使用上有很大的灵敏性，除了做所需检测组分的测定以外，还可做红外谱图，并保存于计算机中。手动型带有高黏度泵及自动调零、清洗和样品预热系统，每小时可处理 120 个样品；LactoScope F. T. I. R. 可以非常精确地检测牛乳中的脂肪、蛋白质、乳糖、总固体含量、非脂乳固体、自由脂肪酸、柠檬酸、密度、蔗糖、电导率、酸度、总糖、尿素、酪蛋白、冰点等，适用于原料奶、发酵奶、酸奶、花色奶、各种液态奶、风味乳和各种乳饮料的检测。可以用做乳制品研究开发，生产过程中的半成品控制（降低原料成本）、成品质量控制及原奶按质论价等方面。

2. 检测样品

（1）原料乳。

（2）发酵酸奶（仪器本身配置高黏度泵）。

（3）花色乳。

（4）乳饮料。

（5）UHT、巴氏消毒乳。

3. 仪器可以检测的理化指标

经济型乳品成分分析仪可以检测原料奶及各种乳制品中的脂肪（FatA 和 FatB，可以检测来自动物脂肪和非动物脂肪）、蛋白质、乳糖、总固体含量、非脂乳固体、自由脂肪酸、柠檬酸、密度、蔗糖、电导率、酸度、总糖、尿素、酪蛋白、冰点等组分；同时可以对样品进行温度的控制。

4. 仪器检测速度

检测速度 <30s。

5. 仪器特点

（1）即使是复杂的乳制品，也能快速而精准地检测。

（2）具有针对高黏度产品专门设计，例如冰淇淋混合物和乳清浓缩液。

（3）可以分析冷冻样品，对低黏度样品不需要预热。

（4）自动清洗和校正控制。

（5）使用专利的傅里叶变换红外技术，具有出色的标度可移植性。

（6）具有通过计算机和调制解调器实现远程维护和诊断的可选配置。

（7）模块化结构，使用费用低廉，易于维护，并且具有更高的可靠性。

（8）不限数量的产品文件。

二、体细胞计数仪

1. 仪器适用范围和检测目的

体细胞计数仪（荷兰 DELTA 的 SomaScope Smart Manual）是基于荧光流动血细胞计数的原理，用来检测牛乳中的体细胞数的分析仪器，适用于原料乳、各种液态乳的检测。可以用做乳制品研究开发、成品质量控制和奶牛牧场的管理等方面，特别是对牧场管理方面的应用：

①牧场管理首要的工具。

②提前发现奶牛亚临床乳腺炎能够减少损失。

③保证更理想的产品质量、货架期和收益。

2. 仪器可以检测的指标

体细胞计数仪可以对原料奶中体细胞含量进行计数，从而指导牧场管理和乳制品的开发。

3. 仪器检测速度

检测速度 $<30s$。

4. 仪器特点

（1）与传统的手工细胞计数方法比，它更快捷。

（2）测试原理是采用认可的显微方法。由高级荧光显微镜、CCD 相机、软件组成，冷光作激发源，滤光片可除掉样品发出的各种波长。检测器（CCD 相机）检测样品。图像分析程序计算蓝色颗粒（代表牛乳样品中的细胞）的数量。

（3）体细胞数量过高，则产奶量减少，乳质降低，牛乳的有效期缩短，农场主收入减少。

（4）测量范围　$5\times10^3\sim4\times10^6$ 细胞/mL；最佳测量范围为 $10^4\sim2\times10^6$ 细胞/mL。

（5）样品处理　简单的加热处理即可。

任务　原料乳（液态乳）中成分的检验——乳成分分析法

【学习目标】

1. 学会乳品中乳成分测定的基本操作技能的基本知识和方法。

2. 学会乳品中乳成分的含量的计算及分析。

【技能目标】

1. 掌握乳品分析仪的操作方法及操作。

2. 掌握乳成分分析仪的使用操作技能及操作注意事项。

【任务实施】

原料乳中成分的检验。

【原理】

基于先进的红外光谱法为其测定原理，测定不同浓度下乳品成分，从而得到电信号，通过电信号转换即可得到样品中不同组分的浓度。

【操作内容】

1. 样品的要求与准备

（1）取样前，应检验牛乳是否正常，感官检验异常者不可取样测定，以防损坏仪器。

（2）牛乳必须用专用搅拌器充分搅拌，混合均匀，表面不得有脂肪上浮、分层的现象，用特定的铝制、不锈钢或玻璃容器取样。

（3）每次取样量不少于150mL，再用同样的容器来回倒4～5次后取样。

（4）检测牛乳的温度必须在18～30℃。如果样品是冷冻乳，必须加热到40℃，搅拌均匀使表面脂肪重新溶入，然后边搅拌边降温至25℃再进样检测。

（5）样品进样前必须用过滤网进行过滤，以防牛毛等杂质进入仪器内部，阻塞并损坏仪器。

（6）样品进样前必须检查是否含有气泡，气泡对仪器的结果有较大的影响，需缓慢搅拌来消泡。

（7）如果乳样表面已结膜或乳样酸度大于25°T的请勿进样，需重新取样。

（8）检测排出的废液应弃去，不能用来重复测定。

2. 操作步骤

按照不同乳品分析仪器的操作规程进行操作。

3. 结果记录

【小结】

本项目主要介绍了乳成分分析仪、体细胞分析仪的结构及使用方法，以及如何用乳成分分析仪检验原料乳（液态乳）中的成分等内容。通过本项目的学习和实践，使学生能够掌握乳成分分析的使用操作技能。

【知识考核】

简述乳成分分析仪检测原料乳成分的检验步骤。

参考文献

[1] 郝利平. 食品添加剂. 第二版. 北京：中国农业出版社，2009
[2] 张和平. 现代乳品工业手册. 北京：中国轻工业出版社，2005
[3] 唐英章. 现代食品安全检测技术. 第三版. 北京：科学出版社，2004
[4] 张和平. 乳品工艺学. 北京：中国轻工业出版社，2007
[5] 李凤玉. 食品分析与检验. 北京：中国农业出版社，2009
[6] 张意静. 食品分析技术. 北京：中国轻工业出版社，2001
[7] 李晓红. 乳制品加工与检测技术. 北京：化学工业出版社，2012
[8] 国家质量监督检验检疫总局职业技能鉴定指导中心. 食品质量检验——乳及乳制品类. 北京：中国计量出版社，2005
[9] 刘珍. 化验员读本. 第四版. 北京：化学工业出版社，2006
[10] 张延明，薛富. 乳品分析与检测. 北京：科技出版社，2010
[11] 翁鸿珍. 乳与乳制品检测技术. 北京：中国轻工业出版社，2010
[12] 李春. 乳品分析与检验. 北京：化学工业出版社，2008
[13] 朱俊平. 乳及乳制品质量安全与卫生操作规范. 北京：中国计量出版社，2008
[14] 张宁. 食品理化检验与微生物检测实验. 北京：中国轻工业出版社，2004
[15] 汪浩明. 食品检验技术（感官评价部分）. 北京：中国轻工业出版社，2011
[16] 杨丽敏. 食品应用化学. 北京：中国农业出版社，2012
[17] 杨文泰. 乳及乳制品检验技术. 北京：中国计量出版社，2003
[18] 方惠群，于俊生，史坚. 仪器分析. 北京：科学出版社，2002
[19] 朱良漪. 分析仪器手册. 北京：化学工业出版社，1997
[20] 陈集. 仪器分析. 重庆：重庆大学出版社，2002
[21] 冯玉红. 现代仪器分析实用教程. 北京：北京大学出版社，2008
[22] 吴谋成. 仪器分析. 北京：科学出版社，2003
[23] 丁明洁. 仪器分析. 北京：化学工业出版社，2011

高等职业教育食品质量与安全专业教材

食品安全与质量控制（第三版）

主编
姚卫蓉

中国轻工业出版社

图书在版编目（CIP）数据

食品安全与质量控制 / 姚卫蓉主编. -- 3 版. 北京 ：中国轻工业出版社，2024. 8. -- ISBN 978-7-5184-5057-2

Ⅰ. TS201. 6；TS207. 7

中国国家版本馆 CIP 数据核字第 2024LV9242 号

责任编辑：贾　磊

策划编辑：贾　磊　　责任终审：白　洁　　封面设计：锋尚设计

版式设计：王超男　　责任校对：朱燕春　　责任监印：张　可

出版发行：中国轻工业出版社（北京鲁谷东街 5 号，邮编：100040）

印　　刷：三河市万龙印装有限公司

经　　销：各地新华书店

版　　次：2024 年 8 月第 3 版第 1 次印刷

开　　本：787×1092　1/16　印张：15. 5

字　　数：310 千字

书　　号：ISBN 978-7-5184-5057-2　定价：39. 00 元

邮购电话：010-85119873

发行电话：010-85119832　010-85119912

网　　址：http://www. chlip. com. cn

Email：club@ chlip. com. cn

240789J2X301ZBW